高等职业教育系列教程

基于工作过程的
计算机网络基础

主　编　李观金
副主编　林龙健　李　磊
参　编　邝楚文　李剑辉　吴研婷

机 械 工 业 出 版 社

本书以培养学生的职业能力为导向，采用"项目载体、任务驱动"的教学方式，结合网络管理员和网络工程师岗位的工作实践设置教材内容，构建了基于工作过程的教学内容体系。

本书基于 Windows 7 和 Windows Server 2008 R2 平台，精心设计了 11 个工作项目：认识计算机网络、制作网线、认识 IP 地址和网络协议、组建小型计算机网络、使用网络调试命令检测网络故障、配置交换机、配置路由器、网络互联综合应用、搭建网络服务器、网络安全及管理和掌握搜索引擎的使用技巧，并附有计算机网络新技术发展的介绍。每个项目案例均来自企业工作实践，实用性和可操作性强，内容和难度符合全国计算机等级考试中三级网络技术和全国计算机技术与软件专业技术资格（水平）考试的要求，读者学习后，可快速掌握工作岗位所需的基本技能，并可参加相应等级的计算机等级考试和职业资格考试。

本书可作为高职院校的计算机和电子信息等专业计算机网络基础课程的教学用书，也可作为各类培训机构、计算机网络从业人员以及爱好者的培训或学习用书。

本书提供配套的电子课件，需要的教师可登录 www.cmpedu.com 进行免费注册，审核通过后即可下载；或者联系编辑索取（QQ：1239258369，电话：010-88379739）。

图书在版编目（CIP）数据

基于工作过程的计算机网络基础/李观金主编 .—北京：机械工业出版社，2018.9（2023.11 重印）

高等职业教育系列教材

ISBN 978-7-111-60688-8

Ⅰ.①基…　Ⅱ.①李…　Ⅲ.①计算机网络-高等职业教育-教材

Ⅳ.①TP393

中国版本图书馆 CIP 数据核字（2018）第 180302 号

机械工业出版社（北京市百万庄大街 22 号　邮政编码 100037）
策划编辑：李文轶　　　责任编辑：李文轶
责任校对：张艳霞　　　责任印制：李　昂
北京捷迅佳彩印刷有限公司印刷

2023 年 11 月第 1 版·第 7 次印刷
184mm×260mm·16 印张·388 千字
标准书号：ISBN 978-7-111-60688-8
定价：49.00 元

电话服务　　　　　　　　　　网络服务
客服电话：010-88361066　　　机　工　官　网：www.cmpbook.com
　　　　　010-88379833　　　机　工　官　博：weibo.com/cmp1952
　　　　　010-68326294　　　金　书　网：www.golden-book.com
封底无防伪标均为盗版　　机工教育服务网：www.cmpedu.com

出 版 说 明

《国务院关于加快发展现代职业教育的决定》指出：到 2020 年，形成适应发展需求、产教深度融合、中职高职衔接、职业教育与普通教育相互沟通，体现终身教育理念，具有中国特色、世界水平的现代职业教育体系，推进人才培养模式创新，坚持校企合作、工学结合，强化教学、学习、实训相融合的教育教学活动，推行项目教学、案例教学、工作过程导向教学等教学模式，引导社会力量参与教学过程，共同开发课程和教材等教育资源。机械工业出版社组织国内 80 余所职业院校（其中大部分是示范性院校和骨干院校）的骨干教师共同规划、编写并出版的"高等职业教育规划教材"系列，已历经十余年的积淀和发展，今后将更加紧密结合国家职业教育文件精神，致力于建设符合现代职业教育教学需求的教材体系，打造充分适应现代职业教育教学模式的、体现工学结合特点的新型精品化教材。

在本系列教材策划和编写的过程中，主编院校通过编委会平台充分调研相关院校的专业课程体系，认真讨论课程教学大纲，积极听取相关专家意见，并融合教学中的实践经验，吸收职业教育改革成果，寻求企业合作，针对不同的课程性质采取差异化的编写策略。其中，核心基础课程的教材在保持扎实的理论基础的同时，增加实训和习题以及相关的多媒体配套资源；实践性课程的教材则强调理论与实训紧密结合，采用理实一体的编写模式；实用技术型课程的教材则在其中引入了最新的知识、技术、工艺和方法，同时重视企业参与，吸纳来自企业的真实案例。此外，根据实际教学的需要对部分内容进行了整合和优化。

归纳起来，本系列教材具有以下特点：

1）围绕培养学生的职业技能这条主线来设计教材的结构、内容和形式。

2）合理安排基础知识和实践知识的比例。基础知识以"必需、够用"为度，强调专业技术应用能力的训练，适当增加实训环节。

3）符合高职学生的学习特点和认知规律。对基本理论和方法的论述容易理解、清晰简洁，多用图表来表达信息；增加相关技术在生产中的应用实例，引导学生主动学习。

4）教材内容紧随技术和经济的发展而更新，及时将新知识、新技术、新工艺和新案例等引入教材。同时注重吸收最新的教学理念，并积极支持新专业的教材建设。

5）注重立体化教材建设。通过主教材、电子教案、配套素材光盘、实训指导和习题及解答等教学资源的有机结合，提高教学服务水平，为高素质技能型人才的培养创造良好的条件。

由于我国高等职业教育改革和发展的速度很快，加之我们的水平和经验有限，因此在教材的编写和出版过程中难免出现疏漏。我们恳请使用这套教材的师生及时向我们反馈质量信息，以利于我们今后不断提高教材的出版质量，为广大师生提供更多、更适用的教材。

机械工业出版社

前　言

本书的编写采取"基于工作过程"的职业教育理论和教学指导思想，以岗位工作任务分析为出发点，从工作过程中获得教材结构，根据工作任务的特点来组织教材实施，凸显职业性、技术性和应用性。本书以项目为载体组织教材内容，共设计了 11 个工作项目，每个项目作为一个章节，按照"项目描述→项目分析→知识准备→项目实现→项目拓展→项目实训"的教学思路组织教学内容，在教学中强调知识目标、能力目标和素质目标，突出职业能力的培养。

本书与其他计算机网络基础的书籍相比，具有以下几方面的特色。

（1）以实践操作为主，注重职业能力的培养

本书摒弃枯燥、抽象的理论讲解，采用理论与实践相结合的编写方法。从网络管理员和网络工程师岗位的实际工作需求出发，构建出一个个独立的工作项目，并以工作任务为驱动，工作过程为基础，把理论知识融入到实际的生产实践当中，读者通过完成项目任务，最终获得知识和能力。

（2）构建了基于工作过程的教学内容体系

本书按照实际的工作过程以及人的认知心理过程，将传统的章节知识体系打散重组，建立基于工作过程的教学内容体系。这种教材内容组织形式将计算机网络基础知识分解并融入到工作任务当中，让读者零距离体验实际的工作情境。

（3）与考级、考证紧密结合

本书项目案例的内容和难度符合全国计算机等级考试中三级网络技术和全国计算机技术与软件专业技术资格（水平）考试的要求，并将考点内容融合到具体项目任务当中。读者学完后，在掌握工作岗位所需的基本技能的同时，也掌握了考级和考证的技能点。

本书由惠州经济职业技术学院的一支教学经验丰富的专业教师团队编写，凝聚了一线教师多年的教学经验。本书主编为李观金，副主编为林龙健、李磊，参编为邝楚文、李剑辉、吴研婷。感谢惠州经济职业技术学院信息工程学院薛晓萍院长以及各位同事的支持和指导。

本书可作为高职院校的计算机和电子信息等专业计算机网络基础课程的教学用书，也可作为各类培训机构、计算机网络从业人员以及爱好者的培训或学习用书。

由于作者水平有限，加之编写时间仓促，书中难免存在欠妥和不当之处，恳请广大读者批评指正。作者的 E-mail 地址是 284019693@qq. com，本教材相应的计算机网络技术教师QQ 交流群号是 668299865。

编　者

目　录

出版说明

前言

项目1　认识计算机网络 ……………… 1

1.1　项目描述 ……………………… 1

1.2　项目分析 ……………………… 1

1.3　知识准备 ……………………… 1

1.3.1　计算机网络概述 ……… 1

1.3.2　计算机网络的拓扑结构 …… 6

1.3.3　数据通信基础 ……… 8

1.4　项目实现 …………………… 12

1.4.1　任务：参观公司的计算机

网络 ……………… 12

1.4.2　任务：绘制计算机网络拓

扑图 ……………… 13

1.5　项目拓展：使用 Packet Tracer

绘制网络拓扑图 ……… 16

1.6　项目实训：参观学校网络中心

或网络实验室 ……… 18

项目2　制作网线 ……………… 19

2.1　项目描述 …………………… 19

2.2　项目分析 …………………… 19

2.3　知识准备 …………………… 19

2.3.1　常见的网络传输介质 ……… 19

2.3.2　双绞线的连接标准 ……… 24

2.3.3　双绞线制作的材料与工具 … 25

2.4　项目实现 …………………… 26

2.4.1　任务：制作直连线 ……… 26

2.4.2　任务：制作交叉线 ……… 29

2.4.3　任务：制作反接线 ……… 29

2.5　项目拓展：制作光纤接头 ……… 29

2.6　项目实训：制作3种类型的

双绞线 ……………… 32

项目3　认识 IP 地址和网络协议 ……… 34

3.1　项目描述 …………………… 34

3.2　项目分析 …………………… 34

3.3　知识准备 …………………… 35

3.3.1　IPv4 地址与子网划分 ……… 35

3.3.2　IPv6 地址 ……………… 42

3.3.3　网络体系结构与协议概述 … 46

3.3.4　OSI 参考模型 ……… 47

3.3.5　TCP/IP 参考模型 ……… 48

3.3.6　Wireshark 网络协议分析

工具简介 ……………… 50

3.4　项目实现 …………………… 51

3.4.1　任务：划分 IP 子网 ……… 51

3.4.2　任务：配置和管理

TCP/IP ……………… 52

3.4.3　任务：捕获数据包和分析

数据包协议 ……… 55

3.5　项目拓展：在 Windows 7 下

配置 IPv6 ……………… 59

3.6　项目实训：子网划分与

协议分析 ……………… 61

项目4　组建小型计算机网络 ……… 63

4.1　项目描述 …………………… 63

4.2　项目分析 …………………… 63

4.3　知识准备 …………………… 64

4.3.1　局域网概述 ……… 64

4.3.2　局域网层次结构及标准

模型 ……………… 65

4.3.3　介质访问控制方法 ……… 67

4.3.4　以太网 ……………… 70

4.3.5　无线局域网 ……… 72

4.4　项目实现 …………………… 74

4.4.1　任务：组建小型有线局

域网 ……………… 74

4.4.2　任务：组建小型无线局

域网 ……………… 82

4.5 项目拓展：共享网络文件夹 ··· 86
4.6 项目实训：组建家庭混合式
   局域网 ·············· 90

项目5 使用网络调试命令检测
   网络故障 ············· 91
5.1 项目描述 ·············· 91
5.2 项目分析 ·············· 91
5.3 知识准备 ·············· 92
   5.3.1 常用的网络调试命令 ··· 92
   5.3.2 常见的网络故障和排除
      方法 ············ 97
5.4 项目实现 ·············· 98
   5.4.1 任务：使用 ping 命令 ··· 98
   5.4.2 任务：使用 ipconfig 命令 ··· 99
   5.4.3 任务：使用 tracert 命令 ··· 102
   5.4.4 任务：使用 arp 命令 ··· 102
   5.4.5 任务：使用 netstat 命令 ··· 104
   5.4.6 任务：综合使用网络命令
      解决网络故障 ····· 105
5.5 项目拓展：nslookup 命令
   的使用 ·············· 107
5.6 项目实训：检测与排除网络
   故障 ·············· 108

项目6 配置交换机 ··········· 109
6.1 项目描述 ·············· 109
6.2 项目分析 ·············· 109
6.3 知识准备 ·············· 110
   6.3.1 交换机的工作原理 ····· 110
   6.3.2 VLAN 技术 ········ 115
   6.3.3 相关配置命令 ······ 118
6.4 项目实现 ·············· 120
   6.4.1 任务：交换机的基本
      配置 ··········· 120
   6.4.2 任务：单交换机实现
      VLAN 划分 ······· 124
   6.4.3 任务：跨交换机实现
      VLAN 划分 ······· 126
6.5 项目拓展：利用三层交换机
   实现 VLAN 间路由 ······ 127

6.6 项目实训：企业网络 VLAN
   划分 ·············· 130

项目7 配置路由器 ··········· 131
7.1 项目描述 ·············· 131
7.2 项目分析 ·············· 131
7.3 知识准备 ·············· 132
   7.3.1 路由器概述 ······· 132
   7.3.2 路由器的工作原理 ····· 137
   7.3.3 静态路由与动态路由 ··· 138
   7.3.4 相关配置命令 ······ 141
7.4 项目实现 ·············· 143
   7.4.1 任务：路由器的基本
      配置 ··········· 143
   7.4.2 任务：局域网间静态
      路由的配置 ······· 145
7.5 项目拓展：局域网间动态
   路由的配置 ·········· 148
7.6 项目实训：局域网间路由
   的配置 ············· 149

项目8 网络互联综合应用 ······ 151
8.1 项目描述 ·············· 151
8.2 项目分析 ·············· 151
8.3 知识准备 ·············· 152
   8.3.1 网络互联概述 ······ 152
   8.3.2 网络互联设备 ······ 153
   8.3.3 路由选择协议 ······ 156
8.4 项目实现：实现网络互联 ··· 157
8.5 项目拓展：使用三层交换机
   配置 DHCP 服务 ······ 161
8.6 项目实训：校园网络组建
   与互联 ············· 163

项目9 搭建网络服务器 ······· 164
9.1 项目描述 ·············· 164
9.2 项目分析 ·············· 164
9.3 知识准备 ·············· 165
   9.3.1 网络操作系统概述 ····· 165
   9.3.2 WWW 服务 ······· 167
   9.3.3 FTP 服务 ········ 168
   9.3.4 DHCP 服务 ······· 170

9.3.5 DNS 服务 ················ *171*

9.4 项目实现 ···················· *172*

　9.4.1 任务：安装 Windows Server
　　　　2008 R2 操作系统 ········ *172*

　9.4.2 任务：搭建 Web 服务器 ··· *177*

　9.4.3 任务：搭建 FTP 服务器 ··· *182*

　9.4.4 任务：搭建 DHCP
　　　　服务器 ················· *187*

　9.4.5 任务　搭建 DNS 服务器 ··· *191*

9.5 项目拓展：搭建 Active
　　Directory 域服务 ··········· *196*

9.6 项目实训：搭建 Windows 网络
　　服务器 ····················· *202*

项目 10　网络安全及管理 ··········· *203*

10.1 项目描述 ·················· *203*

10.2 项目分析 ·················· *203*

10.3 知识准备 ·················· *204*

　10.3.1 网络安全概述 ········· *204*

　10.3.2 防火墙技术 ··········· *204*

　10.3.3 数据加密技术 ········· *208*

　10.3.4 数字签名和数字证书 ···· *213*

　10.3.5 入侵检测技术 ········· *215*

　10.3.6 网络防病毒技术 ······· *216*

10.4 项目实现 ·················· *218*

　10.4.1 任务：Windows 防火墙的
　　　　　配置与管理 ········· *218*

10.4.2 任务：杀毒软件的设置与
　　　　　使用 ················· *223*

10.5 项目拓展：使用加密软件
　　　实现文件内容的加密解密 ··· *226*

10.6 项目实训：维护计算机
　　　网络安全 ·················· *228*

项目 11　掌握搜索引擎的使用技巧 ··· *229*

11.1 项目描述 ·················· *229*

11.2 项目分析 ·················· *229*

11.3 知识准备 ·················· *229*

　11.3.1 什么是搜索引擎 ········· *229*

　11.3.2 常见的搜索引擎 ········· *230*

　11.3.3 中文搜索技巧 ··········· *231*

　11.3.4 英文搜索技巧 ··········· *235*

11.4 项目实现 ·················· *237*

　11.4.1 任务：使用百度搜索引擎
　　　　　进行中文搜索 ········· *237*

　11.4.2 任务：使用百度搜索引擎
　　　　　进行英文搜索 ········· *241*

11.5 知识拓展：百度快照的
　　　使用 ····················· *244*

11.6 项目实训：搜索引擎的
　　　使用 ····················· *245*

参考文献 ························· *246*

项目 1　认识计算机网络

【学习目标】

1. 知识目标
🔸 了解计算机网络的形成与发展、应用及其发展趋势。
🔸 掌握计算机网络的定义、组成、功能和分类。
🔸 掌握分组交换和拓扑结构等基本概念。
🔸 了解数据通信基础知识。

2. 能力目标
🔸 能够准确描述网络的拓扑结构图。
🔸 能够使用专业绘图软件 Visio 绘制常见拓扑结构图。

3. 素质目标
🔸 初步形成按操作规范进行操作的习惯。
🔸 培养多角度分析问题的思维方法。

1.1　项目描述

假如你是 ABC 公司新入职的网络管理员，上班的第一天，部门主管想让你先了解一下公司网络的基本架构以及使用情况，于是带领你参观了公司的网络中心。参观完后，你把了解到的公司网络拓扑结构图绘制出来，以方便日后开展网络管理与维护工作。

1.2　项目分析

作为一名计算机网络领域的网络管理技术人员，首先必须要了解计算机网络的基础知识（包括概念、组成、功能、分类及其发展等），能够描述计算机网络的拓扑结构，并了解一些数据通信的基础知识，然后才能够正确地理解公司网络的基本架构，并能够熟练绘制出公司的网络拓扑结构图，为日常的网络管理与维护工作打好坚实的基础。

1.3　知识准备

1.3.1　计算机网络概述

随着科学技术的不断发展，计算机网络的功能已被人们深刻认识，它已进入社会的各个领域，并发挥着越来越重要的作用。今天计算机网络已成为人们日常生活中不可分割的一部分。下面具体介绍计算机网络的基本概念及其发展过程。

1. 计算机网络的基本概念

（1）计算机网络的定义

计算机网络是利用通信设备和线路将分布在不同地点且功能独立的多个计算机互连起来，通过功能完善的网络软件，实现网络资源共享和信息传递的系统。

（2）计算机网络的组成

1）计算机网络的几何构成。

从计算机网络的几何构成来看，计算机网络是由网络节点和连接这些节点的通信链路构成的。

① 网络节点。

网络节点又称网络单元，一般可分为访问节点和转接节点。

- 访问节点：又称端节点，是指拥有计算机资源的用户设备，主要起信源和信宿的作用。常见的访问节点有用户主机和终端等。
- 转接节点：又称中间节点，是指那些在网络通信中起数据交换和转接作用的网络节点。常见的转接节点有集线器、交换机和路由器等。

② 通信链路。

通信链路是指两个网络节点之间传输信息和数据的线路。链路可用各种传输介质实现，如双绞线、电缆、卫星和微波等，通信链路又分为物理链路和逻辑链路。

- 物理链路：也称物理连接，是相邻两节点间的一条物理线路。
- 逻辑链路：也称逻辑连接，是在物理链路基础上加上数据链路控制协议，以构成逻辑链路。

2）计算机网络的物理构成。

从计算机网络的物理构成来看，一个完整的计算机网络系统是由网络硬件和网络软件所组成的。网络硬件是计算机网络系统的物理实现，网络软件是网络系统中的技术支持。两者相互作用，共同完成网络功能。

3）计算机网络的软件构成。

从计算机网络的软件构成来看，计算机网络主要由网络操作系统、网络协议、网络管理软件、网络通信软件和网络应用软件等组成。

① 网络操作系统：实现不同主机之间的用户通信，以及全网硬件和软件资源的共享，并提供统一的网络接口。如 UNIX、NetWare、Windows 等。

② 网络协议：指网络通信的数据传输规范，如 TCP/IP。

③ 网络管理软件：对网络资源进行管理以及对网络进行维护，如性能管理、配置管理、故障管理、计费管理和安全管理等。

④ 网络通信软件：用于实现网络中各种设备之间的通信，具有完善的传真和传输文件等功能。

⑤ 网络应用软件：为网络用户提供服务，可以是应用工具如 Web 浏览器的搜索工具，也可以是服务于用户的业务管理软件。

4）计算机网络的逻辑构成。

计算机网络按逻辑功能可划分为资源子网和通信子网两部分，如图 1-1 所示。

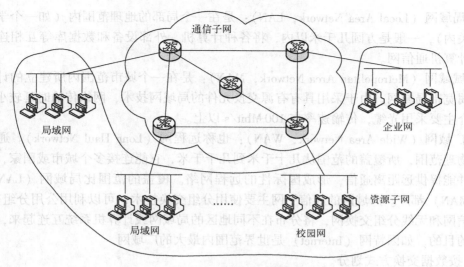

图 1-1 逻辑功能分类

① 资源子网：计算机网络中面向用户的部分，负责数据的处理工作，包括网络中独立的计算机及其外围设备、软件资源和整个网络共享数据。

② 通信子网：网络中的数据通信系统，由用于信息交换的网络节点处理器和通信链路组成，主要负责通信处理工作。

（3）计算机网络的功能

计算机网络主要有数据通信、资源共享、分布式处理和负载均衡等几大功能。

1）数据通信（Data Communication）。

数据通信是计算机网络最基本的功能，用来快速传送计算机与终端及计算机与计算机之间的各种信息，包括文本、声音、图像和视频等。利用网络的通信功能，可以发送电子邮件、打电话和在网上举行视频会议等。

2）资源共享（Resource Sharing）。

资源共享是计算机网络的核心功能，网络中的计算机不仅可以使用本机的资源，还可以使用网络中其他计算机的资源，这些资源包括硬件资源、软件资源、数据资源和信道资源等。

3）分布式处理（Distributed Disposal）。

分布式处理是把要处理的任务分散到各个计算机上运行，而不是集中在一台大型计算机上。这样，不仅可以降低软件设计的复杂性，而且还可以大大提高工作效率和降低成本。

4）负载均衡（Load Balancing）。

当网络中某台计算机的任务负荷太重时，通过网络和应用程序的控制和管理，将作业分散到网络中的其他计算机中，由多台计算机共同完成。

（4）计算机网络的分类

计算机网络的分类方式有很多种，可以按网络的覆盖范围、交换方式或网络拓扑结构等方式进行分类。

1）按网络的覆盖范围划分。

按照网络的覆盖范围可分为局域网（LAN）、城域网（MAN）和广域网（WAN）。

① 局域网（Local Area Network，LAN）：是在一个局部的地理范围内（如一个学校、工厂和机关内），一般是方圆几千米以内，将各种计算机、外部设备和数据库等互相连接起来组成的计算机通信网。

② 城域网（Metropolitan Area Network，MAN）：是在一个城市范围内所建立的计算机通信网，属宽带局域网。由于采用具有有源交换元件的局域网技术，网络传输时延较小，它的传输媒介主要采用光缆，传输速率在100 Mbit/s以上。

③ 广域网（Wide Area Network，WAN）：也称远程网（Long Haul Network）。通常跨接很大的物理范围，所覆盖的范围从几十千米到几千千米，它能连接多个城市或国家，或横跨几个洲并能提供远距离通信，形成国际性的远程网络。覆盖的范围比局域网（LAN）和城域网（MAN）都广。广域网的通信子网主要使用分组交换技术，可以利用公用分组交换网、卫星通信网和无线分组交换网，将分布在不同地区的局域网或计算机系统互连起来，达到资源共享的目的，如因特网（Internet）是世界范围内最大的广域网。

2）按数据交换方式划分。

按照数据交换方式可分为电路交换、报文交换和分组交换。

① 电路交换（Circuit Switching）：也称线路交换，在源节点和目的节点之间建立一条专用通路用于数据传输，如图1-2所示。电路交换的通信过程可分为电路建立、数据传输和电路拆除3个过程。

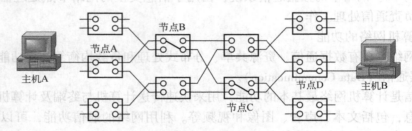

图1-2　电路交换

② 报文交换（Message Switching）：也称消息交换，将用户数据、源地址、目的地址和校验码等信息封装，在报文中附加目的地址，则可根据报文的目的地址，利用路由信息找出下一个节点的地址，再把整个报文传送给下一个节点，直到最后送达目的站点，如图1-3所示。

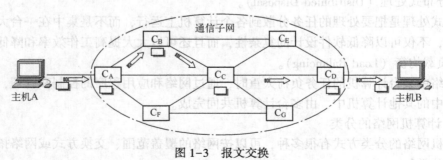

图1-3　报文交换

③ 分组交换（Packet Switching）：将报文分解为若干个小的并按一定格式组成的分组（Packet）进行交换和传输。在实际应用中，分组交换有虚电路交换和数据报交换两种方式。

4

其中，虚电路交换方式类似于电路交换方式，如图 1-4 所示；数据报交换方式类似于报文交换方式，如图 1-5 所示。

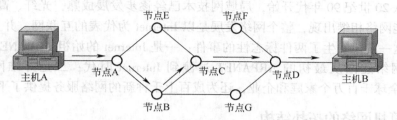

图 1-4　虚电路交换方式

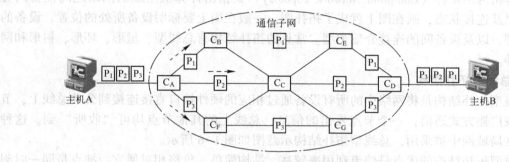

图 1-5　数据报交换方式

3）按网络拓扑结构划分

按照网络拓扑结构进行分类，可以分为 5 类：总线型网络、星形网络、环形网络、树形网络和网状形网络。

2. 计算机网络的发展

计算机网络已经经历了由单一网络向互联网发展的过程。1997 年，在美国拉斯维加斯的全球计算机技术博览会上，微软公司总裁比尔·盖茨先生发表了"网络才是计算机"的精辟论点，充分体现出信息社会中计算机网络的重要基础地位。计算机网络技术的发展成为当今世界高新技术发展的核心之一，而它的发展经历了诞生、形成、互联互通和高速网络技术 4 个阶段。

第一阶段：诞生阶段（计算机终端网络）。

该阶段追溯到 20 世纪 50 年代，其主要特征是：数据通信技术的研究和应用，为计算机网络的产生做好了技术准备。

第二阶段：形成阶段（计算机通信网络）。

该阶段从 20 世纪 60 年代开始，美国国防部相关部门推出了分组交换技术。基于分组交换的 ARPANET 成功运行，从此计算机网络进入了一个新纪元。分组交换技术对促进计算机网络技术发展和理论体系的形成产生重要作用，并为 Internet 的形成奠定了基础。

第三阶段：互联互通阶段（开放式的标准化计算机网络）。

该阶段大致从 20 世纪 70 年代中期开始，国际标准化组织于 1984 年提出了开放系统互联参考模型（Open System Interconnection/Reference Model，OSI/RM），但是同时也面临已经广泛使用的传输控制协议/网际协议（Transmission Control Protocol/Internet Protocol，TCP/IP）

5

的严峻挑战。

第四阶段：高速网络技术阶段（新一代计算机网络）。

该阶段从 20 世纪 90 年代开始，局域网技术已经逐步发展成熟，光纤、高速网络技术、多媒体和智能网络相继出现，整个网络发展是以 Internet 为代表的互联网，并且很快进入商业化阶段。这一阶段发生了两件标志性的事件：一是 Internet 的始祖 ARPANET 正式停止运行，计算机网络逐渐从最初的 ARPANET 过渡到 Internet 时代；二是万维网的出现，把 Internet 带进全球千百万个家庭和企业，还为成百上千种新的网络服务提供了平台。

1.3.2 计算机网络的拓扑结构

计算机网络拓扑（Computer Network Topology）是指由计算机组成的网络之间设备的分布情况以及连接状态，画在图上就成了拓扑图。一般在图上要标明设备所处的位置、设备的名称类型，以及设备间的连接介质类型。常见的拓扑结构有总线型、星形、环形、树形和网状形 5 种。

1. 总线型拓扑结构

总线型拓扑结构是将网络中的所有设备通过相应的硬件接口直接连接到公共总线上，节点之间按广播方式通信，一个节点发出的信息，总线上的其他节点均可"收听"到。这种结构多在局域网中被采用，总线型拓扑结构示意图如图 1-6 所示。

总线型拓扑结构的优点是信道利用率较高，结构简单，价格相对便宜。缺点是同一时刻只能有两个网络节点相互通信，网络延伸距离有限，网络容纳节点数有限；在总线上只要有一个节点出现连接问题，会影响整个网络的正常运行。

2. 星形拓扑结构

星形拓扑结构是以中央节点为中心与各节点连接而组成的，各个节点间不能直接通信，而是经过中央节点进行通信。这种结构适用于局域网，通常以集线器或交换机作为中央节点，以双绞线或同轴电缆作为连接线路，其维护和管理容易，星形拓扑结构示意图如图 1-7 所示。

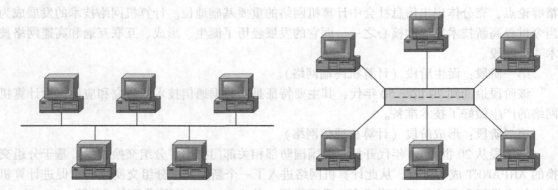

图 1-6　总线型拓扑结构　　　　　　　　　　图 1-7　星形拓扑结构

星形拓扑结构的优点是结构简单，连接方便，易于管理维护，而且扩展性强，网络延迟时间较小，传输误差低。缺点是共享能力较差，通信线路利用率不高，中央节点负担过重，一旦中央节点出现故障，则整个网络瘫痪。

6

3. 环形拓扑结构

环形拓扑结构中各节点通过环路接口连在一条首尾相连的闭合环形通信线路中，环路上任何节点均可以请求发送信息。请求一旦被批准，便可以向环路发送信息。一个节点发出的信息必须穿越环中所有的环路接口，信息流中目的地址与环上某节点地址相符时，即被该结点的环路接口所接收，而后信息继续流向下一环路接口，一直流回到发送该信息的环路接口节点为止。这种结构特别适用于实时控制的局域网系统，环形拓扑结构示意图如图 1-8 所示。

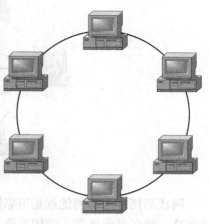

图 1-8　环形拓扑结构

环形拓扑结构的优点是安装容易，费用较低，电缆故障容易查找和排除。为了提高通信效率和可靠性，有些网络系统采用了双环结构，即在原有的单环上再套一个环，使每个节点都具有两个接收通道，简化了路径选择的控制，可靠性较高，实时性强。缺点是节点过多时传输效率低，故扩充不方便。

4. 树形拓扑结构

树形拓扑结构是总线型拓扑结构的扩展，它是在总线型的基础上加上分支形成的，其传输介质可以有多条分支，但不形成闭合回路。树形拓扑结构就像一棵"根"朝上、"叶子"朝下的倒立的树。与总线型拓扑结构相比，主要区别在于总线型拓扑结构中没有"根"。这种拓扑结构的网络一般采用同轴电缆作为连接线路，用于军事单位、政府部门等上下界限相当严格和层次分明的部门，树形拓扑结构示意图如图 1-9 所示。

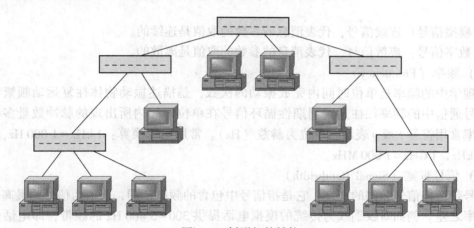

图 1-9　树形拓扑结构

树形拓扑结构的优点是容易扩展，故障也容易分离处理。缺点是整个网络对"根"的依赖性很大，一旦网络的根发生故障，整个系统就不能正常工作。

5. 网状形拓扑结构

将多个子网或多个网络连接起来构成网状形拓扑结构。在一个子网中，集线器和中继器将多个设备连接起来，而桥接器、路由器及网关则将各子网连接起来。目前广域网基本上采

7

用这种结构，网状形拓扑结构示意图如图1-10所示。

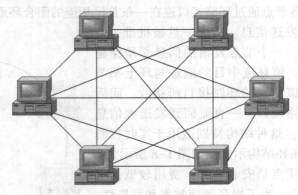

图1-10　网状型拓扑结构

　　网状形拓扑结构的优点是可靠性高，资源共享方便，在性能优良的通信软件支持下通信效率高。缺点是价格贵，结构复杂，软件控制麻烦。

1.3.3　数据通信基础

1. 数据通信基本概念

（1）信息（Information）与信号（Signal）

　　信息是事物现象及其属性标识的集合，它是对不确定性的消除。数据（Data）是携带信息的载体。信号是数据的物理表现，如电气信号或电磁信号。

　　根据信号中代表消息的参数的取值方式不同，信号可以分为模拟信号和数字信号两大类。

　　① 模拟信号：连续信号，代表消息的参数的取值是连续的。

　　② 数字信号：离散信号，代表消息的参数的取值是离散的。

（2）频率（Frequency）

　　物理学中的频率是单位时间内完成振动的次数，是描述振动物体往复运动频繁程度的量。信号通信中的频率往往是对周期性循环信号在单位时间内所出现的脉冲数量多少的计量。频率常用符号 f 或 v 表示，单位为赫兹（Hz）。常用单位换算：$1\,kHz = 1\,000\,Hz$，$1\,MHz = 1\,000\,kHz$，$1\,GHz = 1\,000\,MHz$。

（3）信号带宽（Signal Bandwidth）

　　信号带宽即信号频谱的宽度，它是指信号中包含的频率范围，取值为信号的最高频率与最低频率之差。例如对绞铜线为传统的模拟电话提供 $300 \sim 3\,400\,Hz$ 的频带，即电话信号带宽为 $3\,400\,Hz - 300\,Hz = 3\,100$（Hz）。

（4）信道带宽（Channel Bandwidth）

　　信道是指通信系统中传输信号的通道，信道包括通信线路和传输设备。根据信道使用的传输介质可分为有线信道和无线信道，根据适合传输的信号类型可分为模拟信道和数字信道。

　　信道带宽是指信道上允许传输电磁波的有效频率范围。模拟信道的带宽等于信道可以传输的信号频率上限与下限之差，单位是Hz。数字信道的带宽一般用信道容量表示，信道容量是信道允许的最大数据传输速率，单位是比特/秒（bit/s），单位换算：1 kbit/s=1 000 bit/s，1 Mbit/s=1 000 kbit/s。

（5）基带与宽带（Baseband and Broadband）

基带是指数字脉冲信号所固有的频带。

宽带源于电话业务，以固话工作频率（近似 4 kHz）为分界，携载信号频率超过固话工作频率的频带称为宽带。

（6）数据通信系统（Data Communication System）

数据通信系统用以实现信息的传递，一个完整的数据通信系统可划分为 3 大组成部分：信源（源系统：发送端和发送方）、信道（传输系统：传输网络）和信宿（目的系统：接收端和接收方），如图 1-11 所示。

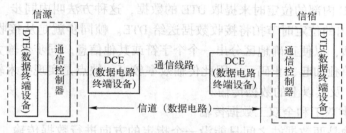

图 1-11　数据通信系统组成

2. 数据传输方式

数据传输方式是数据在信道上传送所采取的方式。若按数据传输的顺序可以分为并行传输和串行传输，若按数据传输的同步方式可分为同步传输和异步传输，若按数据传输的流向和时间关系可以分为单工、半双工和全双工数据传输。

（1）并行传输与串行传输

并行传输是将数据以成组的方式在两条以上的并行信道上同时传输。例如采用 8 单位代码字符可以用 8 条信道并行传输，一条信道一次传送一个字符。因此不需采用另外措施就实现了收/发双方的字符同步。缺点是传输信道多，设备复杂，成本较高，故实际应用中较少采用此方式。

串行传输是数据流以串行方式在一条信道上传输。该方法易于实现。缺点是要解决收/发双方码组或字符的同步问题，需外加同步措施，实际应用中较多采用此方式。

（2）同步传输与异步传输

在串行传输时，接收端如何从串行数据流中正确地划分出发送的一个个字符所采取的措施称为字符同步。根据实现字符同步方式不同，数据传输有异步传输和同步传输两种方式。

异步传输每次传送一个字符代码（5~8 bit），在发送每一个字符代码的前面均加上一个"起"信号，其长度规定为 1 个码元，极性为"0"；后面均加一个"止"信号，在采用国际电报二号码时，"止"信号长度为 1.5 个码元，在采用国际电报五号码或其他代码时，"止"信号长度为 1 或 2 个码元，极性为"1"。字符可以连续发送，也可以单独发送；不发送字符时，连续发送"止"信号。每一字符的起始时刻可以是任意的（这也是异步传输的含意所在），但在同一个字符内各码元长度相等。接收端则根据字符之间的"止"信号到"起"

信号的跳变（"1"→"0"）来检测识别一个新字符的"起"信号，从而正确地区分出一个个字符。因此，这样的字符同步方法又称起止式同步。该方法的优点是实现同步比较简单，收/发双方的时钟信号不需要精确的同步。缺点是每个字符增加了 2～3 bit，降低了传输效率。它常用于速率为 1 200 bit/s 及其以下的低速数据传输。

同步传输是以固定时钟节拍来发送数据信号的。在串行数据流中，各信号码元之间的相对位置都是固定的，接收端要从收到的数据流中正确区分发送的字符，必须建立位定时同步和帧同步。位定时同步又叫比特同步，其作用是使数据电路终端设备（DCE）接收端的位定时时钟信号和 DCE 收到的输入信号同步，以便 DCE 从接收的信息流中正确判决出一个个信号码元，产生接收数据序列。DCE 发送端产生定时的方法有两种：一种是在数据终端设备（DTE）内产生位定时，并以此定时的节拍将 DTE 的数据送给 DCE，这种方法叫外同步。另一种是利用 DCE 内部的位定时来提取 DTE 的数据，这种方法叫内同步。对于 DCE 的接收端，均是以 DCE 内的位定时节拍将接收数据送给 DTE。帧同步就是从接收数据序列中正确地进行分组或分帧，以便正确地区分出一个个字符或其他信息。同步传输方式的优点是不需要对每一个字符单独加起、止码元，因此传输效率较高。缺点是实现技术较复杂。通常用于速率为 2 400 bit/s 及其以上的数据传输。

（3）单工、半双工和全双工数据传输

单工数据传输是两数据站之间只能沿一个指定的方向进行数据传输。即一端的 DTE 固定为数据源，另一端的 DTE 固定为数据宿。

半双工数据传输是两数据站之间可以在两个方向上进行数据传输，但不能同时进行。即每一端的 DTE 既可作数据源，也可作数据宿，但不能同时作为数据源与数据宿。

全双工数据传输是在两数据站之间可以在两个方向上同时进行传输。即每一端的 DTE 均可同时作为数据源与数据宿。通常四线线路实现全双工数据传输，二线线路实现单工或半双工数据传输。在采用频率复用、时分复用或回波抵消等技术时，二线线路也可实现全双工数据传输。

3. 数据交换方式

在数据通信中，数据交换方式主要包括电路交换和存储交换两类，其中存储交换又分为报文交换和分组交换两种，如图 1-12 所示。

（1）电路交换

电路交换又称线路交换，它是面向连接的。电路交换是在通信子网中建立一个实际的物理线路连接。电路交换分 3 个阶段：建立连接→通信→释放连接。

举个例子，老电影中看到这样的场面：首长（主叫用户）拿起话筒来一阵猛摇，一端是一排插满线头的机器，戴着耳机的话务员接到连接要求后，把线头插在相应的出口，为两个用户端建立起连接，直到通话结束，这个过程就是通过人工方式建立起来的电路交换。

电路交换又分为时分交换（Time Division Switching，TDS）和空分交换（Space Division Switching，SDS）两种方式。这种传输机制中，数据具有突发性，将导致通信线路的利用率很低。在某些情况下，电路空闲时的信道容量被浪费。另外，正在通信的电路中若有一个交换机或一条链路被破坏，则整个通信电路就要中断。如要改用其他迂回电路，必须重新拨号建立连接，这将要延误一些时间。

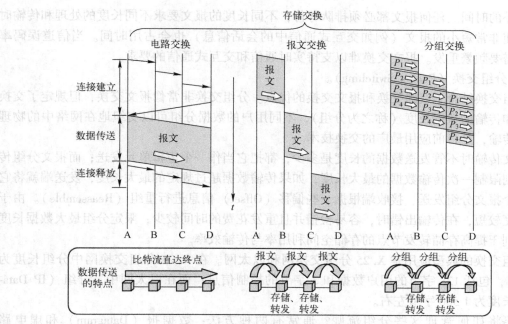

图 1-12 数据通信的交换方式

（2）存储交换

存储交换是指数据交换前，先通过缓冲存储器进行缓存，然后按队列进行处理。存储交换分为报文交换和分组交换两种。

1）报文交换（Message Switching）。

20 世纪 40 年代，电报通信采用了基于存储转发原理的报文交换。报文交换的基本思想是先将用户的报文存储在交换机的存储器中，当所需要的输出电路空闲时，再将该报文发向接收交换机或用户终端。所以报文交换系统又称"存储-转发"系统。

实现报文交换的过程如下：

① 若某用户有发送报文需求，则需要先把拟发送的信息加上报文头，包括目标地址和源地址等信息，并将形成的报文发送给交换机。当交换机中的通信控制器检测到某用户线路有报文输入时，则向中央处理机发送中断请求，并逐字把报文送入内部存储器。

② 中央处理机在接到报文后可以对报文进行处理，如分析报文头，判别和确定路由等，然后将报文转存到外部大容量存储器，等待出现一条空闲的输出线路。

③ 一旦线路有空闲，就再把报文从外存储器调入内存储器，经通信控制器向线路发送出去。

报文交换方式首先是由交换机存储整个报文的，然后在有线路空闲时才进行必要的处理。多个用户的数据可以通过存储和排队共享一条线路，因为没有线路建立过程，提高了线路的利用率。这种传输方式支持多点传输（一个报文传输给多个用户，只需在报文中增加"地址字段"，中间节点根据地址字段进行复制和转发）。中间节点可进行数据格式的转换，方便接收站点的收取。报文交换中增加了差错检测功能，避免出错数据的无谓传输等。

报文交换方式的不足之处在于报文长度未作规定，报文只能暂存在磁盘上，磁盘读取占用了额外的时间。任何报文都必须排队等待，不同长度的报文要求不同长度的处理和传输时间，即使非常短小的报文（例如交互式通信中的会话信息）也会占用时间。当信道误码率高时，需要频繁重发。报文交换难以支持实时通信和交互式通信的要求。

2）分组交换（Packet Switching）。

分组交换结合了线路交换和报文交换的优点。分组交换非常像报文交换，但规定了交换机处理和传输的数据长度（称之为分组），不同用户的数据分组可以交织地在网络中的物理链路上传输，是目前应用最广的交换技术。

报文传输时不管发送数据的长度是多少，都把它当作一个逻辑单元发送；而报文分组传输方式则限制一次传输数据的最大长度，如果传输数据超过规定的最大长度，发送端就将它分成多个报文分组发送，接收端根据一些偏移（Offset）信息进行重组（Reassemble）。由于分组长度较短，在传输出错时，容易检错并且重发花费的时间较少；限定分组最大数据长度后，有利于提高存储转发节点的存储空间利用率与传输效率。

分组交换的典型应用是 X.25 分组交换网和以太网。在 X.25 分组交换网中分组长度为 131 字节，包括 128 字节的用户数据和 3 字节的控制信息；而在以太网中，分组（IP Datagram）长度为 1 500 字节左右。

网络将如何管理这些分组流呢？通常有两种方法：数据报（Datagram）和虚电路（Virtual Circuit）。在数据报方法中，每个分组被独立地处理，就像在报文交换网络中每个报文被独立地处理那样。在虚电路方法中，在发送任何分组之前，都需要建立一条逻辑连接。数据报方法类似 TCP/IP 中的 UDP 通信方式，发出去的报文就像漂流瓶，可能到不了岸；虚电路方法则类似 TCP/IP 中的 TCP 通信方式，它需要维系状态。

分组交换具有以下优点：

① 高效，动态分配传输带宽，对通信链路是逐段占用。

② 灵活，以分组为传送单位和查找路由。

③ 迅速，不必先建立连接就能向其他主机发送分组。

④ 可靠，可靠性的网络协议和分布式的路由选择协议使网络具有很好的生存性。

1.4 项目实现

1.4.1 任务：参观公司的计算机网络

在技术人员的带领下，实地参观和考察公司的网络中心，了解并熟悉公司网络的组成情况、使用状态、建设和维护成本，以及网络管理员的主要工作职责等。

通过实地考察和技术人员的介绍，了解到公司有 3 个重要部门，分别是财务部、销售部和生产部。每个部门都有一个接入层交换机，用于连接各自部门的计算机。所有接入层交换机都统一连接到汇聚层交换机，再经由主干路由器和防火墙连接到 Internet。该公司网络的网络拓扑结构如图 1-13 所示。

【思考与讨论】组成公司网络的网络设备有二层交换机、三层交换机、路由器和防火墙等，这些网络设备的作用分别是什么？

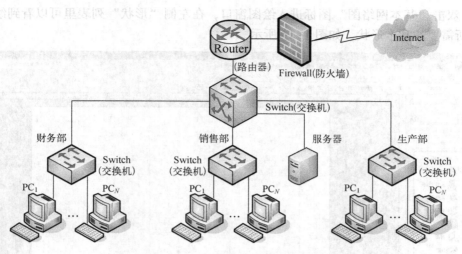

图 1-13　公司的网络拓扑结构图

1.4.2　任务：绘制计算机网络拓扑图

参观完成后，根据了解到的公司网络组成结构（见图 1-13），用专业的绘图软件 Visio 将其绘制出来。

1. 设备及软件准备

PC 1 台、Microsoft Visio 2010 软件。

2. 绘图步骤

1）首先从网上下载并安装 Microsoft Visio 2010 软件，然后打开该软件，创建"基本网络图"，如图 1-14 所示。

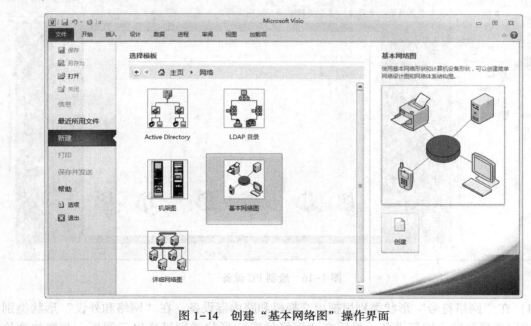

图 1-14　创建"基本网络图"操作界面

2) 双击"基本网络图"图标进入绘图窗口，在左侧"形状"列表里可以看到绘制基本网络图所需要的基本形状，如图 1-15 所示。

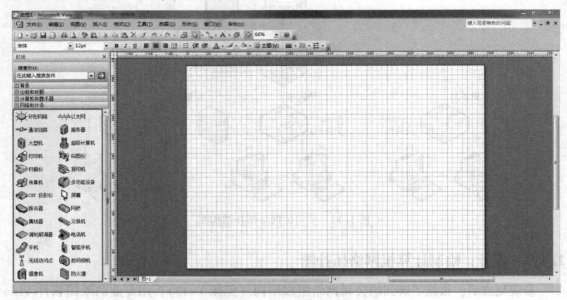

图 1-15 进入绘图界面

3) 接下来开始绘制网络拓扑图了。首先单击左侧"形状"列表里的"计算机和显示器"形状类别，选择"PC"形状，将图形拖到绘图面板的合适位置，绘制出 PC 设备，如图 1-16 所示。

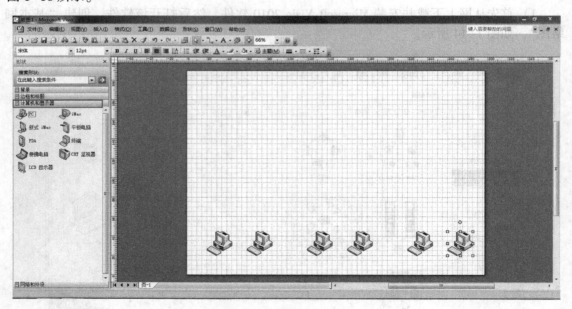

图 1-16 绘制 PC 设备

4) 在"网络符号"形状类别里拖出交换机和路由器设备，在"网络和外设"形状类别里拖出服务器和防火墙等设备，然后在"网络位置"形状类别里拖出云图形，并摆放到绘

14

图面板的合适位置，如图 1-17 所示。

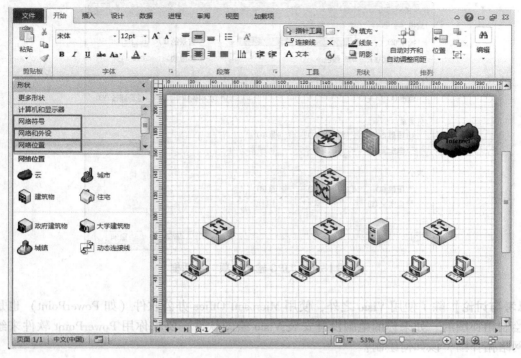

图 1-17 绘制其他设备图形

5）最后用连接线连接，再添加上设备注释，一张图 1-13 所示的公司网络拓扑图就绘制完成了。

6）拓扑图绘制完毕后，可以将图纸保存为图片格式，如图 1-18 所示；并在弹出的"JPG 输出选项"对话框中进行相应的设置，如图 1-19 所示。

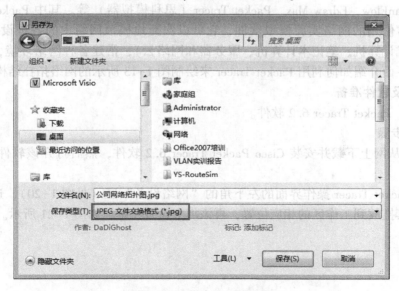

图 1-18 "另存为"对话框

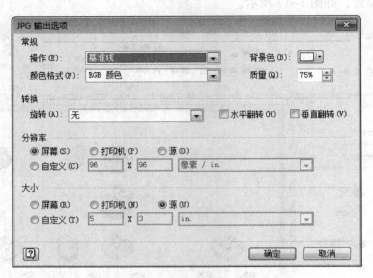

图 1-19 "JPG 输出选项"对话框

【思考与讨论】除了使用 Visio 之外,使用 Microsoft Office 办公软件(如 PowerPoint)也是可以绘制拓扑图的。如果你的电脑没有安装 Visio 绘图软件,要求你用 PowerPoint 软件来绘制该网络拓扑图,该如何绘制?

1.5　项目拓展:使用 Packet Tracer 绘制网络拓扑图

在"1.4.2　任务:绘制计算机网络拓扑图"中,学习了如何利用专业绘图软件 Visio 绘制公司的网络拓扑结构图。但实际上,除了 Visio 软件,还可使用很多其他的绘图软件,如 PaceStar LanFlow、Edraw Max、Packet Tracer(思科模拟器)等。其中 Packet Tracer 是网络工程师经常使用的网络实验模拟软件,它可以快捷地模拟网络中的各种设备(交换机、路由器、台式计算机、笔记本计算机、服务器和网络云),搭建各种网络环境,模拟网络拓扑结构等。下面介绍如何利用 Packet Tracer 来绘制图 1-13 所示的网络拓扑结构图。

1. 设备及软件准备

PC 1 台、Packet Tracer 6.2 软件。

2. 绘图步骤

1)首先从网上下载并安装 Cisco Packet Tracer 6.2 软件,然后打开该软件,如图 1-20 所示。

2)在 Packet Tracer 操作界面的左下角的"网络设备"区(见图 1-20),选择合适的网络设备,将其拖放到工作区的相应位置,再添加上设备注释,如图 1-21 所示。

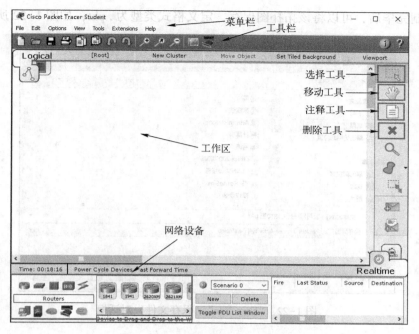

图 1-20　Packet Tracer 6.2 主界面

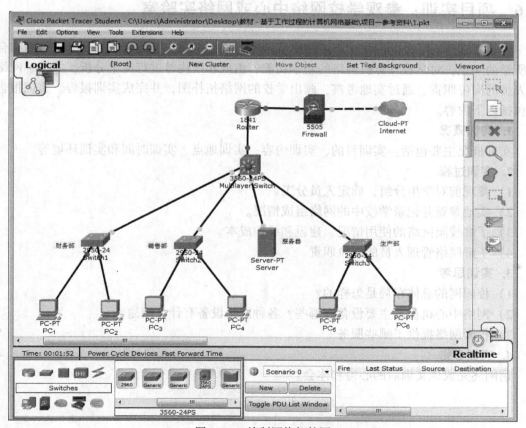

图 1-21　绘制网络拓扑图

3) 绘制完毕后，可以将该拓扑图保存，定义格式类型为 .pkt，如图 1-22 所示。

图 1-22 "Save File"（保存文件）对话框

1.6 项目实训：参观学校网络中心或网络实验室

实地参观所在学校的网络中心或网络实验室，根据老师或网络管理人员的讲解，结合自己所学的知识，对学校计算机网络的基本功能、组成和结构等进行简单分析，并了解网络管理人员的岗位职责。通过实地考察，画出学校的网络拓扑图，并完成实训报告。实训报告主要包括以下内容。

1. 实训概况

实训概况主要包括：实训目的、实训内容、实训地点、实训时间和实训环境等。

2. 实训过程

1) 参观前对学生分组，确定人员分工。

2) 实地参观并记录学校中的网络组成情况。

3) 了解校园网络的使用情况、建设和维护成本。

4) 了解网络管理人员的岗位职责。

3. 实训思考

1) 校园网的总体布局是怎样的？

2) 网络中心机房的主要设备有哪些？各种网络设备有什么用途？

3) 校园网络提供了哪些服务？

4. 实训心得

请阐述完成该实训后的心得和体会。

项目 2　制 作 网 线

【学习目标】

1. 知识目标

- 认识常见的传输介质及网线制作工具。
- 掌握 T568A 和 T568B 标准线序的排列顺序。
- 掌握制作直连线、交叉线和反接线的方法和步骤。
- 掌握网线的测试方法。

2. 能力目标

- 熟悉各种常见的网络传输介质并能正确使用。
- 能够根据任务需求完成网线制作并测试。

3. 素质目标

- 培养良好的动手实践能力和团队合作能力。
- 培养良好的质量意识和安全意识。

2.1　项目描述

假如你是 ABC 公司的网络管理员，公司向你提出以下的需求。

需求 1：有一台 PC 连接集线器，需要一根网线。

需求 2：有两台 PC 直接相连，需要一根网线。

需求 3：有一台工作站要连接路由器/交换机的控制端口，需要一根网线。

请你着手完成这 3 根网线的制作。

2.2　项目分析

根据项目需求，你需要制作 3 根不同的网线：一根直连线，一根交叉线和一根反接线。为了能顺利完成此项工作，需要具备的知识和准备的工作包括：了解网络传输介质的种类，了解网线的连接标准及所需的材料与工具，并掌握网线制作与测试工具的使用。有了这些必备的知识技能，就能轻而易举地制作出满足各种需求的标准网线。

2.3　知识准备

2.3.1　常见的网络传输介质

网络传输介质是指在网络中传输信息的载体，常见的传输介质分为有线传输介质和无线传输介质两大类。不同的传输介质,其特性也各不相同,传输介质的特性直接影响着网络数据通信的速度和质量。

1. 有线传输介质

常见的有线传输介质有同轴电缆(Coaxial Cable)、双绞线(Twisted Pair)和光纤(Fiber)。

(1)同轴电缆

同轴电缆由一根空心的外圆柱导体(铜网)和一根位于中心轴线的内导线(铜芯)组成,并且内导线与圆柱导体及圆柱导体与外界之间都是用绝缘材料隔开,如图2-1所示。它的特点是抗干扰能力好,传输数据稳定,价格也便宜,已被广泛使用,如闭路电视线等。

同轴电缆由里到外分为4层:中心铜线(单股的实心线或多股绞合线)、塑料绝缘层、网状屏蔽层和塑料封套,如图2-2所示。中心铜线和网状屏蔽层形成电流回路,因为中心铜线和网状屏蔽层为同轴关系而得名。

图2-1 同轴电缆

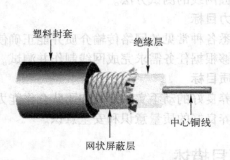

图2-2 同轴电缆的结构

同轴电缆的分类如下。

1)按照用途分类。

同轴电缆从用途上可分为基带同轴电缆和宽带同轴电缆两种基本类型。基带同轴电缆的特征阻抗为50Ω(如RG-8和RG-58等),用于数字传输;宽带同轴电缆的特征阻抗为75Ω(如RG-59等),用于模拟传输。

2)按照直径大小分类。

同轴电缆根据其直径大小可以分为粗同轴电缆(粗缆)与细同轴电缆(细缆)两种。粗缆适用于比较大型的局部网络,它的标准距离长,可靠性高,由于安装时不需要切断电缆,因此可以根据需要灵活调整计算机的入网位置;但粗缆网络中必须安装收发器电缆,安装难度大,所以总体造价高。相反,细缆安装则比较简单,造价低,但由于安装过程要切断电缆,两头须装上基本网络连接头(BNC),然后接在T型连接器两端,所以当接头多时容易产生不良隐患,这是目前运行中的以太网所发生的最常见故障之一。

无论是粗缆还是细缆均为总线拓扑结构,即一根缆上接多部机器,这种拓扑适用于机器密集的环境。但是当某一触点发生故障时,故障会串联影响到整根缆上的所有机器,导致故障的诊断和修复都很麻烦,因此,其逐步被非屏蔽双绞线或光缆取代。

(2)双绞线

双绞线是一种综合布线工程中最常用的传输介质,采用一对互相绝缘的金属导线互相绞

20

合的方式来抵御一部分外界电磁波干扰，如图2-3所示。把两根绝缘的铜导线按一定密度互相绞在一起，每一根导线在传输中辐射出来的电波会被另一根线上发出的电波抵消，有效降低信号干扰的程度。

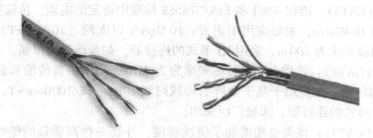

图2-3 双绞线

与其他传输介质相比，双绞线在传输距离、信道宽度和数据传输速度等方面均受到一定限制，但价格较为低廉。

双绞线的分类如下。

1) 按照有无屏蔽层分类。

根据有无屏蔽层，双绞线分为屏蔽双绞线（Shielded Twisted Pair，简称为STP 和 Foil Twisted-Pair，简称为 FTP）与非屏蔽双绞线（Unshielded Twisted Pair，UTP）。屏蔽双绞线与非屏蔽双绞线的结构如图2-4所示。

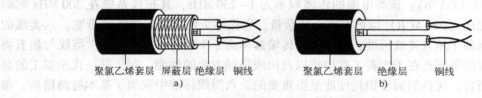

聚氯乙烯套层 屏蔽层 绝缘层 铜线　　　　聚氯乙烯套层 绝缘层 铜线
a)　　　　　　　　　　　　　　　　b)

图2-4 屏蔽双绞线与非屏蔽双绞线的结构
a) 屏蔽双绞线 b) 非屏蔽双绞线

屏蔽双绞线在双绞线与外层绝缘封套之间有一个金属屏蔽层。屏蔽双绞线分为 STP 和 FTP，STP 指每条线都有各自的屏蔽层，而 FTP 只在整个电缆有屏蔽装置，并且两端都正确接地时才起作用。由于 FTP 的这个特点，所以要求整个系统是屏蔽器件，包括电缆、信息点、水晶头和配线架等，同时建筑物需要有良好的接地系统。屏蔽层可减少辐射，防止信息被窃听，也可阻止外部电磁干扰的进入，使屏蔽双绞线比同类的非屏蔽双绞线具有更高的传输速率。

非屏蔽双绞线是一种数据传输线，由4对不同颜色的传输线所组成，广泛用于以太网路和电话线中。非屏蔽双绞线电缆具有许多优点：①无屏蔽外套，直径小，节省所占用的空间，成本低；②重量轻，易弯曲，易安装；③将串扰减至最小或加以消除；④具有阻燃性；⑤具有独立性和灵活性，适用于结构化综合布线。因此，在综合布线系统中，非屏蔽双绞线得到广泛应用。

2) 按照频率和信噪比进行分类。

按照频率和信噪比目前可分为以下几大类，具体型号如下。

① 一类线（CAT1）：线缆最高频率带宽是750 kHz，用于报警系统，或只适用于语音传

输（一类线主要用于 20 世纪 80 年代初之前的电话线缆），不用于数据传输。

②二类线（CAT2）：线缆最高频率带宽是 1 MHz，用于语音传输和最高传输速率为 4 Mbit/s 的数据传输，常见于使用 4 Mbit/s 规范令牌传递协议的旧的令牌网。

③三类线（CAT3）：指在 ANSI 和 EIA/TIA568 标准中指定的电缆，传输频率为 16 MHz，最高传输速率为 10 Mbit/s，主要应用于语音、10 Mbit/s 以太网（10Base-T）和 4 Mbit/s 令牌环网，最大网段长度为 100 m，采用 RJ 形式的连接器，如今已淡出市场。

④四类线（CAT4）：该类电缆的传输频率为 20 MHz，用于语音传输和最高传输速率为 16 Mbit/s 的数据传输，主要用于基于令牌的局域网和 10Base-T/100Base-T。最大网段长为 100 m，采用 RJ 形式的连接器，未被广泛采用。

⑤五类线（CAT5）：该类电缆增加了绕线密度，外套一种高质量的绝缘材料，线缆最高频率带宽为 100 MHz，最高传输率为 100 Mbit/s，用于语音传输和最高传输速率为 100 Mbit/s 的数据传输，主要用于 100Base-T 和 1000Base-T 网络，最大网段长为 100 m，采用 RJ 形式的连接器。这是最常用的以太网电缆，在双绞线电缆内，不同线对具有不同的绞距长度。通常，4 对双绞线绞距周期在 38.1 mm 长度内，按逆时针方向扭绞，一对线对的扭绞长度在 12.7 mm 以内。

⑥超五类线（CAT5e）：超五类线具有衰减小，串扰少，并且具有更高的衰减与串扰的比值（ACR）和信噪比（SNR），更小的时延误差等特点，性能得到很大提高。超五类线主要用于千兆位以太网（1000 Mbit/s）。

⑦六类线（CAT6）：该类电缆的传输频率为 1~250 MHz，其布线系统在 200 MHz 时综合衰减与串扰比（PS-ACR）应该有较大的余量，它提供 2 倍于超五类线的带宽。六类线的传输性能远远高于超五类线标准，最适用于传输速率高于 1 Gbit/s 的应用。六类线与超五类线的一个重要的不同点在于改善了在串扰以及回波损耗方面的性能，对于新一代全双工的高速网络应用而言，优良的回波损耗性能是极重要的。六类线标准中取消了基本链路模型，布线标准采用星型的拓扑结构，其永久链路的长度不能超过 90 m，信道长度不能超过 100 m。

⑧超六类线（CAT6A）：此类产品传输带宽介于六类线和七类线之间，传输频率为 500 MHz，传输速度为 10 Gbit/s，标准外径 6 mm。现今国家还没有出台正式的检测标准，只是行业中有此类产品，各厂家宣布一个测试值。

⑨七类线（CAT7）：传输频率为 600 MHz，传输速度为 10 Gbit/s，单线标准外径 8 mm，多芯线标准外径 6 mm。和超六类产品一样，国家没有出台正式的检测标准。

类型数字越大表示版本越新，技术越先进、带宽也越宽，当然价格也越贵。这些不同类型的双绞线标注方法是这样规定的：如果是标准类型则按 CATx 方式标注，如常用的五类线和六类线，则在线的外皮上标注为 CAT 5、CAT 6。而如果是改进版，就按 xe 方式标注，如超五类线就标注为 5e（注意字母是小写，而不是大写）。

无论是哪一种线，衰减都随频率的升高而增大。在设计布线时，要考虑到受到衰减的信号还应当有足够大的振幅，以便在有噪声干扰的条件下能够在接收端被正确地检测出来。双绞线能够传送多高速率（Mbit/s）的数据还与数字信号的编码方法有很大的关系。

（3）光纤

光纤是光导纤维的简写，是一种由玻璃或塑料制成的纤维，可作为光传导工具，传输原理是"光的全反射"，光纤的结构如图 2-5 所示。

按照光纤传输的模式数量，可以将光纤的种类分为单模光纤（Single ModeFiber，SMF）和多模光纤（MUlti ModeFiber，MMF），如图 2-6 所示。

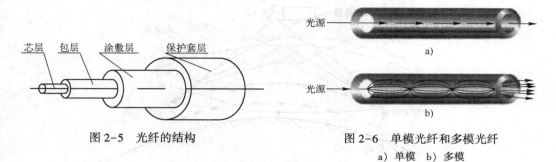

图 2-5 光纤的结构

图 2-6 单模光纤和多模光纤
a）单模 b）多模

1）单模光纤（SMF）：指在工作波长中，只能传输一种传播模式的光纤。目前，在有线电视和光通信中，应用最为广泛。由于光纤的纤芯很细（约 10 μm）而且折射率呈阶跃状分布，当归一化频率 V<2.4 时，理论上只能形成单模传输。另外，SMF 没有多模色散，传输频带较多模光纤更宽，再加上 SMF 的材料色散和结构色散的相互抵消，其合成特性恰好形成零色散的特性，使传输频带更宽。SMF 中，因掺杂物不同和制造方式的差别有许多类型。其中，凹陷型包层光纤（Depressed Clad Fiber），其包层形成两重结构，邻近纤芯的包层，比外包层的折射率还低。另外，匹配型包层光纤，其包层折射率呈均匀分布。

2）多模光纤（MMF）：指在给定的工作波长中，传播可能的模式为多模式的光纤。纤芯直径为 50 μm，由于传输模式可达几百个，与 SMF 相比传输带宽主要受模式色散影响。曾用于有线电视和通信系统的短距离传输，但由于 MMF 较 SMF 的芯径大且与 LED 等光源结合容易，在众多 LAN 中更有优势，所以在短距离通信领域中 MMF 重新受到重视。MMF 按折射率分布进行分类时，有渐变（GI）型和阶跃（SI）型两种。GI 型的折射率以纤芯中心为最高，沿着包层逐渐降低。由于 SI 型光波在光纤中的反射前进过程中，产生各个光路径的时差，致使射出光波失真，其结果是使传输带宽变窄，目前 SI 型 MMF 应用较少。

2. 无线传输介质

无线传输的介质有无线电波、红外线、微波和激光，通常用于广域网的广域链路的连接。在局域网中，通常只使用无线电波和红外线作为传输介质。

无线传输的优点在于安装、移动以及变更都较容易，不会受到环境的限制。但信号在传输过程中容易受到干扰和被窃取，且初期的安装费用较高。

（1）无线电波

无线电波是指在自由空间（包括空气和真空）传播的射频频段的电磁波。无线电波的波长越短、频率越高，相同时间内传输的信息就越多。

无线电波的传播模式有地波传播、空间波传播、天波传播、散射传播和地空传播等几种，如图 2-7 所示。

（2）红外线

红外线是频率在 1 012~1 014 Hz 的电磁波。无导向的红外线被广泛用于短距离通信，电视和录像机使用的遥控装置都利用了红外线传输技术。红外线有一个主要的缺点就是不能穿透坚实的物体。但正是由于这个原因，一间房屋里的红外系统不会对其他房间里的系统产生

23

串扰，所以红外系统防窃听的安全性要比无线电系统好。正因为如此，应用红外系统不需要得到政府的许可。

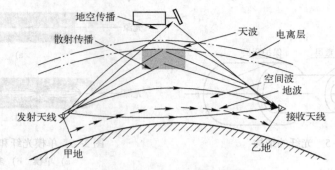

图 2-7 无线电波的传播

（3）微波

微波是指频率为 300 MHz~300 GHz 的电磁波，是一种定向传播的电波。在 1 000 MHz 以上，微波沿着直线传播，因此可以集中于一点。通过卫星电视接收器把所有的能量集中于一小束，便可以获得极高的信噪比，但是发射天线和接收天线必须精确地对准。除此以外，这种方向性使成排的多个发射设备可以与成排的多个接收设备通信而不会发生串扰。

微波数据通信系统主要分为地面系统和卫星系统两种。

1）地面微波：一般采用定向抛物线天线，这要求发送与接收方之间的通路没有大障碍物。地面微波系统的频率一般在 4~6 GHz 或 21~23 GHz，其传输率取决于频率。微波对外界的干扰比较敏感。

2）卫星微波：利用地面上的定向抛物天线，将天线指向地球同步卫星。收/发双方都必须安装卫星接收及发射设备，且收/发双方的天线都必须对准卫星，否则不能收/发信息。

卫星微波传输跨越了陆地或海洋，所需要的时间与费用，与只传输几公里没什么差别。由于传输距离相当远，所以会有一段传播延迟，这段传播延迟大小为 500 ms 至数秒。同地面微波一样，高频微波会由于雨天或大雾，使衰减增加较大，抗电磁干扰性也较差。

（4）激光

激光束也可以用于在空中传输数据，与微波通信相似，至少要有两个激光站组成，每个站点都拥有发送信息和接受信息的能力。激光设备通常是安装在固定位置上，通常安装在高山上的铁塔上，并且与天线相互对应。由于激光束能在很长的距离上得以聚焦，因此激光的传输距离很远，能传输几十公里。

通过装在楼顶的激光装置来连接两栋建筑物里的 LAN，由于激光信号是单向传输，因此每栋楼房都得有自己的激光以及测光的装置。激光传输的缺点之一是不能穿透雨和浓雾，但是在晴天里可以工作得很好。

2.3.2 双绞线的连接标准

美国 EIA（电子工业协会）/TIA（电信行业协会）规定，双绞线的连接标准有两种，分别为 T568A 和 T568B。其线序如下。

T568B：1 白橙、2 橙、3 白绿、4 蓝、5 白蓝、6 绿、7 白棕、8 棕；

T568A：1 白绿、2 绿、3 白橙、4 蓝、5 白蓝、6 橙、7 白棕、8 棕。

根据不同的使用场合，双绞线跳线的类型有直连线、交叉线和反接线 3 种。

1. 直连线

用于连接不同的网络设备（如将计算机连接到集线器或交换机的以太网口），根据 EIA/TIA 568 标准，两端线序排列一致，一一对应，即不改变线的排列，称为直连线（也称为直通线）。直连线两端的线序相同，即 T568B 对应 T568B 或者 T568A 对应 T568A，如图 2-8 所示。

2. 交叉线

用于连接相同的网络设备。根据 EIA/TIA 568 标准，改变线的排列顺序，采用 "1-3，2-6" 交叉原则的排列，称为交叉线。交叉线两端的线序：一端用 T568B 线序，另一端用 T568A 线序，如图 2-9 所示。

3. 反接线

又称配置线、反转线或者全反电缆，用于连接一台工作站到交换机或路由器的控制端口（Console），以访问这台交换机或路由器。反接线两端的线序完全相反：一头可以是 568A 标准，或者 568B 标准，另外一头要按照相反的方向。比如 568A 标准的线的排序是：白绿、绿、白橙、蓝、白蓝、橙、白棕、棕，那么另外一头线的排序应该是棕、白棕、橙、白蓝、蓝、白橙、绿、白绿，如图 2-10 所示。

图 2-8　直连线　　　　　图 2-9　交叉线　　　　　图 2-10　反接线

2.3.3　双绞线制作的材料与工具

双绞线制作的材料与工具主要包括：双绞线、RJ-45 水晶头、压线钳和测线仪。

1. 双绞线

双绞线的介绍详见 "2.2.1 常见的网络传输介质" 中的 "（2）双绞线" 部分。

2. RJ-45 水晶头

目前很多网络设备和设施均提供双绞线连接所用的 RJ-45 接口，它一共有 8 个连接弹簧片，大多数场合只用到编号为 1、2、3 和 6 的簧片。与 RJ-45 接口相搭配的是 RJ-45 接头，因外壳为透明，故称为水晶头，如图 2-11 所示。

3. 压线钳

双绞线制作需要专门的工具，就是压线钳，又称为网钳。通常压线钳具有剪线、剥线和压线 3 个功能，压线钳的功能说明如图 2-12 所示。

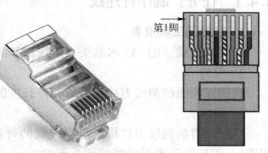

第1脚

图 2-11　RJ-45 水晶头

25

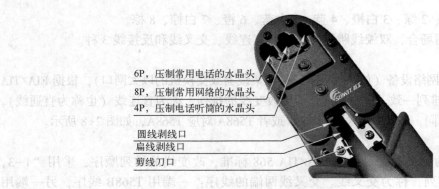

6P，压制常用电话的水晶头
8P，压制常用网络的水晶头
4P，压制电话听筒的水晶头
圆线剥线口
扁线剥线口
剪线刀口

图 2-12　压线钳

4. 测线仪

测线仪是测试网线通、断情况的工具，它能准确测试接线是否正确、网线有没有乱序等，如图 2-13 所示。

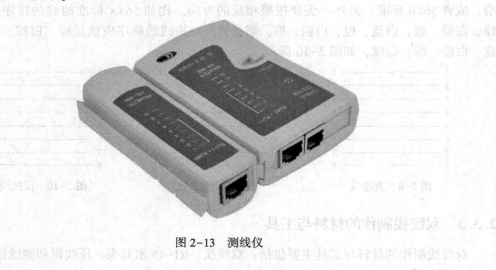

图 2-13　测线仪

2.4　项目实现

2.4.1　任务：制作直连线

1. 材料及工具准备

五类双绞线、RJ-45 水晶头、压线钳和测线仪，如图 2-14 所示。

2. 剪线

利用双绞线的剪线刀口以剪取相应长度的网线，如图 2-15 所示。

3. 剥线

用压线钳的剥线刀口将五类双绞线的外保护套管划开（不要将里面的双绞线的绝缘层划破），刀口距五类双绞线的端头至少 2 cm，如图 2-16 所示。

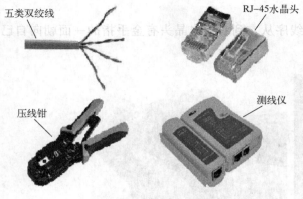

五类双绞线

RJ-45水晶头

压线钳

测线仪

图 2-14　材料及工具准备

图 2-15　剪线

图 2-16　划开外保护套

然后，将划开的外保护套管剥去（旋转，再向外抽），露出五类线电缆中的 4 对双绞线，如图 2-17 所示。

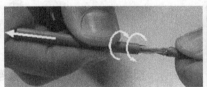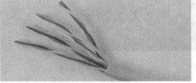

图 2-17　剥去外保护套管

4. 理线

按照 EIA/TIA-568B 标准（白橙、橙、白绿、蓝、白蓝、绿、白棕、棕），将 4 个线对的 8 条细导线一一拆开、理顺、捋直，然后按照规定的线序排列整齐，用压线钳的剪线刀口将 8 根导线剪平，无外保护套管部分大约留 1.5 cm，如图 2-18 所示。

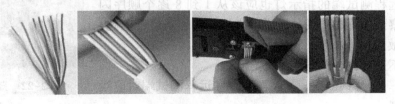

图 2-18　理线

5. 插线

将剪好的电缆线插入 RJ-45 水晶头，线序从左到右，水晶头有金手指的一面朝向自己（有铜片的一面），如图 2-19 所示。

图 2-19　插线

6. 压线

将 RJ-45 插头放入压线钳的压头槽内，双手紧握压线钳的手柄，用力压紧，如图 2-20 所示。

完成了线缆一端水晶头的制作后，按同样的方法与步骤制作另一端的水晶头，结果如图 2-21 所示。

图 2-20　压线　　　　　　　　图 2-21　制作完成后的直连线

7. 测线

将网线两端的水晶头分别插入主测试仪和远程测试端的 RJ-45 端口，将开关拨到"ON"（S 为慢速挡），这时主测试仪和远程测试端的指示灯就应该逐个闪亮，如图 2-22 所示。

测试直连线时，主测试仪的指示灯应该从 1 到 8 逐个顺序闪亮，而远程测试端的指示灯也应该从 1 到 8 逐个顺序闪亮。如果观察到的是这种现象，说明直连线的连通性没问题，否则就得重做。

若连接不正常，会按下述情况显示。

1）当有一根导线断路，则主测试仪和远程测试端对应线号的灯都不亮。

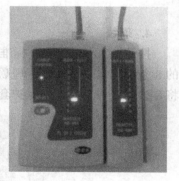

图 2-22　直连线测试

2）当有几条导线断路，则相对应的几条线都不亮，当导线中少于 2 根线连通时，灯都不亮。

3）当两头网线乱序，则与主测试仪端连通的远程测试端的线号对应的指示灯亮。

4）当导线有 2 根短路时，则主测试器显示不变，而远程测试端显示短路的两根线对应的指示灯都亮。若有 3 根以上（含 3 根）线短路时，则短路的几条线对应的灯都不亮。

5）如果出现红灯或黄灯，就说明存在接触不良等现象，此时最好先用压线钳压制两端水晶头一次，然后再测。如果故障依旧存在，就得检查一下芯线的排列顺序是否正确。如果芯线顺序错误，那么就应重新进行制作。

【思考与讨论】如果直连线两端的线序换成 EIA/TIA-568A 标准的线序，结果会怎样，能否用于 PC 与集线器的连接？

2.4.2　任务：制作交叉线

制作双绞线交叉线的步骤和操作要领与制作直连线一样，只是交叉线两端中的一端用 EIA/TIA-568B 标准，另一端是 EIA/TIA-568A 标准。

另外，测试交叉线时，主测试仪的指示灯也应该从 1 到 8 逐个顺序闪亮，而远程测试端的指示灯应该是按着 3、6、1、4、5、2、7、8 的顺序逐个闪亮。如果是这样，说明交叉线连通性没问题，否则就得重做。

2.4.3　任务：制作反接线

制作双绞线反接线的步骤和操作要领与制作直连线一样，只是反接线两端的线序完全相反。

另外，测试反接线时，主测试仪的指示灯也应该从 1 到 8 逐个顺序闪亮，而远程测试端的指示灯应该是按着 8、7、6、5、4、3、2、1 的顺序逐个闪亮。如果是这样，说明反接线连通性没问题，否则就得重做。

2.5　项目拓展：制作光纤接头

随着光纤到户（FTTH）传输网络的不断普及，使用光纤的家庭越来越多。光纤的传输效率虽然很高，但是光纤不能随意折断也不能像电线一样进行交叉连接，于是，光纤快速连接器（光纤接头）的出现为家用光纤提供了解决方案，那么光纤接头如何制作呢？下面介绍家庭常用 SC 光纤接头（快速连接器）的制作过程。

1. 材料及工具准备

光缆、SC 光纤接头、光纤切割刀、光缆剥除器、定长开剥器、红光笔、无尘拭纸和无水酒精，如图 2-23 所示。

2. 拆 SC 光纤接头

把 SC 光纤接头拆成耦合帽、连接器主体和尾帽 3 个部分，把尾帽穿入光纤皮线，如图 2-24 和图 2-25 所示。

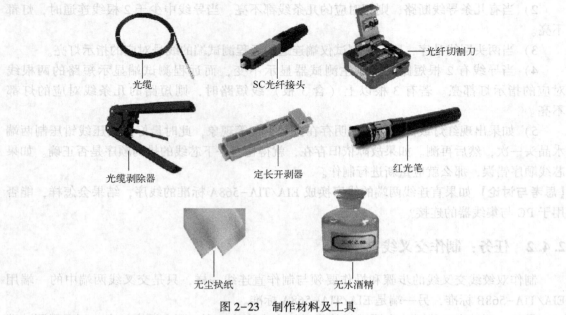

光缆

SC光纤接头

光纤切割刀

光缆剥除器

定长开剥器

红光笔

无尘拭纸

无水酒精

图 2-23　制作材料及工具

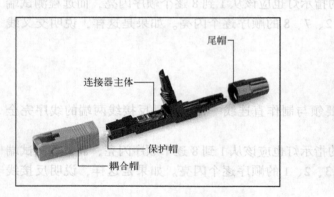

尾帽

连接器主体

保护帽

耦合帽

图 2-24　拆 SC 光纤接头

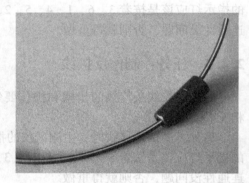

图 2-25　连接器的尾帽穿入光纤皮线

3. 剥外皮

将光缆穿入扁平光缆剥除器内，剥除约 65 mm 外皮，确认光纤无受损，将其中一条不用的裸光纤折断，如图 2-26 和图 2-27 所示。

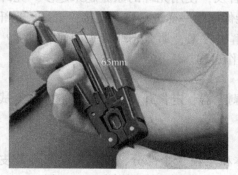

65mm

图 2-26　剥除约 65 mm 外皮

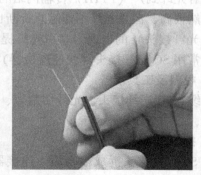

图 2-27　折断其中一条不用的裸光纤

4. 剥涂覆层

将光缆放入定长开剥器内，注意光缆外皮需紧贴至槽沟顶端，合上盖板，拉出光缆，将裸光纤涂覆层剥除，如图 2-28 所示。

5. 切割光纤

以粘附酒精的无尘拭纸清洁裸光纤（见图 2-29），将光缆压入定长开剥器槽内，注意光缆外皮需紧贴至槽沟挡片（见图 2-30），然后将定长开剥器置入切割刀凹槽内，切割光纤，如图 2-31 所示。

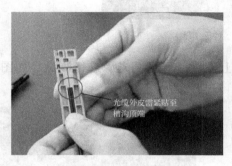

光缆外皮需紧贴至槽沟顶端

图 2-28　剥涂覆层

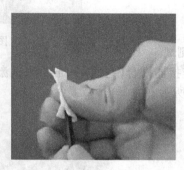

图 2-29　清洁裸光纤

光缆外皮需紧贴至槽沟挡片

图 2-30　光缆压入定长开剥器

图 2-31　切割光纤

6. 插入连接器

切割好光纤后，把光纤插入 SC 光纤接头的连接器主体中央小孔，注意确定光纤插入到位，然后把尾帽套到连接器主体上拧紧，如图 2-32 和图 2-33 所示。

需将光缆前推至定位点

光纤凸出长度需小于0.5mm

图 2-32　光纤插入连接器主体中央小孔

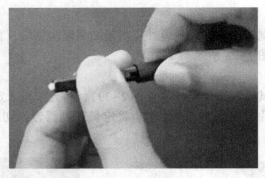

图 2-33 拧紧尾帽

7. 测试

把连接器耦合帽去掉，插到测试激光源上，并打开测试光源进行测试，如图 2-34 和图 2-35 所示。

图 2-34 连接器插入红光笔

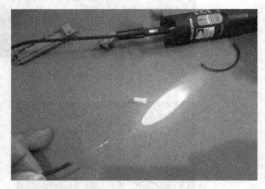

图 2-35 打开光源测试

至此，SC 光纤接头已经制作并测试完毕，将耦合帽套入连接器主体，最终制作完成，如图 2-36 和图 2-37 所示。

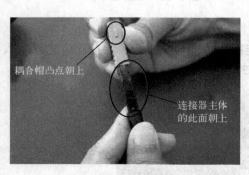

耦合帽凸点朝上

连接器主体
的此面朝上

图 2-36 将耦合帽套入连接器主体

图 2-37 制作完成的 SC 光纤接头

2.6 项目实训：制作 3 种类型的双绞线

利用前面所学的知识和技巧，自己动手制作 3 种类型的双绞线（直连线、交叉线和反接线），并完成实训报告。实训报告主要包括以下内容。

1. 实训概况

实训概况主要包括：实训目的、实训内容、实训地点、实训时间和实训环境等。

2. 实训过程

1）制作直连线并使用测线仪测试其连通性。

2）制作交叉线并使用测线仪测试其连通性。

3）制作反接线并使用测线仪测试其连通性。

3. 实训思考

1）直连线、交叉线和反接线 3 种类型的双绞线两端线芯的排列顺序是什么？

2）在网络中，什么情况下用"直连线"？什么情况下用"交叉线"？什么情况下用"反接线"？

3）假如你使用 EIA/TIA-568B 标准制作了一根直连线，在使用测试仪测试时，灯亮的顺序是一样的，如果两个基本点对应的 2 号灯都不亮，请分析可能是什么问题？如何解决该问题？

4. 实训心得

请阐述完成该实训后的心得和体会。

项目 3　认识 IP 地址和网络协议

【学习目标】

1. 知识目标
+ 掌握 IPv4 地址的组成、分类及子网划分的方法。
+ 了解 IPv6 的基本概念。
+ 了解 OSI 参考模型的结构。
+ 掌握 TCP/IP 参考模型的结构。

2. 能力目标
+ 能够根据业务需求划分子网。
+ 能够进行 TCP/IP 的设置与管理。
+ 能够使用协议分析工具对计算机网络进行检测和分析处理。

3. 素质目标
+ 培养刻苦钻研与精益求精的精神。
+ 培养良好的分析问题和解决问题能力。

3.1　项目描述

假如你是 ABC 公司的网络管理员，现在有几个任务需要你完成。

任务 1：公司有 100 台主机，分别属于 4 个不同的部门，各部门的计算机数量均不超过 30 台。为了便于网络管理，需要将不同部门对应的计算机划分成不同的子网。该公司内部私有地址为 192. 168. 100. ＊。

任务 2：公司给新来的领导配备了一台新电脑，需要配置相应的 IP 地址才能上网，领导让你过去帮忙配置一下。

任务 3：为了保证网络的正常运行，需要你学会使用 Wireshark 网络包分析工具来捕获网络包，检测安全隐患，解决网络问题。

3.2　项目分析

要完成本项目的工作，你需要按照业务需求完成 3 项任务：划分 IP 子网、配置和管理办公计算机的 TCP/IP，以及使用 Wireshark 网络协议分析工具对网络问题进行抓包分析。通过划分公司的 IP 子网，可以减少广播所带来的负面影响，节省 IP 地址资源，方便管理和维护；通过配置和管理办公计算机的 TCP/IP，才能确保办公计算机能够正常联网；通过使用 Wireshark 网络协议分析工具，可以检测网络问题，排查安全隐患。

为了顺利完成这 3 项工作任务，需要具备的相关知识包括：IPv4 地址的组成、分类及子网划分的方法，IPv6 的基本概念，TCP/IP 的概念，OSI 参考模型与 TCP/IP 参考模型的结构，Wireshark 网络协议分析工具的使用方法等。

3.3 知识准备

3.3.1 IPv4 地址与子网划分

1. IP 地址的定义

IP 地址（Internet Protocol Address），是指互联网协议地址。IP 地址是 IP 提供的一种统一的地址格式，它为互联网上的每一个子网和每一台主机分配一个逻辑地址，以此来屏蔽物理地址的差异。

IP 地址被用来给 Internet 中的计算机一个编号。大家日常见到的情况是每台联网的 PC 上都需要有 IP 地址，才能正常通信。若把"个人计算机"比作"一台电话"，那么"IP 地址"就相当于"电话号码"，而 Internet 中的路由器，就相当于电信局的"程控式交换机"。

计算机网络的 IP 地址有两个版本：IPv4 和 IPv6，目前广泛使用的是 IPv4 地址。

IPv4 地址由 32 bit 组成，它包括 2 个部分：网络号和主机号，如图 3-1 所示。如何将这 32 bit 的信息合理地分配给网络和主机并作为编号，意义非常重大。因为各部分比特位数一旦确定，就等于确定了整个 Internet 中所能包含的网络数量以及各个网络所能容纳的主机数量。

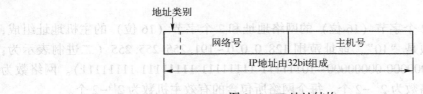

图 3-1 IP 地址结构

为了方便人们的记忆和使用，IPv4 地址通常用"点分十进制"的形式来表示，格式为：x.x.x.x。其中每个 x 占 8 bit，每个 x 的取值范围为 0~255，如：202.101.105.66。转换的方法是将 32 位二进制的 IPv4 地址分成 4 组，每组 8 位，并改为用十进制数进行表示，最后用小原点隔开，转化过程如下：

IP 实际地址：11001010011001010110100101000010

分成 4 组：11001010　01100101　01101001　01000010

十进制表示：202　　　　101　　　　105　　　　66

点分表示：202.101.105.66

2. IPv4 地址的分类

（1）基本 IP 地址

根据网络号的不同，IPv4 地址可分为 5 种类型：A 类地址、B 类地址、C 类地址、D 类地址和 E 类地址。其中 A、B、C 这 3 类由 Internet NIC（Internet Network Information Center，因特网信息中心）在全球范围内统一分配，D、E 类为特殊地址。

5 类 IPv4 地址的组成结构及地址范围如图 3-2 所示。

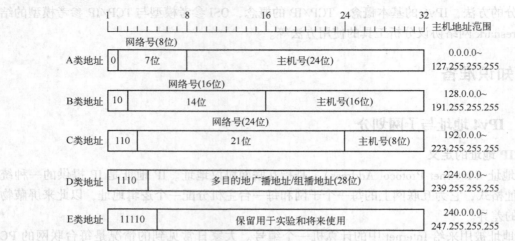

图 3-2　5 类 IPv4 地址的组成结构及地址范围

1) A 类地址。

A 类 IPv4 地址由 1 字节（8 位）的网络地址和 3 字节（24 位）主机地址组成，网络地址的最高位必须是 "0"，地址范围 0.0.0.0 ~ 127.255.255.255（二进制表示为：00000000 00000000 00000000 00000000 ~ 01111111 11111111 11111111 11111111）。网络数为 2^7（128）个，但由于网络号为全 0 和全 1 被保留用于特殊用途，实际有效的网络数为 2^7-2（126）个。另外，主机号全 0 和全 1 也有特殊用途，因而每个网络能容纳的主机数是 $2^{24}-2$ 个。

2) B 类地址。

B 类 IPv4 地址由 2 个字节（16 位）的网络地址和 2 个字节（16 位）的主机地址组成，网络地址的最高位必须是 "10"，地址范围 128.0.0.0 ~ 191.255.255.255（二进制表示为：10000000 00000000 00000000 00000000 ~ 10111111 11111111 11111111 11111111）。网络数为 2^{14} 个，实际有效的网络数为 $2^{14}-2$ 个。每个网络所包含的有效主机数为 $2^{16}-2$ 个。

3) C 类地址。

C 类 IPv4 地址由 3 字节（24 位）的网络地址和 1 字节（8 位）的主机地址组成，网络地址的最高位必须是 "110"。地址范围 192.0.0.0 ~ 223.255.255.255（二进制表示为：11000000 00000000 00000000 00000000 ~ 11011111 11111111 11111111 11111111）。网络数为 2^{21} 个，实际有效的网络数为 $2^{21}-2$ 个。每个网络所包含的有效主机数为 2^8-2 个。

4) D 类地址。

D 类 IPv4 地址在历史上被称为多播地址（Multicast Address），即组播地址。多播是同时把数据发送给一组主机，只有那些已经登记可以接收多播地址的主机，才能接收多播数据包。多播地址的最高位必须是 "1110"，地址范围 224.0.0.0 ~ 239.255.255.255。

5) E 类地址。

E 类 IPv4 地址为将来保留，也可以用于实验目的，它不能被分配给主机。E 类地址的最高位必须是 "11110"，地址范围 240.0.0.0 ~ 247.255.255.255

（2）特殊 IP 地址

IPv4 地址还定义了一些特殊的保留地址，如表 3-1 所示，特殊地址不可以被分给主机使用。

表 3-1　特殊 IP 地址

网络号	主机号	源地址使用	目的地址使用	用　　　途
全 0	全 0	能	不能	本网络上的本主机
全 0	host-id	能	不能	在本网络上的特定主机（host-id）
全 1	全 1	不能	不能	只在本网络上进行广播（各路由器均不转发）
net-id	0	不能	不能	用来标识一个网络
net-id	全 1	不可以	可以	对指定网络（net-id）上的所有主机进行广播
127	非全 0 或全 1 的任何数	可以	可以	用作本地软件回路测试之用

1）32 位全 0 的地址。

32 位全 0 的 IP 地址被还没有分配到 IP 地址的主机在发送 IP 报文时用于源 IP 地址。比如，对于通过 DHCP（动态主机配置协议）配置 IP 地址的主机，为了获得 IP 地址，就要给 DHCP 服务器发送 IP 报文，这时该主机的源地址就是全 0 地址，而目的地址就是 32 位全 1 的受限广播地址。

2）网络号全 0 的地址。

网络号全 0 的 IP 地址表示这个网络上的特定主机。当某个主机向同一个网络上的其他主机发送 IP 报文时就会用到它。因为使用这种地址作为目的地址的 IP 报文会被本地路由器过滤掉，所以这样的 IP 报文被限制在本地网络内。

3）32 位全 1 的地址。

32 位全 1 的 IP 地址称为受限广播地址（Limited Broadcast Address）。若某台主机想给本网络上的所有主机发送报文，就可以将受限广播地址作为目的地址。但路由器会把这种报文过滤掉，使这种广播只局限在本地网络。需要注意的是，这种地址属于 E 类地址。

4）主机号全 0 的地址。

主机号全 0 的 IP 地址用来标识一个网络（网络地址）。例如，地址 200.123.10.0 表示分配了一个 C 类网络号为 200.123.10 的网络。网络地址既不能用于源地址，也不能用于目的地址，而是供路由器查找路由表使用。

5）主机号全 1 的地址。

在 A 类、B 类和 C 类地址中，若主机号为全 1，则这种地址称为直接广播地址（Direct Broadcast Address）。路由器使用这种地址将 IP 报文发送到特定网络上的所有主机。要注意的是，这种地址只能作为目的地址。另外，这种特殊地址也减少了 A 类、B 类和 C 类地址中的可用地址数。

6）第一个字节等于 127 的 IP 地址。

第一个字节等于 127 的 IP 地址称为环回地址（Loopback Address），它用于主机或路由器的环回接口（Loopback Interface）。大多数主机系统都把 IP 地址 127.0.0.1 分配给回路接口，并命名为 localhost。当使用环回地址作为 IP 报文的目的地址时，这个报文不会离开主机。环回地址主要是用于测试 IP 软件。例如，像 "ping" 这样的应用程序可以将环回地址作为 IP 报文的目的地址，以便测试 IP 软件能否正确地接收和处理 IP 报文。需要注意的是，环回地址只能作为目的地址。另外，环回地址也是一个 A 类地址，它的使用使得 A 类地址中的网络地址数减少了 1 个。

（3）公有地址和私有地址

根据用途和安全性级别的不同，IP 地址还可以大致分为两类：公有地址和私有地址。

1）公有地址。

公有地址（Public address）由 Inter net NIC（Internet Network Information Center，因特网信息中心）负责。将这些 IP 地址分配给注册并向 Inter net NIC 提出申请的组织机构。它是广域网范畴内的，通过它直接访问因特网。

2）私有地址。

私有地址（Private address）属于非注册地址，专门为组织机构内部使用。它是局域网范畴内的，出了所在局域网是无法访问因特网的。

以下是留用的内部私有地址。

A 类：10. 0. 0. 0 ~ 10. 255. 255. 255；

B 类：172. 16. 0. 0 ~ 172. 31. 255. 255；

C 类：192. 168. 0. 0 ~ 192. 168. 255. 255。

3. 子网和子网划分

（1）子网

为了确定网络区域，分开主机和路由器的每个接口，从而产生了若干个分离的网络岛，接口端连接了这些独立网络岛的端点，这些独立的网络岛叫做子网（Subnet），使用子网是为了减少 IP 的浪费。当我们对一个网络进行子网划分时，基本上就是将它分成小的网络。比如，当一组 IP 地址指定给一个公司时，公司可能将该网络分割成小的网络，每个部门一个子网。这样，技术部门和管理部门都可以有属于它们的小型网络。通过划分子网，可以按照我们的需要将网络分割成小型网络。这样也有助于降低流量和隐藏网络的复杂性。

（2）子网掩码

RFC[⊖]950 定义了子网掩码的使用，子网掩码是一个 32 位的 2 进制数，其对应于网络地址的所有位都置为 1，对应于主机地址的所有位都置为 0。由此可知，A 类网络的默认的子网掩码是 255. 0. 0. 0，B 类网络的默认的子网掩码是 255. 255. 0. 0，C 类网络的默认的子网掩码是 255. 255. 255. 0，如图 3-3 所示。

A 类子网掩码	11111111	00000000	00000000	00000000
	255	0	0	0
B 类子网掩码	11111111	11111111	00000000	00000000
	255	255	0	0
C 类子网掩码	11111111	11111111	11111111	00000000
	255	255	255	0

图 3-3　默认的子网掩码

　　⊖　RFC（Request For Comments），是一系列以编号命名的文件，它包含了关于 Internet 的几乎所有重要的文字资料。

将子网掩码和 IP 地址按位进行逻辑"与"运算，得到 IP 地址的网络地址，IP 地址中除去网络地址剩下的部分就是主机地址，从而区分出任意 IP 地址中的网络地址和主机地址。子网掩码常用点分十进制表示，如：255.255.0.0。我们还可以用网络前缀法表示子网掩码，即"/<网络地址位数>"。如：138.96.0.0/16 表示 B 类网络 138.96.0.0 的子网掩码为 255.255.0.0。

（3）子网划分

为了提高 IP 地址的使用效率，引入了子网划分的方法：采用借位的方式，从主机位最高位开始借位变为新的子网位，所剩余的部分则仍为主机位。这使得 IP 地址的结构分为 3 级地址结构：网络位、子网位和主机位，如图 3-4 所示。

图 3-4　划分子网的层次结构

这种层次结构便于 IP 地址的分配和管理。它的使用关键在于选择合适的层次结构——如何既能适应各种现实的物理网络规模，又能充分地利用 IP 地址空间（即从何处分隔子网号和主机号）。

子网划分的步骤如下。

1）确定子网借位位数和主机位数。其计算公式为

$$\begin{cases} 2^n-2\geqslant \text{所需的子网数}(n\text{ 为子网借位位数}) \\ 2^m-2\geqslant \text{所需的主机数}(m\text{ 为剩余部分位数}) \\ n+m=\text{原主机位数} \end{cases}$$

2）确定子网掩码。

3）计算可用的子网地址以及每个子网中主机 IP 地址的范围。

例如：现在需要将一个 C 类地址 192.168.100.0 分为 2 个网段，并且每个网段不得少于 50 个节点，怎么分？

根据子网划分的步骤，本例的解答过程如下。

1）确定子网借位位数和主机位数。

假设子网从原主机号里借了 n 位，剩余的部分主机位数为 m 位，则划分子网后，有效子网数 = 2^n-2 个，有效主机数 = 2^m-2 个，原主机位数 = $n+m$。

本例中的 192.168.1.0 是一个 C 类的 IP 地址，C 类地址原主机位数为 8 位，从这 8 位里借位划分子网号。则根据需求得到如下式：

$$\begin{cases} 2^n-2\geqslant 2 \\ 2^m-2\geqslant 50 \\ n+m=8 \end{cases}$$

计算可得：$n=2$，$m=6$。即子网借位位数为 2，剩余的主机位数为 6。

2）确定子网掩码

原地址的 24 位网络号及新借的 2 位共 26 位，其值全为 1，可得实际子网掩码为：11111111. 11111111. 11111111. 11000000。

转化为十进制后为 255. 255. 255. 192。

3）计算可用的子网地址以及每个子网中主机 IP 地址的范围。

① 计算可用的子网地址。

借 2 位，则有 00、01、10、11 共 4 种组合，去掉全 0 和全 1，有效的还有 2 种：01、10。前面的网络部分不变，根据借位对应的 2 种有效情况可得到 2 个可用的子网地址：

192. 168. 100. 01000000 = 192. 168. 100. 64；

192. 168. 100. 10000000 = 192. 168. 100. 128。

② 计算每个子网中主机 IP 地址的范围。

确定子网地址后，下面计算具体的有效 IP 地址即主机地址的范围。因为在一个网络中主机地址全为 0 的 IP 地址是网络地址，全为 1 的 IP 地址是网络广播地址，它们都不可用，所以各个子网地址对应的子网主机 IP 地址范围如下：

192. 168. 100. 01000001 ~ 192. 168. 100. 01111110；

192. 168. 100. 10000001 ~ 192. 168. 100. 10111110

转换为十进制计算后得到 2 个子网的主机 IP 地址范围分别为：

192. 168. 100. 65 ~ 192. 168. 100. 126；

192. 168. 100. 129 ~ 192. 168. 100. 190。

4. IPv4 数据报格式

TCP/IP 定义了一个在因特网上传输的包，称为 IP 数据报（IP Datagram）。这是一个与硬件无关的虚拟包，由首部和数据两部分组成。首部的前一部分是固定长度，共 20Byte，是所有 IP 数据报必须具有的。在首部的固定部分的后面是一些可选字段，其长度是可变的。固定部分中的源地址和目的地址都是 IP 地址。

IPv4 数据报的格式如图 3-5 所示。

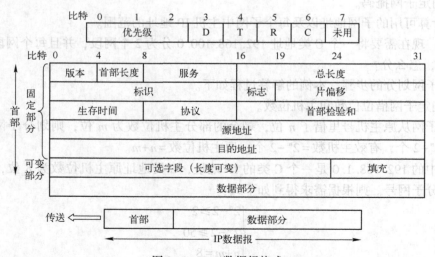

图 3-5　IPv4 数据报格式

（1）固定部分

1）版本：占 4 bit，指 IP 的版本。

2）首部长度：占 4 bit，可表示的最大十进制数值是 15。请注意，这个字段所表示数的单位是 32 bit 字长（1 个 32 bit 字长是 4 B），因此，当 IP 的首部长度为 1111 时（即十进制的 15），首部长度就达到 60 B。当 IP 分组的首部长度不是 4 B 的整数倍时，必须利用最后的填充字段加以填充。因此数据部分永远在 4 B 的整数倍开始，这样在实现 IP 时较为方便。首部长度限制为 60 B 的缺点是有时可能不够用。这样做的目的是希望用户尽量减少开销。最常用的首部长度就是 20 B（即首部长度为 0101），此时首部只有固定部分，没有可变部分。

3）服务：占 8 bit，用来获得更好的服务。这个字段在旧标准中被称为服务类型，但实际上一直没有被使用过。1998 年 IETF（国际互联网工程任务组）把这个字段改名为区分服务（DS, Differentiated Services）。只有在使用区分服务时，这个字段才起作用。

4）总长度：指首部及数据之和的长度，单位为 B。因为总长度字段为 16 bit，所以数据报的最大长度为（$2^{16}-1$）Byte = 65 535 B。在 IP 层下面的每一种数据链路层都有自己的帧格式，其中包括帧格式中的数据字段的最大长度，即最大传送单元（MTU, Maximum Transfer Unit）。当一个数据报被封装成链路层的帧时，此数据报的总长度（即首部加上数据部分）一定不能超过下面的数据链路层的 MTU 值。

5）标识（Identification）：占 16 bit。IP 软件在存储器中维持一个计数器，每产生一个数据报，计数器就加 1，并将此值赋给标识字段。但这个"标识"并不是序号，因为 IP 是无连接的服务，数据报不存在按序接收的问题。当数据报由于长度超过网络的 MTU 值而必须分片时，这个标识字段的值就被复制到所有的数据报的标识字段中。相同的标识字段的值使分片后的各数据报片最后能正确地被重装成为原来的数据报。

6）标志（Flag）：占 3 bit，但目前只有 2 位有意义。

标志字段中的最低位记为 MF（More Fragment）。MF=1 即表示后面"还有分片"的数据报。MF=0 表示这已是若干数据报片中的最后一个。

标志字段中间的一位记为 DF（Don't Fragment），意思是"不能分片"。只有当 DF=0 时才允许分片。

7）片偏移：占 13 bit。表示较长的分组被分片后，某片在原分组中的相对位置。也就是说，相对用户数据字段的起点，该片从何处开始。片偏移以 8 个 B 为偏移单位。这就是说，每个分片的长度一定是 8 B（64 bit）的整数倍。

8）生存时间：占 8 bit，生存时间字段常用的英文缩写是 TTL（Time To Live），其表明数据报在网络中的寿命。由发出数据报的源点设置这个字段。其目的是防止无法交付的数据报无限制地在因特网中兜圈而白白消耗网络资源。最初的设计是以秒作为 TTL 的单位。每经过一个路由器时，就把 TTL 减去数据报在路由器所消耗的时间。若数据报在路由器消耗的时间小于 1 s，就把 TTL 值减 1。当 TTL 值为 0 时，就丢弃这个数据报。

9）协议：占 8 bit，协议字段指出此数据报携带的数据是使用何种协议，以便使目的主机的 IP 层知道应将数据部分上交给哪个处理过程。

10）首部检验和：占 16 bit。这个字段只检验数据报的首部，但不包括数据部分。这是因为数据报每经过一个路由器，都要重新计算一下首部检验和（一些字段，如生存时间、标志、片偏移等都可能发生变化）。不检验数据部分可减少计算的工作量。

11）源地址：占 32 bit。

12）目的地址：占 32 bit。

（2）可变部分

IP 首部的可变部分就是一个可选字段。可选字段用来支持排错、测量以及安全等措施，内容很丰富。此字段的长度可变，从 1 个字节到 40 个字节不等，取决于所选择的项目。某些选项项目只需要 1 个字节，它只包括 1 个字节的选项代码。但还有些选项需要多个字节，这些选项一个个拼接起来，中间不需要有分隔符，最后用全 0 的填充字段补齐成为 4 字节的整数倍。

增加首部的可变部分是为了增加 IP 数据报的功能，但这同时也使得 IP 数据报的首部长度成为可变的。这就增加了每一个路由器处理数据报的开销。实际上这些选项很少被使用。新的 IP 版本 IPv6 就将 IP 数据报的首部长度做成固定的。

目前，对这些任选项的定义如下：

1）安全和处理限制（用于军事领域）。

2）记录路径（让每个路由器都记下它的 IP 地址）。

3）时间戳（Time Stamp）（让每个路由器都记下 IP 数据报经过每一个路由器的 IP 地址和当地时间）。

4）宽松的源站路由（Loose Source Route）（为数据报指定一系列必须经过的 IP 地址）。

5）严格的源站路由（Strict Source Route）（与宽松的源站路由类似，但是要求只能经过指定的这些地址，不能经过其他的地址）。

这些选项很少被使用，并非所有主机和路由器都支持这些选项。

3.3.2　IPv6 地址

IPv6 是下一代互联网的协议，它的提出是因为随着互联网的迅速发展，IPv4 定义的有限地址空间将被耗尽，地址空间的不足必将妨碍互联网的进一步发展。为了扩大地址空间，拟通过 IPv6 重新定义地址空间。

IPv6 采用 128 位地址长度，几乎可以不受限制地提供地址。按保守方法估算 IPv6 实际可分配的地址是，每平方米面积上分配 1000 多个地址。在 IPv6 的设计过程中除了一劳永逸地解决了地址短缺问题以外，还考虑了在 IPv4 中解决不好的其他问题，主要有端到端 IP 连接、服务质量（QoS）、安全性、多播、移动性和即插即用等。

1. IPv6 的优点

与 IPv4 相比，IPv6 主要有如下一些优点。

第一，明显地扩大了地址空间。IPv6 采用 128 位地址长度，几乎可以不受限制地提供 IP 地址，从而确保了端到端连接的可能性。

第二，提高了网络的整体吞吐量。由于 IPv6 的数据报可以远远超过 64 KB，应用程序可以利用最大传输单元（MTU），获得更快、更可靠的数据传输，同时在设计上改进了路由选择结构，采用简化的报头定长结构和更合理的分段方法，使路由器加快数据报处理速度，提高了转发效率，从而提高网络的整体吞吐量。

第三，使得整个服务质量得到很大改善。报头中的业务级别和流标记通过路由器的配置可以实现优先级控制和 QoS 保障，从而极大改善了 IPv6 的服务质量。

第四，安全性有了更好的保证。采用 IPSec（Internet 协议安全性）可以为上层协议和应用提供有效的端到端安全保证，能提高 IP 层的安全性。

第五，支持即插即用和移动性。设备接入网络时通过自动配置可自动获取 IP 地址和必要的参数，实现即插即用，简化了网络管理，易于支持移动节点。而且 IPv6 不仅从 IPv4 中借鉴了许多概念和术语，它还定义了许多移动 IPv6 所需的新功能。

第六，更好地实现了多播功能。在 IPv6 的多播功能中增加了"范围"和"标志"，限定了路由范围并可以区分永久性与临时性地址，更有利于多播功能的实现。

2. IPv6 地址的表示方法

IPv6 地址是 128 位的，用"："分成 8 段，用十六进制表示，一个完整的 IPv6 地址的表示为：xxxx:xxxx:xxxx:xxxx:xxxx:xxxx:xxxx:xxxx，例如：2031:0000:1F1F:0000:0000:0100:11A0:ADDF。

目前，IPv6 地址的表示方法分为 3 种。

（1）首选格式

首选格式的表示方法其实没有任何特别要求，就是将 IPv6 中的 128 位，也就是共 32 个字符完完整整，一个不漏地全写出来，比如下面就是一些 IPv6 地址的首选格式表示形式：

> 0000:0000:0000:0000:0000:0000:0000:0001
> 2001:0410:0000:1234:FB00:1400:5000:45FF
> 3ffe:0000:0000:0000:1010:2a2a:0000:0001

（2）压缩表示

每段中前面的 0 可以省略，连续的 0 可省略为"::"，但只能出现一次。例如：

> 1080:0:0:0:8:800:200C:417A
> FF01:0:0:0:0:0:0:101
> 0:0:0:0:0:0:0:1
> 0:0:0:0:0:0:0:0

可分别简写为：

> 1080::8:800:200C:417A
> FF01::101
> ::1
> ::

（3）IPv4 内嵌在 IPv6 中

在网络还没有全部从 IPv4 过渡到 IPv6 时，可能会出现某些设备既连接了 IPv4 网络，又连接了 IPv6 网络，对于这样的情况，就需要一个地址既可以表示 IPv4 地址，又可以表示 IPv6 地址。例如：IPv4 地址为 138.1.1.1，表示 IPv6 地址为 0:0:0:0:0:0:138.1.1.1。

3. IPv6 掩码

与 IPv4 类似，IPv6 采用前缀来表示 IPv6 掩码，即：IPv6 地址/前缀长度。例如：2001:250:6000::/48。

4. IPv6 寻址模式

IPv6 寻址模式分为 3 种，即单播地址、组播地址和泛播地址。

1）单播地址。又叫单目地址，就是传统的点对点通信，单播表示一个单接口的标识符。IPv6 单播地址的类型又分全球单播地址、链路本地地址和站点本地地址。

2）组播地址。又称为多点传送地址或者多播，即一组接口的标识符，只要存在合适的多点传输的路由拓扑，就可将设有多播地址的包传输到这个地址所识别的那组接口。

3）泛播地址。又称为任意点传送地址，它也是一个标识符可以识别多重接口的情况，只要有合适的路由拓扑，即可以将设有任意传播地址的数据包传给位地址所识别的最近的单一接口。最近的接口是指最短的路由距离。任意点传送地址空间可以认为是从单点传送地址空间中划分出来的，它可以是表示单点传送地址的任何形式。它与单点传送地址空间在结构上是没有差别的。目前，任意点传送地址仅被用做目标地址，且分配给路由器。

5. 特殊 IPv6 地址

1）::/96，即 0:0:0:0:0:0:w.x.y.z 或::w.x.y.z，兼容 IPv4 地址。

2）::/128，即 0:0:0:0:0:0:0:0，只能作为尚未获得正式地址的主机的源地址，不能作为目的地址，不能分配给真实的网络接口。

3）::1/128，即 0:0:0:0:0:0:0:1，回环地址，相当于 IPv4 中的 localhost（本地主机，相应 IP 地址为 127.0.0.1），对 locahost 使用 ping 命令可得到此地址。

4）2001::/16，全球可聚合地址，由 IANA 按地域和 ISP 进行分配，是最常用的 IPv6 地址。

5）2002::/16，6 to 4 地址，用于 6 to 4 自动隧道技术的地址。

6）3ffe::/16，早期开始的 IPv6 6bone（Internet 工作任务组用其对 IPv6 进行测试的网络）的地址。

7）fe80::/10，本地链路地址，用于单一链路，适用于自动配置和邻机发现等，路由器不转发。

8）ff00::/8，组播地址。

6. IPv6 的数据报格式

RFC2460 定义了 IPv6 数据报格式。总体结构上，IPv6 数据报格式与 IPv4 数据报格式是一样的，也是由 IP 报头和数据（在 IPv6 中称为有效载荷）这两个部分组成的，但在 IPv6 数据报中数据部分还可以包括 0 个或者多个 IPv6 扩展报头（Extension header），IP 报头部分固定为 40B 长度，而有效载荷最长不得超过 65 535B。IPv6 数据报格式如图 3-6 所示。

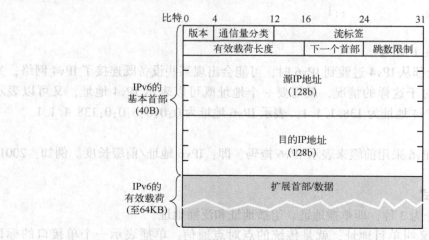

图 3-6　IPv6 数据报格式

1）版本（Version）：版本字段用来表示 IP 数据报使用的是 IPv6 协议封装，占 4 b，对应值为 6（0110）。

2）通信量分类（Traffic Class）：通信分类字段用来标识对应 IPv6 的通信流类别，或者说是优先级别，占 8b，类似于 IPv4 中的 ToS（服务类型）字段。

3）流标签（Flow Label）：流标签字段是 IPv6 数据报中新增的一个字段，占 20b，可用来标记报文的数据流类型，以便在网络层区分不同的报文。流标签字段有源节点分配，通过流标签、源地址和目的地址就可以唯一标识一条通信流。

4）有效载荷长度（Payload Length）：有效载荷长度是以 B 为单位的标识 IPv6 数据报中有效载荷部分（包括所有扩展报头部分）的总长度，也就是除了 IPv6 基本报头以外的其他部分的总长度，占 16b。

5）下一个首部（Next Header）：下一个首部用来标识当前报头（或者扩展报头）的下一个头部类型，占 8b。每种扩展报头都有其对应的值。下一个首部字段内定义的扩展报头类型与 IPv4 中的协议字段值类似，但在 IPv6 数据报中，紧接着 IPv6 报头的可能不是上层协议首部（当没有扩展报头或者为最后一个扩展报头时才是上层协议头），而是 IPv6 扩展报头。

6）跳数限制（Hop Limit）：跳数限制与 IPv4 报文中的 TTL（TimeTo Live，生存时间值）字段类似，指定了报文可以有效转发的次数，占 8b。报文每经过一个路由器节点，跳数值就减 1，当此字段值减到 0 时，则直接丢弃该报文。

7）源 IP 地址（Source IP Address）：源 IP 地址字标识了发送该 IPv6 报文源节点的 IPv6 地址，占 128b。

8）目的 IP 地址（Destination IP Address）：目的 IP 地址标识了 IPv6 报文的接受节点的 IPv6 地址，占 128b。

9）IPv6 扩展报头：IPv6 扩展报头是跟在 IPv6 基本报头后面的可选报头。由于在 IPv4 的报头中包含了几乎所有的可选项，因此每个中间路由器都必须检查这些选项是否存在。在 IPv6 中，这些相关选项被统一移到了扩展报头中，这样中间路由器不必处理每一个可能出现的选项（仅有"逐跳选项"报头是必须要处理的），提高了处理器处理数据报文的速度，也提高了其转发的性能。

IPv6 扩展报头附加在 IPv6 报头目的 IP 地址字段后面，可以有 0 个或者多个扩展报头。主要的 IPv6 扩展报头有以下几类。

1）逐跳选项头（Hop-by-hop Options Header）：类型值为 0（在 IPv6 报头下一个首部字段中定义，下同）。此扩展报头须被转发路径中所有节点处理。目前在路由告警（RSVP 和 MLDv1）与 Jumbo 帧处理中使用了逐跳选项头，因为路由告警需要通知到转发路径中所有节点，而 Jumbo 帧是长度超过 65 535B 的报文，传输这种报文需要转发路径中所有节点都能正常处理。

2）目的选项头（Destination Options Header）：类型值为 60，用于携带由目的节点检查的信息，只可能出现在两个位置：

① 路由头前，目的选项头被目的节点和路由头中指定的节点处理。

② 上层头前，也就是任何的 ESP（栈指针）头后，此时只能被目的节点处理。

3）路由头（Routing Header）：本扩展报头类型值为 43，用于源路由选项和移动 IPv6。

45

4）分段头：类型值为 44，用于标识数据报的分段，在 IPv4 中就有对应的字段。当源节点发送的报文超过传输链路 MTU（Maximum Transmission Unit，最大传转单元），即超过源节点和目的节点之间传输路径的 MTU 时，需要对报文进行分段使用。

5）认证头：类型值为 51，用于 IPSec，提供报文验证，完整性检查。

6）封装安全有效载荷头：类型值为 50，用于 IPSec，提供报文验证、完整性检查差和加密。

7）上层头：用于标识数据报中上层协议类型，如 TCP、UDP（用户数据报协议）、ICMP（控制报文协议）等。

3.3.3 网络体系结构与协议概述

1. 网络体系结构

网络体系结构是指通信系统的整体设计，它为网络硬件、软件、协议、存取控制和拓扑提供标准。它广泛采用的是国际标准化组织（ISO）在提出的开放系统互联（OSI-Open System Interconnection）的参考模型。

1974 年美国 IBM 公司按照分层的方法制定了系统网络体系结构（System Network Architecture，SNA）。SNA 已成为世界上较广泛使用的一种网络体系结构。

一开始，各个公司都有自己的网络体系结构，就使得各公司自己生产的各种设备容易互联成网，有助于该公司垄断自己的产品。但是，随着社会的发展，不同网络体系结构的用户迫切要求能互相交换信息。为了使不同体系结构的计算机网络都能互联，国际标准化组织于 1977 年成立专门机构研究这个问题，于 1978 年提出了"异种机联网标准"的框架结构，这就是著名的开放系统互联基本参考模型（Open Systems Interconnection Reference Modle，OSI/RM），简称为 OSI。

OSI 得到了国际上的承认，成为其他各种计算机网络体系结构依照的标准，大大地推动了计算机网络的发展。20 世纪 70 年代末到 80 年代初，出现了利用人造通信卫星进行中继的国际通信网络。随着网络互联技术的不断成熟和完善，局域网和网络互联开始商品化。

OSI 参考模型用物理层、数据链路层、网络层、传输层、会话层、表示层和应用层 7 个层次描述网络的结构，它的规范对所有的厂商是开放的。它直接影响总线、接口和网络的性能。常见的网络体系结构有 FDDI（光纤式分布数据接口）、以太网、令牌环和快速以太网等。从网络互联的角度看，网络体系结构的关键要素是协议和拓扑。

2. 网络协议

网络协议是为计算机网络中进行数据交换而建立的规则、标准或约定的集合。例如，网络中一个微机用户和一个大型主机的操作员进行通信，由于这两个数据终端所用字符集不同，因此操作员所输入的命令彼此不认识。为了能进行通信，规定每个终端都要将各自字符集中的字符先变换为标准字符集的字符后，才进入网络传送，到达目的终端之后，再变换为该终端字符集的字符。当然，对于不相容终端，除了需变换字符集字符外还需转换其他特性，如显示格式、行长、行数和屏幕滚动方式等。

网络协议由 3 个要素组成：

1）语义。语义用于解释控制信息每个部分的意义。它规定了需要发出何种控制信息，以及完成的动作与做出什么样的响应。

2）语法。语法是用户数据与控制信息的结构与格式，以及数据出现的顺序。

3）时序。时序是对事件发生顺序的详细说明（也可称为"同步"）。

人们形象地把这 3 个要素描述为：语义表示"要做什么"，语法表示"要怎么做"，时序表示"做的顺序"。

3.3.4　OSI 参考模型

OSI（Open System Interconnect），即开放式系统互联。一般都叫 OSI 参考模型，是 ISO（国际标准化组织）提出的网络互联模型。该体系结构标准定义了网络互联的 7 层框架（物理层、数据链路层、网络层、传输层、会话层、表示层和应用层），即 ISO 参考模型，如图 3-7 所示。

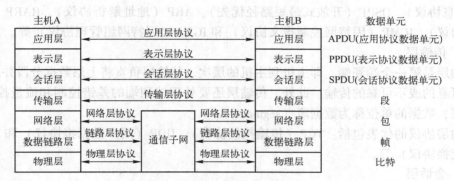

图 3-7　ISO 参考模型

ISO 各层的主要功能、主要设备及协议如表 3-2 所示。

表 3-2　ISO 各层的主要功能、主要设备及协议

层　次	名　称	主　要　功　能	主　要　设　备　及　协　议
7	应用层	实现具体的应用功能	POP3、FTP、HTTP、Telnet、SMTP、DHCP、TFTP、SNMP、DNS
6	表示层	数据的格式与表达、加密、压缩	
5	会话层	建立、管理和终止会话	
4	传输层	端到端连接	TCP、UDP
3	网络层	分组传输和路由选择	三层交换机、路由器 ARP、RARP、IP、ICMP、IGMP
2	数据链路层	传送以帧为单位的信息	网桥、交换机、网卡 PPTP、L2TP、SLIP、PPP
1	物理层	二进制传输	中继器、集线器

（1）物理层

物理层规定了激活、维持和关闭通信端点之间的机械特性、电气特性、功能特性以及过程特性。该层为上层协议提供了一个传输数据的物理媒体。在这一层，数据的单位称为比特（bit）。

属于物理层的协议代表包括：EIA/TIA RS-232、EIA/TIA RS-449、V.35 和 RJ-45 等。

（2）数据链路层

数据链路层用以在不可靠的物理介质上提供可靠的传输。该层的作用包括：物理地址寻址、数据的成帧、流量控制、数据的检错及重发等。在这一层，数据的单位称为帧（frame）。

数据链路层协议的代表包括：SDLC（高级数据链路控制正常响应模式）、HDLC（高级数据链路控制）、PPP（点对点协议）、STP（生成树协议）和帧中继等。

（3）网络层

网络层负责对子网间的数据包进行路由选择。网络层还可以实现拥塞控制和网际互联等功能。在这一层，数据的单位称为数据包（Packet）。

网络层协议的代表包括：IP（因特网互联协议）、IPX（互联网分组交换协议）、RIP（路由信息协议）、OSPF（开放式最短路径优先）、ARP（地址解析协议）、RARP（反向地址转换协议）、ICMP（因特网控制报文协议）和IGMP（因特网组管理协议）等。

（4）传输层

传输层是第一个端到端，即主机到主机的层次。传输层负责将上层数据分段并提供端到端的、可靠的或不可靠的传输。此外，传输层还要处理端到端的差错控制和流量控制问题。在这一层，数据的单位称为数据段（segment）。

传输层协议的代表包括：TCP（传输控制协议）、UDP（用户数据报协议）和SPX（序列分组交换协议）等。

（5）会话层

会话层用以管理主机之间的会话进程，即负责建立、管理和终止进程之间的会话。会话层还利用在数据中插入校验点来实现数据的同步。

（6）表示层

表示层对上层数据或信息进行变换以保证一个主机应用层信息可以被另一个主机的应用程序理解。表示层的数据转换包括数据的加密、压缩和格式转换等。

（7）应用层

应用层为操作系统或网络应用程序提供访问网络服务的接口。

应用层协议的代表包括：Telnet（因特网远程登录服务协议）、FTP（文件传输协议）、HTTP（超文本传输协议）和SNMP（简单网络管理协议）等。

3.3.5 TCP/IP 参考模型

TCP/IP（Transmission Control Protocol/Internet Protocol），传输控制协议/因特网互联协议，又名网络通信协议，是 Internet 最基本的协议，是 Internet 由网络层的 IP 和传输层的 TCP 组成。TCP/IP 定义了电子设备如何连入因特网，以及数据如何在它们之间传输的标准。协议采用了 4 层的层级结构，每一层都呼叫它的下一层所提供的协议来完成自己的需求。通俗而言：TCP 负责发现传输的问题，一有问题就发出信号，要求重新传输，直到所有数据安全正确地传输到目的地。而 IP 是给因特网的每一台联网设备规定一个地址。

基于 TCP/IP 的参考模型将协议分成 4 个层次，它们分别是：网络接入层、网际互联层、传输层（主机到主机）和应用层。

TCP/IP 参考模型和 OSI 参考模型的对比如图 3-8 所示。

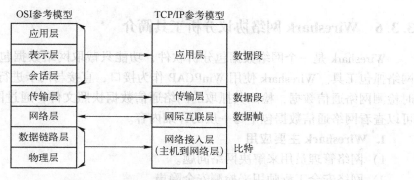

图 3-8　TCP/IP 参考模型

TCP/IP 包含的协议集如图 3-9 所示。

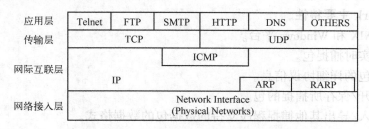

图 3-9　TCP/IP 包含的协议集

（1）应用层

应用层对应于 OSI 参考模型的高层，为用户提供所需要的各种服务，例如：FTP、Telnet、DNS（域名系统）和 SMTP（简单邮件传输协议）等。

（2）传输层

传输层对应于 OSI 参考模型的传输层，为应用层实体提供端到端的通信功能，保证了数据段的顺序传送及数据的完整性。该层定义了两个主要的协议：传输控制协议（TCP）和用户数据报协议（UDP）。

TCP 提供的是一种可靠的、通过"三次握手"来连接的数据传输服务；而 UDP 提供的则是不保证可靠的（并不是不可靠）和无连接的数据传输服务。

（3）网际互联层

网际互联层对应于 OSI 参考模型的网络层，主要解决主机到主机的通信问题。它所包含的协议涉及数据包在整个网络上的逻辑传输。会重新赋予主机一个 IP 地址来完成对主机的寻址，它还负责数据包在多种网络中的路由选择。该层有 3 个主要协议：因特网互联协议（IP）、因特网组管理协议（IGMP）和因特控制报文协议（ICMP）。

IP 是网际互联层最重要的协议，它提供的是一个可靠、无连接的数据报传递服务。

（4）网络接入层（即主机到网络层）

网络接入层与 OSI 参考模型中的物理层和数据链路层相对应。它负责监视数据在主机和网络之间的交换。事实上，TCP/IP 本身并未定义该层的协议，而由参与互联的各网络使用自己的物理层和数据链路层协议，然后与 TCP/IP 的网络接入层进行连接。地址解析协议（ARP）工作在此层，即 OSI 参考模型的数据链路层。

3.3.6 Wireshark 网络协议分析工具简介

Wireshark 是一个网络数据包分析软件，功能只截取网络数据包，是一款免费、开源的网络抓包工具。Wireshark 使用 WinPCAP 作为接口，直接与网卡进行数据报文交换，可以实时检测网络通信数据，检测其抓取的网络通信数据快照文件，通过图形界面浏览这些数据，可以查看网络通信数据包中每一层的详细内容。

1. Wireshark 主要应用

1）网络管理员用来解决网络问题。

2）网络安全工程师用来检测安全隐患。

3）开发人员用来测试协议执行情况。

4）用来学习网络协议。

2. Wireshark 主要特性

1）支持 UNIX 和 Windows 平台。

2）在接口实时捕捉包。

3）能显示包的详细协议信息。

4）可以打开/保存所捕捉的包。

5）可以导入/导出其他捕捉程序支持的数据包的数据格式。

6）可以通过多种方式过滤包。

7）多种方式查找包。

8）通过过滤以多种色彩显示包。

9）创建多种统计分析。

3. Wireshark 窗口

Wireshark 主窗口如图 3-10 所示。

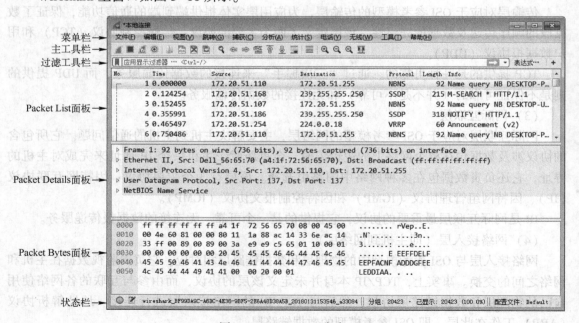

图 3-10 Wireshark 主窗口

和大多数图形界面程序一样，Wireshark 主窗口由如下部分组成，如图 3-10 所示。

1）菜单栏：用于开始操作。

2）主工具栏：提供快速访问菜单中经常用功能。

3）Fiter Toolbar（过滤）工具栏：提供处理当前过滤的方法。

4）Packet List 面板：显示打开文件对应每个包的摘要，包括序号（No.）、时间（Time）、源地址（Source）、目的地址（Destination）、协议类型（Protocol）、长度（Length）和该数据包的含义（Info）。单击面板中的单独条目，包的其他情况将会显示在另外两个面板中。

5）Packet Details 面板：显示在 Packet List 面板中选择的包的更多详情。

6）Packet Bytes 面板：显示在 Packet List 面板选择的包的数据（十六进制），以及在 Packet Details 面板高亮显示的字段。

7）状态栏：显示当前程序状态以及捕捉数据的更多详情。

3.4 项目实现

3.4.1 任务：划分 IP 子网

1. 需求分析

根据 IP 地址判断其类别，并决定从哪里借位。IP 地址分为 4 类，IP 地址本身的结构就是网络号+主机号，因为实际上 IP 地址资源越来越少，而通常多数局域网内的机器又不需要拥有公共的 IP 地址，所以可通过划分子网的方式来解决 IP 地址资源紧缺的问题。

公司内部地址 192.168.100.* 为 C 类地址，C 类地址原主机号为 8 位，从这 8 位里借位划分子网号。

2. 确定子网借位位数和主机位数

使用公式：

$$\begin{cases} 2^n - 2 \geq 4\,(n\ 为子网借位位数) \\ 2^m - 2 \geq 30\,(m\ 为主机号剩余部分位数) \\ n + m = 8\,(C\ 类地址原主机号为\ 8\ 位) \end{cases}$$

从而计算出：$n = 3$，$m = 5$。即 4 个子网需要借 3 位，实际有效的子网数为 $2^3 - 2 = 6$ 个，剩余主机位数为 5 位，每个子网最多可分配主机 $2^5 - 2 = 30$ 台，满足条件。

3. 确定子网掩码

借 3 位，将 C 类地址原有的 24 位网络号及新借的 3 位（共 27 位）全置 1，可得实际子网掩码为：11111111. 11111111. 11111111. 11100000。

转化为十进制后为 255.255.255.224。

4. 计算可用的子网地址以及每个子网中主机 IP 地址的范围

借 3 位，则子网地址为 000、001、010、011、100、101、110、111 共 8 种，去掉全 0 和全 1 后有效的剩下 6 种：001、010、011、100、101、110。

前面的网络部分不变，根据最后的 8 位可得到 6 个可用的子网地址：

$$192.168.100.\underline{001}00000 = 192.168.100.32$$

$$192.\,168.\,100.\,\underline{010}00000 = 192.\,168.\,100.\,64$$
$$192.\,168.\,100.\,\underline{011}00000 = 192.\,168.\,100.\,96$$
$$192.\,168.\,100.\,\underline{100}00000 = 192.\,168.\,100.\,128$$
$$192.\,168.\,100.\,\underline{101}00000 = 192.\,168.\,100.\,160$$
$$192.\,168.\,100.\,\underline{110}00000 = 192.\,168.\,100.\,192$$

确定子网地址后，下面计算有效 IP 即主机地址范围。因为在一个网络中主机地址全为 0 的 IP 是网络地址，全为 1 的 IP 是网络广播地址，不可用，所以各个子网地址对应的子网主机地址范围如下：

$$192.\,168.\,100.\,\underline{001}00001 \sim 192.\,168.\,100.\,\underline{001}11110$$
$$192.\,168.\,100.\,\underline{010}00001 \sim 192.\,168.\,100.\,\underline{010}11110$$
$$192.\,168.\,100.\,\underline{011}00001 \sim 192.\,168.\,100.\,\underline{011}11110$$
$$192.\,168.\,100.\,\underline{100}00001 \sim 192.\,168.\,100.\,\underline{100}11110$$
$$192.\,168.\,100.\,\underline{101}00001 \sim 192.\,168.\,100.\,\underline{101}11110$$
$$192.\,168.\,100.\,\underline{110}00001 \sim 192.\,168.\,100.\,\underline{110}11110$$

将对应的八位二进制内容转换为十进制计算后得到 6 个子网的主机地址范围分别为：

$$192.\,168.\,100.\,33 \sim 192.\,168.\,100.\,62$$
$$192.\,168.\,100.\,65 \sim 192.\,168.\,100.\,94$$
$$192.\,168.\,100.\,97 \sim 192.\,168.\,100.\,126$$
$$192.\,168.\,100.\,129 \sim 192.\,168.\,100.\,158$$
$$192.\,168.\,100.\,161 \sim 192.\,168.\,100.\,190$$
$$192.\,168.\,100.\,193 \sim 192.\,168.\,100.\,222$$

最后，得到的结果如下。

子网掩码：255. 255. 255. 224；

子网 1：192. 168. 100. 32；

主机 IP 地址范围：192. 168. 100. 33 ~ 192. 168. 100. 62；

子网 2：192. 168. 100. 64；

主机 IP 地址范围：192. 168. 100. 65 ~ 192. 168. 100. 94；

子网 3：192. 168. 100. 96；

主机 IP 地址范围：192. 168. 100. 97 ~ 192. 168. 100. 126；

子网 4：192. 168. 100. 128；

主机 IP 地址范围：192. 168. 100. 129 ~ 192. 168. 100. 158；

子网 5：192. 168. 100. 160；

主机 IP 地址范围：192. 168. 100. 161 ~ 192. 168. 100. 190；

子网 6：192. 168. 100. 192；

主机 IP 地址范围：192. 168. 100. 193 ~ 192. 168. 100. 222。

【思考与讨论】划分 IP 子网后，各子网对应的网络地址和广播地址分别是多少？如何计算？

3.4.2 任务：配置和管理 TCP/IP

管理员为公司每台 PC 分配一个固定 IP 后，还要再动手配置一下 TCP/IP，才可以正常上网。在 Windows 7 操作系统的环境下配置 TCP/IP 步骤如下：

1) 打开 "开始" → "控制面板" → "网络和共享中心"，弹出 "网络和共享中心" 界面，单击 "本地连接" 命令，如图 3-11 所示。

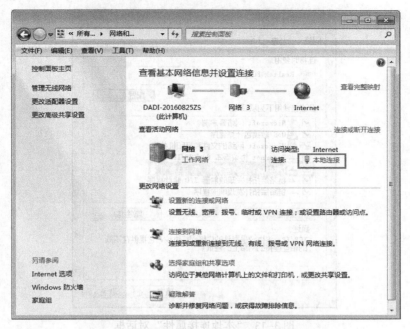

图 3-11 "网络和共享中心" 界面

2) 弹出 "本地连接状态" 对话框，单击 "属性" 按钮，如图 3-12 所示。

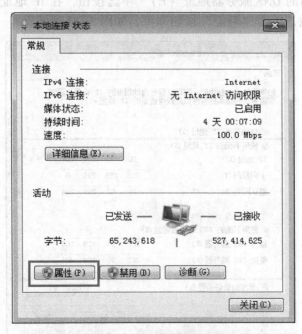

图 3-12 "本地连接状态" 对话框

3）弹出"本地连接属性"对话框，网络适配器正确安装后，系统会自动安装与网络适配器相关的若干组件，选中"Internet 协议版本 4（TCP/IPv4）"复选按钮，如图 3-13 所示。

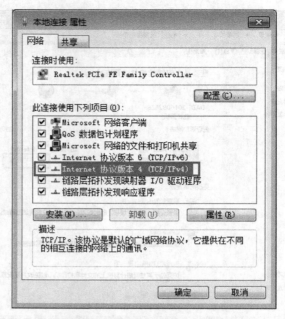

图 3-13　"本地连接属性"对话框

4）弹出"Internet 协议版本 4（TCP/IPv4）属性"对话框，选中"使用下面的 IP 地址（S）"及"使用下面的 DNS 服务器地址（E）"单选按钮，在 IP 地址栏里输入管理员分配的电脑 IP 及相关参数，单击"确定"按钮即可，如图 3-14 所示。

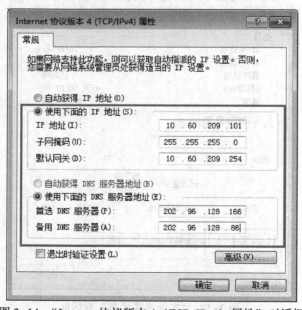

图 3-14　"Internet 协议版本 4（TCP/IPv4）属性"对话框

【思考与讨论】在图 3-13 的"本地连接属性"对话框中,如果"Internet 协议版本 4(TCP/IPv4)"没有显示在"此连接使用下列项目"列表中,这说明了什么问题?如何解决这个问题?

3.4.3 任务:捕获数据包和分析数据包协议

1. 安装 WireShark

可以从 https://www.wireshark.org/download.html 下载最新版本的 WireShark,在 Windows 或者 Linux 平台上安装。

Wireshark 的安装过程非常简单,Wireshark 安装包含有 WinPcap,所以不需要单独下载并安装 WinPcap,只需要按照安装向导执行默认操作即可。图 3-15 所示是在 64 位 Windows 平台上安装 Wireshark-win64-2.4.4 版本的 Wireshark 安装引导界面,安装步骤略。

图 3-15 Wireshark 的安装

2. 启动 WireShark

单击"开始"菜单,选择"所有程序"→"Wireshark",启动"Wireshark 网络分析器"操作界面,如图 3-16 所示。

3. 使用 WireShark 捕获数据包

(1)选择网络接口

在启动的 Wireshark 操作界面上直接双击要捕获数据包的网络接口("无线网连接"或"本地连接"),或者在主菜单上选择"捕获"→"选项",弹出图 3-17 所示的"WireShark 捕获接口"对话框,选择要捕获数据包的网络接口,然后单击"开始"按钮,弹出图 3-18 所示的捕获界面。

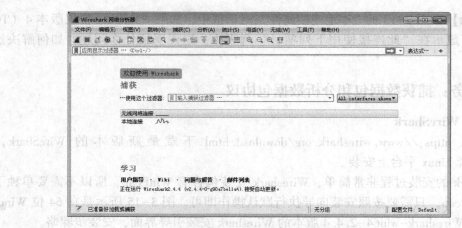

图 3-16 "WireShark 网络分析器" 操作界面

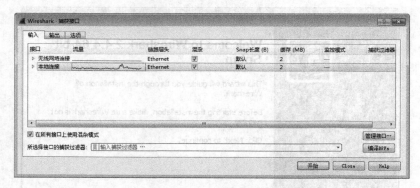

图 3-17 "Wireshark 捕获接口" 对话框

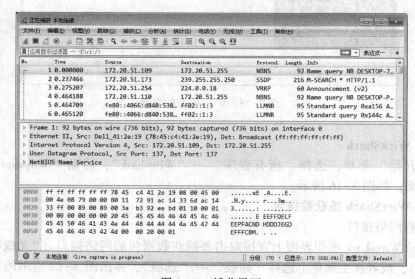

图 3-18 捕获界面

（2）捕获数据包

1）用其他主机对本机 IP 地址使用 Ping 命令，或用远程主机对本机 IP 地址使用 Ping 命令，例如用 Ping 命令来实现对 www. baidu. com 的链接。捕获到了很多与执行 ping 命令无关的数据包，因此需要执行过滤，选择我们需要的数据包进行针对性分析。在 Wireshark 的"过滤"工具栏中输入 icmp，因为 ping 命令是基于 ICMP（Internet Control Message Protocol，因特网控制报文协议）实现的，按"回车"键后出现图 3-19 所示的界面。

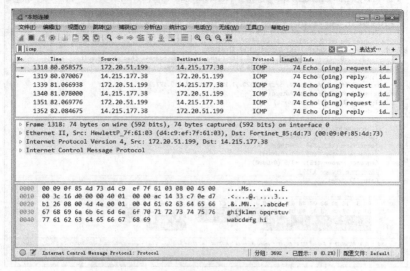

图 3-19　用 ICMP 过滤后的结果

根据图 3-19 过滤后得到的数据，分析：在默认情况下，执行 ping 命令，主机屏幕只会回显 4 个报文，为什么捕获的数据包却有 8 个？

2）双击捕获到的 1318 号数据包，查看各协议字段，如图 3-20 所示，并根据此图分析：在默认情况下，执行 ping 命令，发送数据包的大小为 32B，为什么捕获到的数据包大小为 74B？

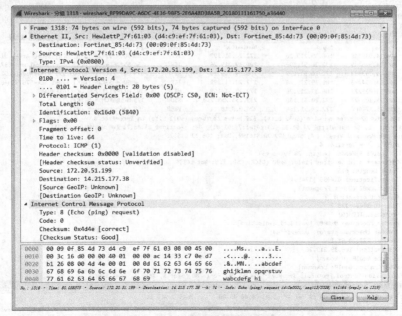

图 3-20　IP 地址数据包协议字段

3）捕获到的数据包协议由头部和数据两部分构成，真实的数据是封装在 ICMP 报文中的，因此需要展开 ICMP 协议字段对该报文进行解码，如图 3-21 所示，才能看见真实的数据内容。

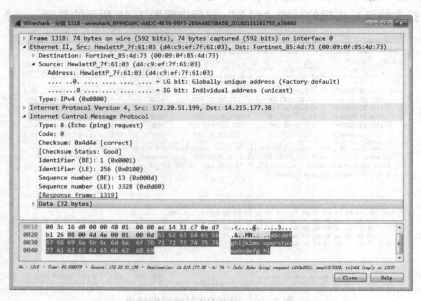

图 3-21　IP 数据包的解码

4）重新配置主机的 IP 地址参数，确保能接入 Internet，打开浏览器，在地址栏中输入 www.baidu.com，使用 Wireshark 捕获数据包，如图 3-22 所示。从图中分析：网络体系共分成多少层？每层的名称和协议的名称是什么？并据此简单分析网络层 IP 的组成。

图 3-22　捕获的数据包

【思考与讨论】使用 WireShark 捕获数据包时，如果只想保存 filter 过滤器筛选后的数据包，或者只想保存第 201~300 这 100 个数据包，又或者只想保存几个特定的数据包，该如何保存？

3.5 项目拓展：在 Windows 7 下配置 IPv6

前面已学习了 Windows 7 下配置 IPv4 的方法，如果要在 Windows 7 下配置 IPv6，如何实现呢？下面尝试用两种方法来设置一下！

方法 1：手动设置

1）单击桌面右下角任务栏上通知区域的"网络连接"图标，在弹出的界面中单击"打开网络和共享中心"命令，如图 3-23 所示。

2）在弹出的"网络和共享中心"窗口中，单击"本地连接"，如图 3-24 所示。

图 3-23 打开网络连接图标

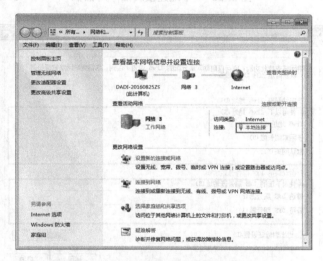

图 3-24 "网络和共享中心"窗口

3）在弹出的"本地连接状态"对话框中，单击"属性"按钮，如图 3-25 所示。

4）在弹出的"本地连接属性"对话框中，选中"Internet 协议版本 6（TCP/IPv6）复选按钮"，单击"属性"按钮，如图 3-26 所示。

5）在弹出的"Internet 协议版本 6（TCP/IPv6）属性"对话框中按规则设置本地网络中 IPv6 的参数信息，然后单击"确定"按钮即可。如图 3-27 所示。

方法 2：命令行实现

1）单击"开始"→"运行"，或者按快捷键〈Win（在 Ctrl 与 Alt 之间）+R〉，打开"运行"对话

图 3-25 "本地连接状态"对话框

59

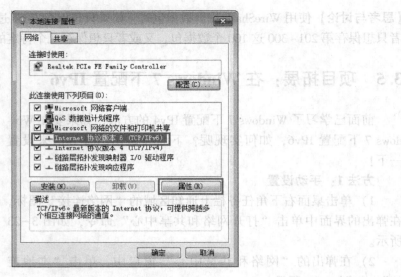

图 3-26 "本地连接属性"对话框

图 3-27 "Internet 协议版本 6（TCP/IPv6）属性"对话框

框，输入"cmd"，以管理员身份运行，打开命令行窗口，如图 3-28 所示。

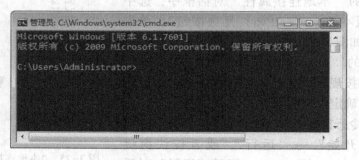

图 3-28 命令行窗口

2）在命令行里输入如下命令：

```
netsh（回车）
netsh>int
netsh>interface>ipv6
netsh>interface>ipv6>isatap
netsh>interface>ipv6>isatap>set router xxxxxxxx（xxxxxxxx 表示本地网络 IPv6 路由地址）
netsh>interface>ipv6>isatap>set state enabled
netsh>interface>ipv6>isatap>quit
```

然后打开浏览器，输入网址"http://ipv6.jmu.edu.cn/"进行 IPv6 地址的测试，如图 3-29 所示。在页面上，如果能够看到一只跳舞的小老虎，则说明是以 IPv6 地址访问该网页，如果小老虎不跳舞，则是以 IPv4 地址访问该网页。

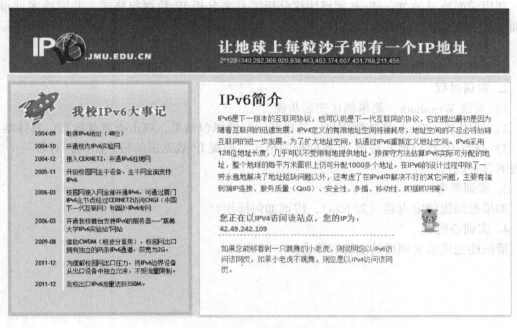

图 3-29　IPv6 的测试

3.6　项目实训：子网划分与协议分析

实训 1：子网划分

假设某公司申请了一个 C 类地址：200.200.200.0，公司有生产部门和市场部门，需要给其划分为相应的网络，即需要划分两个子网，每个子网至少支持 40 台主机。请问该如何划分？完成此任务并撰写实训报告，实训报告主要包括以下内容。

1. 实训概况

实训概况主要包括：实训目的、实训内容、实训地点、实训时间和实训环境等。

2. 实训过程

1）确定子网借位位数和主机位数。

2）确定子网掩码。

3）计算可用的子网地址以及每个子网中主机 IP 地址的范围。

3. 实训思考

1）根据给定的 IP 地址和子网掩码如何计算有效主机数？

2）已知主机数如何计算子网掩码？

3）已知一个子网主机数，如何求该子网所需的 IP 地址？

4. 实训心得

请阐述完成该实训后的心得和体会。

实训 2：协议分析

利用前面所学的 Wireshark 网络协议分析工具来分析 IP 数据报格式，并完成实训报告。实训报告主要包括以下内容。

1. 实训概况

实训概况主要包括：实训目的、实训内容、实训地点、实训时间和实训环境等。

2. 实训过程

1）安装 Wireshark，简单描述安装步骤。

2）使用 WireShark 捕获数据包，选择某一行的抓包结果，双击查看此数据包具体结构。

3）捕捉 IP 数据报：写出 IP 数据报的格式，捕捉 IP 数据报的格式图例，对每一个域所代表的含义进行解释。

3. 实训思考

如果想捕捉特定内容（如 http），应该如何操作？

4. 实训心得

请阐述完成该实训后的心得和体会。

项目 4　组建小型计算机网络

【学习目标】

1. 知识目标
- 了解局域网的定义及特点。
- 了解局域网的层次结构及标准模型。
- 掌握以太网的介质访问控制方法。
- 掌握以太网的分类及应用。
- 掌握无线局域网技术及其应用。

2. 能力目标
- 能够组建小型的有线计算机网络。
- 能够组建小型的无线计算机网络。

3. 素质目标
- 培养动手能力、分析和解决问题的能力。
- 培养较强的创新思维和安全意识。

4.1　项目描述

假如你是 ABC 公司的网络管理员，现在有两个任务需要你完成。

任务 1：公司的人事部有 3 人，由于办公自动化的需要，公司为该部门配备了 3 台计算机和 1 台打印机。为了方便资源共享和文件的传递及打印，需要组建一个经济和实用的小型办公室局域网络。

任务 2：公司的销售部有 10 人，由于业务需要，公司专门为该部门员工配备了笔记本式计算机。为了方便其移动式办公，需要组建一个经济实用的小型无线局域网。

请你根据实际需求，着手组建这两个网络。

4.2　项目分析

根据项目需求，你需要组建一个小型的有线局域网和一个小型的无线局域网。

对于工作任务 1，人事部只有 3 台计算机，规模小，组建小型办公室局域网络即可满足其办公需求。小型办公室局域网络结构简单，费用低廉，维护和升级容易。只需要用双绞线把各计算机连接到以集线器或交换机为核心的中心节点，形成星形网络拓扑结构即可，网络硬件连接完成后，再配置好每台计算机的名称、所属工作组、IP 地址和子网掩码等，就可以设置并实现文件和打印机的共享了。

对于工作任务 2，利用无线局域网技术可以解决该部门笔记本式计算机的移动式办公问题。无线网络技术使得部门中的所有计算机不需要通过网线连接，就可以形成简单的无线局域网。组建方式上最好采用以无线路由器或无线 AP（无线访问接入点）为中心的接入方式，对无线路由器或无线 AP 进行相关网络参数的设置，再通过无线信号连接就可以使整个部门的计算机处于无线网络当中，实现移动式办公。

为了顺利完成这两项工作任务，需要具备的相关知识包括：局域网的基本概念、层次结构、标准模型、介质访问控制方法、以太网以及无线局域网。

4.3 知识准备

4.3.1 局域网概述

1. 局域网的定义

局域网（Local Area Network，LAN）是在一个局部的地理范围内（如一个学校、工厂或机关内），一般是方圆几千米以内，将各种计算机、外部设备和数据库等互相连接起来组成的计算机通信网。

局域网可以通过数据通信网或专用数据电路，与远方的局域网、数据库或处理中心相连接，构成一个较大范围的信息处理系统。

局域网可以实现文件管理、应用软件共享、打印机共享、扫描仪共享、工作组内的日程安排、电子邮件和传真通信服务等功能。局域网从严格意义上来讲是封闭型的，它可以由办公室内几台甚至上千上万台计算机组成。

局域网通常采用广播型的拓扑结构，常见的有总线型、星形和环形拓扑结构 3 种。

2. 局域网的特点

局域网与其他网络相比较，主要特点如下：

1）覆盖范围小。

2）只能够提供物理层和数据链路层各网络层的通信功能。

3）可以连入多种数据通信设备。

4）局域网的数据传输速率高，误码率较低，可靠性高。

5）协议简单，结构灵活，建网成本低，周期短，便于管理和扩充。

3. 局域网的分类

（1）按照网络转接方式

可分为共享介质局域网和交换局域网。

共享介质局域网中，数据以广播的方式在网内传输，局域网中的各个节点都共享公用的传输介质，多用于以太网和令牌环。

以交换机为核心的局域网统称为交换局域网，多用于交换式以太网和以太网的升级，若网络中节点越多，竞争越激烈，时间越长。

（2）按照介质访问控制方法

可分为以太网和令牌环网。

以太网采用载波监听多路访问/冲突检测（CSMA/CD）介质访问控制方法。

令牌环网通过"令牌"让各个节点获得数据发送权,避免数据传输的冲突。

(3)按照网络资源管理方式

可分为对等式局域网和非对等式局域网。

对等式局域网的所有节点地位平等,任何节点之间都可以直接通信和资源共享,而且各个节点都拥有自主权。

非对等式网络的节点地位有所不同,如服务器与客户机。服务器通过集中控制的方式管理网络资源,并为工作站提供服务。"客户机与服务器"网络是非对等式网络的典型代表,资源相对集中,管理需要授权。

(4)按照网络传输技术

可分为基带局域网和宽带局域网。

采用数字信号基带传输技术的局域网称为基带局域网。

采用模拟信号频带信号传输技术的局域网称为宽带局域网。

4.3.2 局域网层次结构及标准模型

1. 局域网的层次结构

局域网的标准化工作一方面吸取了广域网标准化工作因制定不及时给用户和计算机生产厂家带来困难的教训,另一方面广域网标准化的成果特别是 ISO 制定的 OSI 模型为局域网标准化工作提供了经验和基础。

美国电气与电子工程师协会 IEEE 802 委员会与其他协会部门推出了 IEEE 802 标准,该标准遵循 ISO/OSI 参考模型的原则,解决最低两层(即物理层和数据链路层)的功能以及网络层的接口服务、网际互联有关的高层功能。

由于局域网是个通信子网,只涉及有关的通信功能,局域网的拓扑结构简单不需要路由选择协议,因此就不再涉及 OSI 的第 3 层以上的高层,在 IEEE 802 标准局域网参考模型中主要涉及 OSI 参考模型物理层和数据链路层的功能。

IEEE 802 标准局域网参考模型中之所以要将数据链路层分解为两个子层,主要目的是使数据链路层中与硬件有关的部分(介质访问控制子层,MAC)和与硬件无关的部分(逻辑链路控制子层,LLC)分开。

IEEE 802 标准局域网参考模型与 OSI 参考模型的关系如图 4-1 所示。

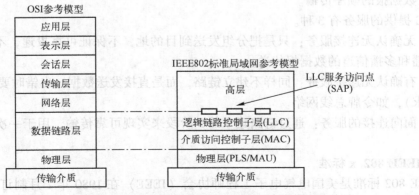

图 4-1 IEEE 802 标准局域网参考模型与 OSI 参考模型的关系

（1）物理层

物理层涉及在通信信道上传输的原始比特流，它实现传输数据所需要的机械、电气、功能特性及过程等手段。

物理层考虑的是怎样才能连接各种计算机传输介质上传输数据比特流，而不是指具体的传输介质。进一步讲就是，物理层的作用是要尽可能地屏蔽掉计算机网络中的硬件设备和传输介质的差异，毕竟世界上有那么多硬件设备制造商，上网使用的手段也很多，硬件当然也是种类繁多了。物理层要做的就是尽可能屏蔽掉这种差异，这样就可以使数据链路层只需要考虑如何完成本层次的协议和服务，而不必考虑网络具体的传输介质是什么。

（2）介质访问控制子层（MAC）

介质访问控制子层（MAC）构成数据链路层的下半部分，它直接与物理层相邻，主要负责控制与连接物理层的物理介质。

在局域网中，连接在网络上的各个工作站都能共享网络的公共信道，因而存在着对信道的争用和争用后如何使用信道的问题，这就构成了对介质的控制方法，又称为介质访问控制技术。一般地，根据介质的控制方式与网络的拓扑结构的结合，MAC 的协议分为 3 类：即载波监听多路访问/冲突检测（CSMA/CD）、令牌环（Token Ring）和令牌总线（Token Bus）。

在发送数据的时候，MAC 协议可以事先判断是否可以发送数据，如果可以发送，则给数据加上一些控制信息，最终将数据以及控制信息以规定的格式发送到物理层。在接收数据的时候，MAC 协议首先判断输入的信息是否发生传输错误，如果没有错误，则去其掉控制信息后再将其发送至 LLC（逻辑链路控制）子层。

（3）逻辑链路控制子层（LLC）

逻辑链路控制子层（LLC）也是数据链路层的一个功能子层，它构成数据链路层的上半部分，与网络层和 MAC 子层相邻，主要目的是在各种不同的介质访问控制子层之上为局域网的网络实体提供满足可靠性和传输效率要求的数据链路层服务。它屏蔽了各种 MAC 子层的差异，向网络层提供统一个统一的格式与接口。

LLC 的主要功能包括：

1）传输可靠性保障和控制。

2）数据报的分段与重组。

3）数据报的顺序传输。

LLC 提供的服务有 3 种。

1）无确认无连接服务：只是把分组发送到目的地，不保证可靠投递，不进行通知，如用于广播和多播信道的数据报传送。

2）有确认无连接服务：同样不建立链路，而是直接发送数据，出错时要求 ARQ（自动重传请求），如令牌总线网络。

3）面向连接的服务：通过链路建立的 3 阶段来实现可靠传输，用于一次性传输大量的数据。

2. IEEE 802.x 标准

IEEE 802 标准是美国电气电子工程师协会（IEEE）在 1980 年 2 月制订的，称为 IEEE 802 标准。这个标准对应于 OSI 参考模型的物理层和数据链路层，数据链路层又划分为逻辑链路控制子层（LLC）和介质访问控制子层（MAC）。MAC 主要负责处理 LAN 中各站点对通信介质的争用问题，LLC 屏蔽各种 MAC 的具体实现细节，具有统一的 LLC 界面，从而向网络层提供统一的服务。

IEEE 802 的部分标准如表 4-1 所示。

表 4-1　IEEE 802 部分标准

标　准	说　明
IEEE 802.1 标准	局域网体系结构以及寻址、网络管理和网络互联等
IEEE 802.2 标准	逻辑链路控制子层（LLC）
IEEE 802.3 标准	载波监听多路访问/冲突检测（CSMA/CD）
IEEE 802.3u 标准	100 Mbit/s 快速以太网
IEEE 802.3z 标准	1 000 Mbit/s 以太网（光纤、同轴电缆）
IEEE 802.3ab 标准	1 000 Mbit/s 以太网（双绞线）
IEEE 802.3ae 标准	10 000 Mbit/s 以太网
IEEE 802.4 标准	令牌总线网（Token Bus）
IEEE 802.5 标准	令牌环网（Token Ring）
IEEE 802.6 标准	城域网（MAN）
IEEE 802.7 标准	宽带技术
IEEE 802.8 标准	光纤分布式数据接口（FDDI）
IEEE 802.9 标准	综合语音和数据局域网
IEEE 802.10 标准	局域网安全技术
IEEE 802.11 标准	无线局域网
IEEE 802.12 标准	100VG-AnyLAN 优先高速局域网（100 Mbit/s）
IEEE 802.13 标准	有线电视网（Cable-TV）
IEEE 802.14 标准	有线调制解调器（已废除）
IEEE 802.15 标准	无线个人区域网络（蓝牙）
IEEE 802.16 标准	宽带无线 MAN 标准（WiMAX，全球微波互联接入）
IEEE 802.17 标准	弹性分组环（RPR）可靠的个人形式接入技术
IEEE 802.18 标准	宽带无线局域网技术咨询组
IEEE 802.19 标准	无线共存技术咨询组
IEEE 802.20 标准	移动宽带无线访问
IEEE 802.21 标准	符合 802 标准的网络与非 802 网络之间的互通
IEEE 802.22 标准	无线地域性区域网络工作组（WRAN）
IEEE 802.23 标准	紧急服务工作组（ESWG）

4.3.3　介质访问控制方法

在以太网中，常见的介质访问控制方法有载波监听多路访问/冲突检测（CSMA/CD）、令牌环（Token Ring）和令牌总线（Token Bus）3 种。

1. 载波监听多路访问/冲突检测（CSMA/CD）

载波监听多路访问/冲突检测（CSMA/CD）采用 IEEE 802.3 标准，是一种争用型的介质访问控制协议。CSMA/CD 简单、可靠，广泛使用于局域网，处于网中的各个站都能独立地决定数据帧的发送与接收。

CSMA/CD 的工作原理：当一个节点要发送数据时，首先监听信道，如果信道空闲就发送数据，并继续监听；如果在数据发送过程中监听到了冲突，则立刻停止数据发送，等待一段随机的时间后，重新开始尝试发送数据。其工作过程如图 4-2 所示。

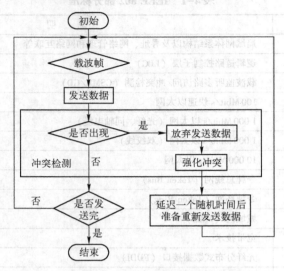

图 4-2　CSMA/CD 的工作过程

CSMA/CD 工作过程可归纳为：先听后发、边听边发、冲突停发和随机重发。

需要注意的问题：一是帧的长度要足够，以便其在发完之前就能检测到碰撞，否则就失去了意义；二是需要一个间隔时间（即冲突检测时间），其大小为往返传播时间与为了强化碰撞而有意发送的干扰序列时间之和，由此确定最短 MAC 帧（MAC 层数据帧）长。

最短帧长可以用下列公式来计算：

$$\frac{最短数据帧长（bit）}{数据传输速率（Mbit/s）}=\frac{2\times 任意两点间最大距离（m）}{信号传播速度（200\,m/\mu s）}$$

例 1：1.5 km 的基带以太网，为了保证冲突的可靠检测，若最短数据帧长为 15 000 b，信号传播速度为 200 m/μs，则数据传输速率是多少？

解：15 000 b×200 m/μs÷2÷（1.5×1 000）m＝1 000 Mb/s

例 2：在长 3 km 的 10 Mb/s 的基带总线 LAN，信号传播速度为 200 m/μs，当传输 100 B 的帧时，则从发送开始到接收结束的最大时间是多少？

解：传播时延＝3×1 000 m÷200 m/μs＝15 μs，传送时延＝100 B×8（b/B）÷10 Mb/s＝80 μs

则总时延＝传播时延+传送时延＝（80+15）μs＝95 μs

2. 令牌环（Token Ring）

令牌环（Token Ring）是一种定义在 IEEE 802.5 中的其所有的工作站都连接到一个环上，每个工作站只能与直接相邻的工作站传输数据的网络。通过所围绕环的令牌信息授予工作站传输权限，基于令牌传递（Token Passing）技术。令牌环的典型代表是 100 Mbit/s 的光纤分布式数据接口（FDDI）。

令牌环工作原理：在网络正常工作时，令牌按某一方向沿着环路经过环路中的各个节点单方向传递，握有令牌的站点就具有了发送数据的权力。在环中的站点接收发送的帧时，将帧中的目的地址与本站的地址进行比较，如地址相符，则将帧放入接收缓冲器，并将帧送回环上；如地址不符，则将帧沿环的路径下传。当该节点发送完所有数据或者持有令牌到达最大时间时，就要交出令牌。令牌环的工作过程如图4-3所示。

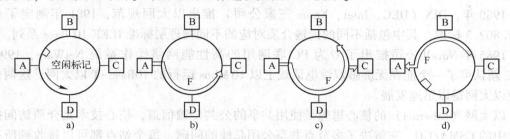

图4-3 令牌环的工作过程

a）空闲标记牌绕行 b）A站使用标记牌发送F帧 c）目的站C复制F帧 d）A站接收F，并释放标记牌

令牌环的缺点是需要维护令牌，一旦失去令牌就无法工作，需要选择专门的节点监视和管理令牌。且令牌环效率高低是由它的负载高低决定的：轻负载时，由于存在等待令牌的时间，效率降低了；在重负载时，对各节点公平访问且效率高（与总线型拓扑结构相反）。

3. 令牌总线（Token Bus）

令牌总线（Token Bus），是一个使用令牌接入到一个总线拓扑的局域网架构，令牌总线标准是IEEE 802.4。

令牌总线访问控制是在物理总线上建立一个逻辑环。从物理连接上看，它是总线结构，但逻辑上，它是环形拓扑结构，如图4-4所示。连接到总线上的所有节点组成一个逻辑环，每个节点被赋予一个顺序的逻辑位置。和令牌环一样，节点只有取得令牌才能发送帧，令牌在逻辑环上依次传递，在正常运时，当某个节点发送完数据后，就要将令牌传送给下一个节点。

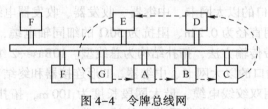

图4-4 令牌总线网

从逻辑上看，令牌从一个节点传送到下一个节点，使节点能获取令牌所发送的数据；从物理角度看，节点是将数据广播到总线上，总线上所有的节点都可以监测到数据，并对数据进行识别，但只有目的节点才可以接收并处理数据。令牌总线访问控制也提供了对节点的优先级别服务。

令牌总线与令牌环有很多相似的特点，比如：适用于重负载的网络中，数据传送时间确定，以及适合实时性的数据传输的。但网络管理较为复杂，网络必须有初始化的功能，以生成一个顺序访问的次序。另外，当网络中的令牌丢失，则会出现多个令牌将新节点加入到环中以及从环中删除不工作的节点等，这些附加功能又大大增加了令牌总线访问控制的复杂性。

4.3.4 以太网

20 世纪 60 年代末，夏威夷大学的研究人员为了实现在岛屿之间进行网络通信，研制了 Aloha 系统的无线电网络。后来 Xerox 公司对其做了进一步发展，于 1973 年将其命名为以太网。

1980 年，DIX（DEC、Intel、Xerox 三家公司）推出以太网规范，1981 年制定了相应 IEEE 802.3 标准，其中包括不同的传输介质对应的不同物理层标准 IEEE 10 Base 系列。

1985 年 Novell 公司推出了专为 PC 联网用的高性能网络操作系统 NetWare，1990 年 IEEE 新认可了一个能在无屏蔽双绞电话线上以 10 Mbps 运行的 10Base-T 以太网，这两件事促使以太网得以迅速发展。

以太网（Ethernet）的核心思想是使用共享的公共传输信道，核心技术是介质访问控制方法中的 CSMA/CD，它解决了多节点共享公用总线的问题，每个站点都可以接收到所有来自其他站点的数据，目的站点将该帧复制，其他站点则丢弃该帧。

以太网包括标准的以太网（10 Mbit/s）、快速以太网（100 Mbit/s）、千兆以太网（1 000 Mbit/s）和万兆以太网（10 Gbit/s），它们都符合 IEEE 802.3。

1. 标准以太网

开始以太网只有 10 Mbit/s 的吞吐量，使用的是 CSMA/CD 访问控制方法。这种早期的 10 Mbit/s 以太网称之为标准以太网，以太网可以使用粗同轴电缆、细同轴电缆、非屏蔽双绞线、屏蔽双绞线和光纤等多种传输介质进行连接。并且在 IEEE 802.3 标准中，为不同的传输介质制定了不同的物理层标准，在这些标准中前面的数字表示传输速度，单位是 Mbit/s，最后的一个数字表示单段网线长度（基准单位是 100 m），Base 表示"基带"的意思，Broad 代表"宽带"。

1）10Base-5：使用直径为 0.4 in、阻抗为 50Ω 的粗同轴电缆，也称粗缆以太网，最大网段长度为 500 m，基带传输方法，拓扑结构为总线型。10Base-5 组网时主要硬件设备有粗同轴电缆、带有 AUI 插口的以太网卡、中继器、收发器、收发器电缆和终结器等。

2）10Base-2：使用直径为 0.2 in、阻抗为 50Ω 的细同轴电缆，也称细缆以太网，最大网段长度为 185 m，基带传输方法，拓扑结构为总线型。10Base-2 组网时主要硬件设备有细同轴电缆、带有 BNC 插口的以太网卡、中继器、T 形连接器和终结器等。

3）10Base-T：使用双绞线电缆，最大网段长度为 100 m，拓扑结构为星形。10Base-T 组网时主要硬件设备有三类或五类非屏蔽双绞线、带有 RJ-45 插口的以太网卡、集线器、交换机和 RJ-45 插头等。

4）1Base-5：使用双绞线电缆，最大网段长度为 500 m，传输速度为 1 Mbit/s。

5）10Broad-36：使用同轴电缆（RG-59/U CATV），最大网段长度为 3 600 m，是一种宽带传输方式。

6）10Base-F：使用光纤传输介质，传输速率为 10 Mbit/s。

2. 快速以太网

快速以太网与原来在 100 Mbit/s 带宽下工作的 FDDI（光纤分布式数据接口）相比具有许多的优点，最主要体现在快速以太网技术可以有效保障用户在布线基础实施上的投资，它支持三、四、五类双绞线以及光纤的连接，能有效利用现有的设施。快速以太网的不足其实也是以太网技术的不足，那就是快速以太网仍是基于 CSMA/CD 技术，当网络负载较重时，会造成效率的降低，当然这可以使用交换技术来弥补。100 Mbit/s 快速以太网标准又分为 100Base-TX、100Base-FX、100Base-T4 三个子类。

1）100Base-TX：是一种使用五类数据级的无屏蔽双绞线或屏蔽双绞线的快速以太网技术。它使用两对双绞线，一对用于发送，一对用于接收数据。在传输中使用 4B/5B 编码方式，信号频率为 125 MHz，符合 EIA586 的五类布线标准和 IBM 的 SPT（标准贯入试验）一类布线标准，使用同 10Base-T 相同的 RJ-45 连接器。它的最大网段长度为 100 m，支持全双工的数据传输。

2）100Base-FX：是一种使用光缆的快速以太网技术，可使用单模和多模光纤（62.5 μm 和 125 μm）。多模光纤连接的最大距离为 550 m，单模光纤连接的最大距离为 3 000 m。在传输中使用 4B/5B 编码方式，信号频率为 125 MHz。它使用 MIC/FDDI 连接器、ST 连接器或 SC 连接器，最大网段长度为 150 m、412 m、2 000 m 或更长至 10 km，这与所使用的光纤类型和工作模式有关，它支持全双工的数据传输。100Base-FX 特别适合于有电气干扰的环境、较大距离连接的情况及高保密环境下使用。

3）100Base-T4：是一种可使用三、四、五类无屏蔽双绞线或屏蔽双绞线的快速以太网技术。100Base-T4 使用 4 对双绞线，其中的 3 对用于在 33 MHz 的频率上传输数据，每一对均工作于半双工模式，第 4 对用于 CSMA/CD 冲突检测。在传输中使用 8B/6T 编码方式，信号频率为 25 MHz，符合 EIA586 结构化布线标准。它使用与 10Base-T 相同的 RJ-45 连接器，最大网段长度为 100 m。

3. 千兆以太网

千兆以太网技术作为最新的高速以太网技术，它继承了传统以太技术价格便宜的优点。千兆技术仍然是采用了与 10 Mbit/s 以太网相同的帧格式、帧结构、网络协议、全/半双工工作方式、流控模式以及布线系统。由于该技术不改变传统以太网的桌面应用和操作系统，因此可与 10 Mbit/s 或 100 Mbit/s 的以太网很好地配合工作。因此升级到千兆以太网时不必改变网络应用程序、网管部件和网络操作系统，能够最大程度地保护投资。此外，IEEE 标准将支持最大距离为 550 m 的多模光纤、最大距离为 70 km 的单模光纤和最大距离为 100 m 的同轴电缆。千兆以太网填补了以太网和快速以太网标准的不足。

千兆以太网所支持的网络类型及距离如表 4-2 所示。

表 4-2　千兆以太网支持的网络类型及距离

传输介质	距离
1000Base-CX Copper STP	25 m
1000Base-T Copper Cat 5 UTP	100 m
1000Base-SX Multi-mode Fiber	500 m
1000Base-LX Single-mode Fiber	3 000 m

千兆以太网技术有两个标准：IEEE 802.3z 和 IEEE 802.3ab。IEEE 802.3z 制定了光纤和短程铜线连接方案的标准。IEEE 802.3ab 制定了五类双绞线上较长距离连接方案的标准。

（1）IEEE 802.3z

IEEE 802.3z 是光纤（单模或多模）和同轴电缆的全双工链路标准。IEEE 802.3z 定义了基于光纤和短距离铜缆的 1000Base-X，采用 8B/10B 编码技术，信道传输速度为

1.25 Gbit/s，去耦后实现 1 000 Mbit/s 传输速度。IEEE 802.3z 具有下列千兆以太网标准。

1）1000Base-SX：只支持多模光纤，可以采用直径为 62.5 μm 或 50 μm 的多模光纤，工作波长为 770~860 nm，传输距离为 220~550 m。

2）1000Base-LX：可以支持直径为 9 μm 或 10 μm 的单模光纤，工作波长范围为 1 270~1 355 nm，传输距离为 5 km 左右。

3）1000Base-CX：采用 150 Ω 屏蔽双绞线（STP），传输距离为 25 m。

（2）IEEE 802.3ab

IEEE 802.3ab 是基于非屏蔽双绞线（UTP）的半双工链路的千兆以太网标准。IEEE 802.3ab 定义基于五类 UTP 的 1000Base-T 标准，其目的是在五类 UTP 上以 1 000 Mbit/s 速率在 100 m 的距离上传输。IEEE 802.3ab 标准的意义主要有两点：

1）保护用户在五类 UTP 布线系统上的投资。

2）1000Base-T 是 100Base-T 自然扩展，与 10Base-T 和 100Base-T 完全兼容。不过，在五类 UTP 上达到 1 000 Mbit/s 的传输速率时需要解决五类 UTP 的串扰和衰减问题，因此使得 IEEE 802.3ab 标准的制定要比 IEEE 802.3z 复杂些。

4. 万兆以太网

万兆以太网标准包含于 IEEE 802.3 标准的补充标准 IEEE 802.3ae 中，它扩展了 IEEE 802.3 协议和 MAC（介质访问控制）规范，使其支持 10 Gbit/s 的传输速率。除此之外，通过 WAN（广域网）界面子层，万兆以太网也能被调整为较低的传输速率，如 9.584 640 Gbit/s（OC-192），这就允许万兆以太网设备与同步光纤网络（SONET）STS-192c 传输格式相兼容。它的主要标准有以下几种。

1）10GBase-SR 和 10GBase-SW：主要支持短波（850 nm）的多模光纤（MMF），光纤距离为 2~300 m。10GBase-SR 主要支持暗光纤（Dark Fiber），暗光纤是指没有光传播并且不与任何设备连接的光纤。10GBase-SW 主要用于连接 SONET 设备，它应用于远程数据通信。

2）10GBase-LR 和 10GBase-LW：主要支持长波（1 310 nm）的单模光纤（SMF），光纤距离为 2 m~10 km（约 32 808 ft）。10GBase-LW 主要用来连接 SONET 设备，10GBase-LR 则用来支持暗光纤。

3）10GBase-ER 和 10GBase-EW：主要支持超长波（1 550 nm）的单模光纤（SMF），光纤距离为 2 m~40 km（约 131 233 ft）。10GBase-EW 主要用来连接 SONET 设备，10GBase-ER 则用来支持暗光纤。

4）10GBase-LX4：采用波分复用技术，在单对光缆上以 4 倍光波长发送信号。10GBase-LX4 系统运行在 1 310 nm 的多模或单模暗光纤方式下，该系统的设计目标是针对 2~300 m 的多模光纤模式或 2 m~10 km 的单模光纤模式。

4.3.5 无线局域网

有线网络在某些场合要受到一些限制，因此无线局域网（Wireless Local Area Network，WLAN）开始出现，并逐渐被广大用户所接受和推崇。

1. 无线局域网基本概念

无线局域网（WLAN），是一种利用电磁波传送和接收数据，实现传统有线局域网功能的计算机网络系统。

无线局域网是一种灵活的数据通信系统，通过无线方式发送和接收数据，减少了对固定线路的依赖，摆脱了有线传输介质的束缚。

2. 无线局域网基本特点

无线局域网具有安装便捷、高移动性、易扩展性、经济节约和传输速率高等特点。

1）安装便捷。无线局域网免去或减少了网络布线的工作量，一般只要安装一个或多个接入点（AP，Access Point）设备，就可建立覆盖整个建筑或地区的局域网络。

2）高移动性。在无线局域网中，各节点可随意移动，不受地理位置的限制。目前，AP的覆盖范围是 10~100 m，能够满足大多数用户的需要。在无线信号覆盖范围内的终端设备均可以被接入网络，而且能够在不同的网络间漫游。

3）易扩展性。无线局域网中的每个 AP 可支持 100 多个用户的接入。如果需要扩充网络容量，只需在现有无线局域网基础上增加 AP 即可。

4）经济节约。无线局域网可以避免或减少有线网络预设大量利用率较低的信息点的不足，节约了网络造价，而且在对无线局域网进行改造时花费也较低。

5）传输速率高。无线局域网的数据传输速率现在已达 11 Mbit/s，传输距离可远至20 km以上，如果使用最为先进的应用正交频分复用（OFDM）技术，无线局域网的传输速率可以达到 54 Mbit/s。

3. 无线局域网的应用

无线局域网技术实际应用很广泛，由于它具有有线网络不可替代的优点，已经迅速地在移动办公、不易布线的地方以及远距离数据处理方面得到应用，特别是在医护管理、会议展览、金融与旅游服务和移动办公等行业中，将得到更大的发展。

无线局域网的应用领域主要包括：作为传统局域网的扩充、用于建筑物之间的互联、用于移动节点的漫游访问及用于构建特殊的移动网络等。

4. 无线局域网的协议标准

（1）IEEE 802.11

IEEE 802.11 是 IEEE 在 1997 年制定的第一个无线局域网标准，主要用于解决办公网和校园网中用户与用户终端的无线接入。业务主要限于数据存取，速率最高只能达到 2 Mbit/s。由于它在传输速率和传输距离上都不能满足人们的需要，因此 IEEE 又相继推出了 IEEE 802.11b 和 IEEE 802.11a 两个新标准。

（2）IEEE 802.11b

IEEE 802.11b 标准是对 IEEE 802.11 的修正，IEEE 802.11b 标准传输速率被提高到 11 Mbit/s，其传输速率与普通的 10Base-T 有线网持平。802.11b 使用的是开放的 2.4 GHz 频段，使用时无须申请，可直接作为有线网络的补充，又可独立组网，灵活性很强。

（3）IEEE 802.11a

IEEE 802.11a 是 IEEE 802.11b 标准的修正，它使用 5.8 GHz 频段传输信息，避开了微波、蓝牙以及大量工业设备广泛采用的 2.4 GHz 频段，在数据传输过程中，干扰大为降低，抗干扰性强，因此传输速率提高到 54 Mbit/s。

（4）IEEE 802.11g

IEEE 802.11g 仍然使用开放的 2.4 GHz 频段，以保证和目前现有的很多设备的兼容性。但它使用了改进的信号传输技术，在 2.4 GHz 频段把速度提高到了 54 Mbit/s 的高速传输。

IEEE 802.11g 是目前被看好的无线网络标准，传输速率可以满足各种网络应用的需求。更重要的是，它还向下兼容 IEEE 802.11b 设备，但在抗干扰上仍不及 IEEE 802.11a。

（5）IEEE 802.11n

802.11n 主要是结合物理层和 MAC 层的优化来充分提高 WLAN 的传输速率，802.11n 可以将 WLAN 的传输速率由目前 802.11a 及 802.11g 提供的 54 Mbit/s，提高到 300 Mbit/s 甚至高达 600 Mbit/s。

4.4 项目实现

4.4.1 任务：组建小型有线局域网

1. 材料及工具准备

交换机（或集线器）1 台，装有 Windows 7 操作系统的 PC 3 台，直通线 3 根，打印机 1 台。网络拓扑结构图如图 4-5 所示。

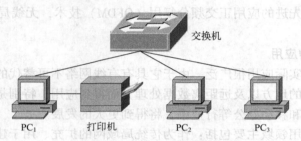

图 4-5　小型有线局域网拓扑图

将 3 根直通线的两端分别插入每台 PC 网卡和交换机（或集线器）的 RJ-45 接口中，检查网卡和交换机（或集线器）相应的指示灯是否亮起；将打印机连接到 PC₁。

2. TCP/IP 地址配置

PC₁ 的 IP 地址：192.168.1.11，子网掩码：255.255.255.0。

PC₂ 的 IP 地址：192.168.1.12，子网掩码：255.255.255.0。

PC₃ 的 IP 地址：192.168.1.13，子网掩码：255.255.255.0。

3. 测试连通性

在 PC₁ 中，分别执行 ping 192.168.1.12 和 ping 192.168.1.13 命令，测试与 PC₂、PC₃ 之间的连通性。

在 PC₂ 中，分别执行 ping 192.168.1.11 和 ping 192.168.1.13 命令，测试与 PC₁、PC₃ 之间的连通性。

在 PC₃ 中，分别执行 ping 192.168.1.11 和 ping 192.168.1.12 命令，测试与 PC₁、PC₂ 之间的连通性。

4. 设置打印机共享

（1）取消禁用 Guest 用户

1）单击"开始"按钮，在"计算机"命令上右击，选择"管理"命令，如图 4-6 所示。

图 4-6　选择"管理"

2）在弹出的"计算机管理"窗口中找到"Guest"用户，如图 4-7 所示。

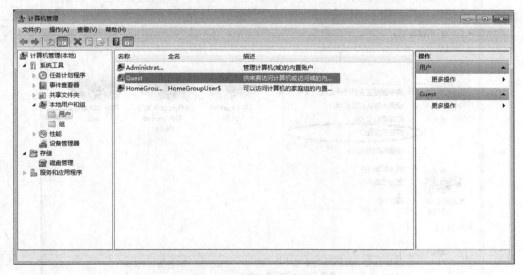

图 4-7　"计算机管理"窗口

3）双击"Guest"，打开"Guest 属性"对话框，确保"账户已禁用"复选框没有被勾选，如图 4-8 所示。

（2）共享目标打印机

1）单击"开始"按钮，选择"设备和打印机"命令，如图 4-9 所示。

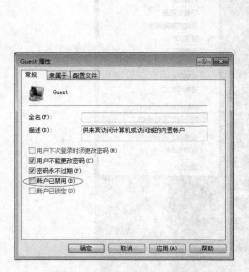

图 4-8 "Guest"属性对话框

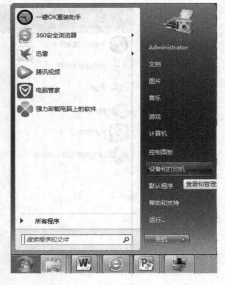

图 4-9 选择"设备和打印机"

2）在弹出的窗口中找到需要共享的打印机（前提是打印机已正确连接，驱动程序也已正确安装），在该打印机上右击，选择"打印机属性"命令，如图 4-10 所示。

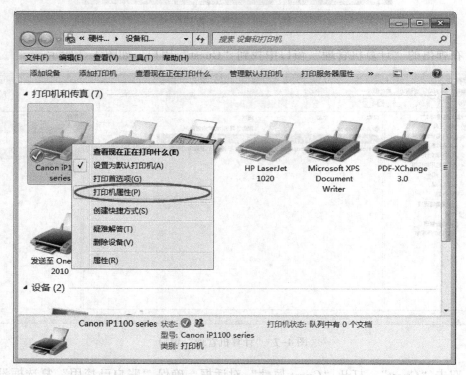

图 4-10 "设备和打印机"窗口

3）在打印机属性对话框中切换到"共享"选项卡，选中"共享这台打印机"复选框，并且设置一个共享名（请记住该共享名，后面的设置可能会用到），如图 4-11 所示。

76

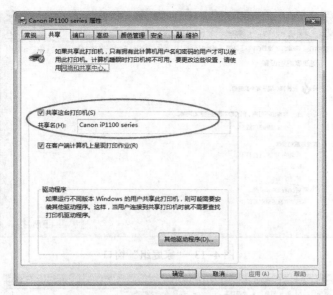

图 4-11　"共享"选项卡

（3）进行高级共享设置

1）在桌面右下角任务栏上的通知区域右击的"网络连接"图标，选择"打开网络和共享中心"命令，进入"网络和共享中心"窗口，记住所处的网络类型（此处是"工作网络"），接着单击"选择家庭组和共享选项"命令，如图 4-12 所示。

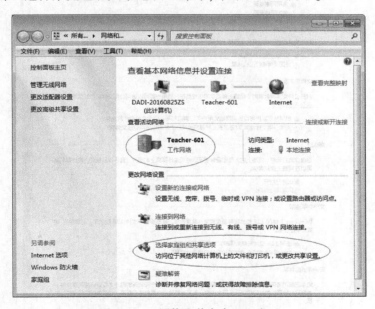

图 4-12　"网络和共享中心"窗口

2）在弹出的"家庭组"窗口中，单击"更改高级共享设置"命令，如图 4-13 所示。

3）在弹出的"高级共享设置"窗口中，单击展开"家庭或工作"命令，进行相关选项的设置，其中的关键选项已经画圈标示，设置完成后单击"保存修改"按钮，如图 4-14 所示。

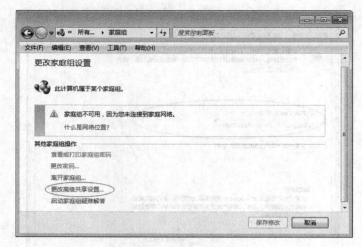

图 4-13 "家庭组"窗口

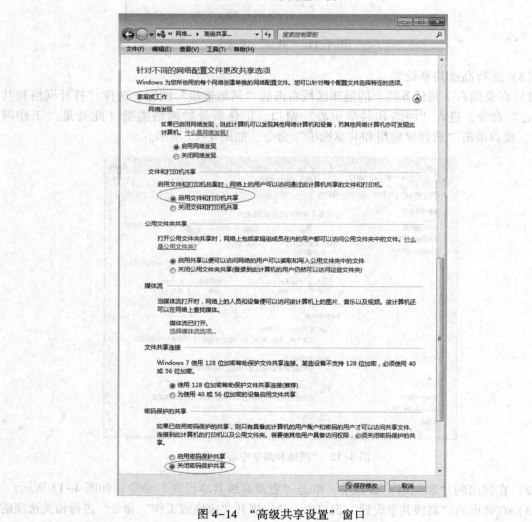

图 4-14 "高级共享设置"窗口

（4）设置工作组

在添加目标打印机之前，首先要确定局域网内的计算机是否都处于一个工作组，具体过程如下：

1）单击"开始"按钮，在"计算机"命令上右击，选择"属性"命令，在弹出的窗口中找到"工作组"，确定局域网上 PC 的工作组名称一致，如果计算机的工作组设置不一致，请单击"更改设置"命令进行修改，如图 4-15 所示。注意：请记住"计算机名"，后面的设置会用到。

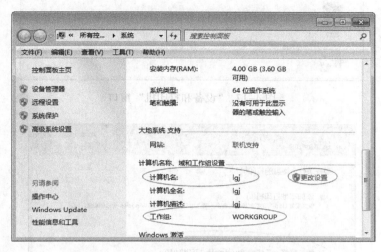

图 4-15 "系统"窗口

2）如果处于不同的工作组，可以在"计算机名/域更改"对话框中进行设置，如图 4-16所示。注意：此设置需要重启计算机后才能生效。

（5）在其他计算机上添加目标打印机

此步操作是在局域网内的其他需要共享打印机的 PC 上进行的。

1）选择"开始"→"控制面板"，进入"控制面板"窗口，打开"设备和打印机"窗口，并单击"添加打印机"命令，如图 4-17所示。

2）在弹出的"添加打印机"对话框中，单击"添加网络、无线或 Bluetooth 打印机（W）"命令，如图 4-18 所示。

3）弹出的"选择打印机"对话框后，会自动搜索局域网上共享的打印机，选择目标打印机，单击"下一步"按钮，如图 4-19 所示。

图 4-16 "计算机名/域更改"对话框

4）在弹出的对话框中，设置打印机名称，然后单击"下一步"按钮，如图 4-20 所示。

5）至此，打印机已添加完毕，如有需要用户可单击"打印测试页"按钮，测试一下打印机是否能正常工作，也可以直接单击"完成"按钮退出此窗口，如图 4-21 所示。

图 4-17　"设备和打印机"窗口

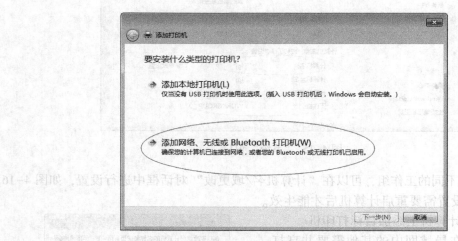

图 4-18　"添加打印机"对话框

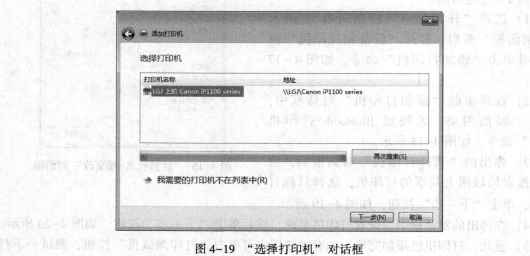

图 4-19　"选择打印机"对话框

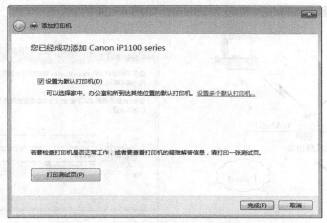

图 4-20 设置打印机名称

图 4-21 打印测试页

6）添加成功后，在"控制面板"的"设备和打印机"窗口中，可以看到新添加的打印机，如图 4-22 所示。

图 4-22 添加成功后的"设备和打印机"窗口

【思考与讨论】组建该小型有线局域网时，网络的中心节点可以用集线器，也可以用交换机，分别用两种设备连接构成的局域网各有何特点？在连接速度等方面有何不同？

4.4.2 任务：组建小型无线局域网

1. 材料及工具准备

无线路由器 1 台（TP-LINK TL-WR340G+），笔记本式计算机若干台，无线网卡若干块（如果 PC 自带，则不需要），直通网线 2 根。其网络拓扑结构图如图 4-23 所示。

用一根直通线将外网（如 Internet）接口与无线路由器的 WAN 端口连接，用另一根直通线将 PC₁ 与网卡接口和无线路由器的 LAN 端口连接。

2. 配置无线路由器

1）设置 PC₁ 计算机有线网卡的 IP 地址为 192.168.1.11，子网掩码为 255.255.255.0，默认网关为 192.168.1.1。再在 IE 浏览器地址栏中输入 192.168.1.1，打开无线路由器登录对话框，输入用户名为 admin，密码为 admin，如图 4-24 所示。

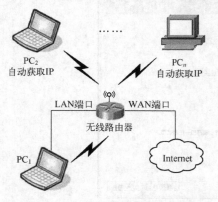

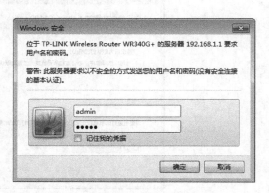

图 4-23 小型无线局域网拓扑图 　　　　图 4-24 无线路由器登录对话框

2）登录后进入设置界面，选择左侧向导菜单"网络参数"→"LAN 口设置"后，在右侧对话框中可设置 LAN 口的 IP 地址，一般默认为 192.168.1.1，如图 4-25 所示。

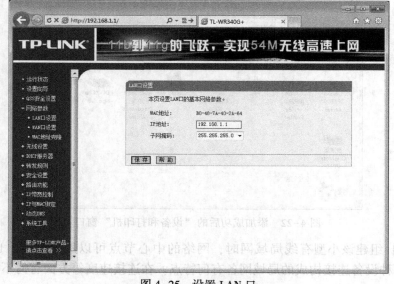

图 4-25 设置 LAN 口

3）设置 WAN 口的连接类型，输入服务商提供的上网账号和上网口令（密码），最后单击"保存"按钮，如图 4-26 所示。

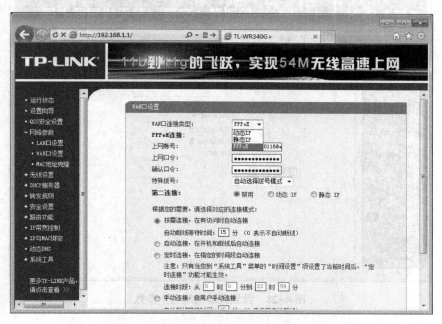

图 4-26　设置 WAN 口

4）设置 DHCP 服务，如图 4-27 所示。

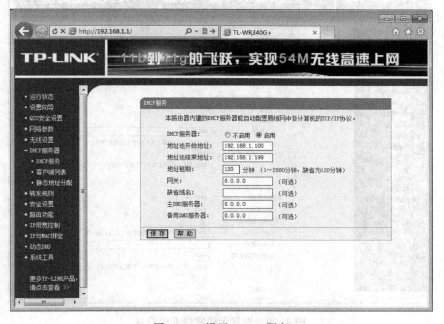

图 4-27　设置 DHCP 服务

5）设置无线网络参数（SSID 号、安全类型等），如图 4-28 和图 4-29 所示。

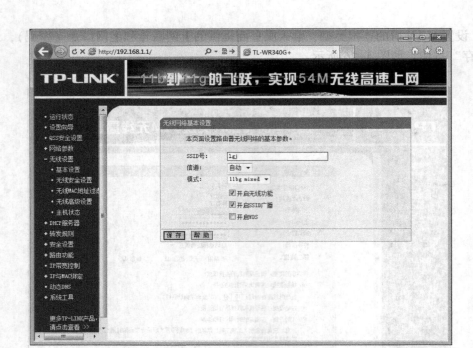

图 4-28　设置无线网络基本参数

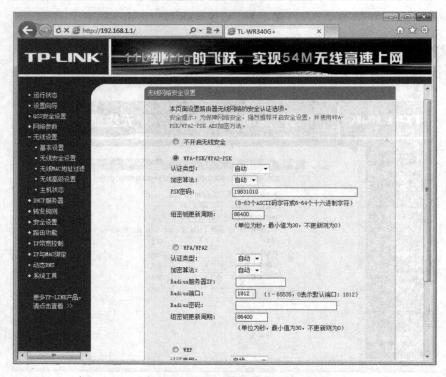

图 4-29　设置无线网络安全设置

6）查看运行状态，如图 4-30 所示。

84

图 4-30　查看运行状态

7）重启路由器使配置生效。

3. 对无线网客户端 PC 进行设置

1）安装客户端 PC 的无线网卡驱动程序（如 PC 自带无线网卡，则无须安装）。

2）在 Windows 系统的任务栏中会出现一个"无线网络连接"图标（在"网络连接"窗口中也会增加"无线网络连接"图标）。单击该图标，在弹出的对话框中会显示搜索到的可用无线网络。选中刚才设置的网络，单击"连接"按钮，在弹出的"连接到网络"对话框中输入安全密钥，如图 4-31 所示，验证成功后即可连接到该无线网络中。

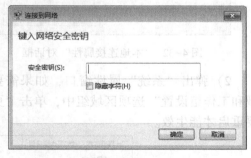

图 4-31　"连接到网络"对话框

4. 测试连通性

1）在各 PC 上运行 ipconfig 命令，查看并记录计算机 PC_1、PC_2 和 PC_3 的无线网卡所分配到的 IP 地址。

2）用 ping 命令测试各 PC 之间的连通性。

【思考与讨论】组建该小型无线局域网时，可以采用"无线路由器+无线网卡"连接模式，也可以采用"无线 AP+无线网卡"连接模式。这两种连接模式有何不同？如果采用无线 AP 组网，无线 AP 应该如何设置？如何与无线网卡建立连接？

4.5 项目拓展：共享网络文件夹

在"4.4.1 任务：组建小型有线局域网"中，学习了如何组建小型局域网并共享打印机设备。那么，如果想在局域网中共享文件资源，该如何设置呢？下面介绍在局域网中共享网络文件夹的方法。

1. 确定已安装"Microsoft 网络文件和打印机共享"

在"本地连接属性"对话框中查看是否已安装"Microsoft 网络文件和打印机共享"，如图 4-32 所示。如未安装，则需安装。

2. 确定联网的各计算机的工作组名称一致

1) 单击"开始"按钮，右击"计算机"命令，选择"属性"命令，如图 4-33 所示。

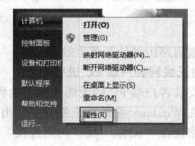

图 4-32　"本地连接属性"对话框　　　　　　图 4-33　选择"属性"

2) 弹出"系统"属性窗口，如果需要对"工作组"进行修改，可在"计算机名称、域和工作组设置"选项区域组中，单击"更改设置"进行更改，如图 4-34 所示，完成后需要重启才能生效。

图 4-34　计算机名称、域和工作组的设置更改

3. 更改 Windows 7 的相关设置

1) 选择"控制面板"→"网络和共享中心"→"更改高级共享设置"，如图 4-35 所示。

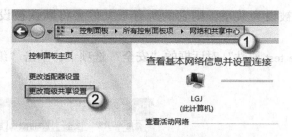

图 4-35　选择"更改高级共享设置"

2）在弹出的对话框中选中"启用网络发现""启用文件和打印机共享""启用共享以便可以访问网络的用户可以读取和写入公用文件夹中的文件""关闭密码保护共享""允许Windows 管理家庭组连接（推荐）"单选按钮，如图 4-36 所示。

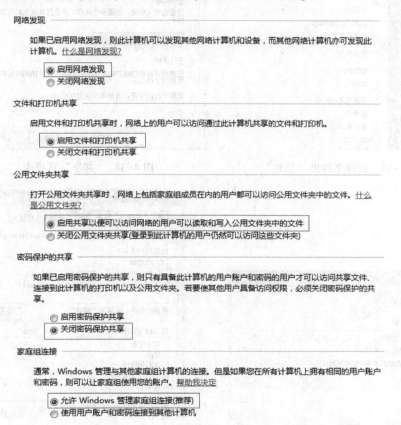

图 4-36　更改高级共享设置

4. 共享文件夹设置

1）右击需要共享的文件夹，在弹出的下拉菜单中选择"属性"命令，如图 4-37 所示。

2）在打开的"share test 属性"对话框中选择"共享"选项卡，单击"高级共享"按钮，如图 4-38 所示。

3）在"高级共享"对话框中选中"共享此文件夹"复选按钮，单击"确定"按钮

87

退出（如果某文件夹被设为共享，则它的所有子文件夹将默认被设为共享），如图 4-39 所示。

4）切换到"share test 属性"对话框的"安全"选项卡，单击"编辑"按钮，如图 4-40 所示。

图 4-37 选择文件夹"属性"

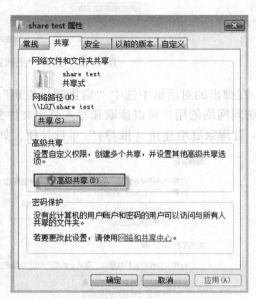

图 4-38 "共享"选项卡

图 4-39 "高级共享"对话框

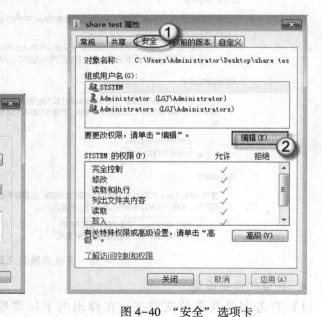

图 4-40 "安全"选项卡

5）在弹出的"share test 的权限"对话框中单击"添加"按钮，如图 4-41 所示。

6）在弹出的"选择用户或组"对话框中，在"输入对象名称来选择"的文本框中输入"Everyone"，再单击"检查名称"→"确定"，如图 4-42 所示。

图 4-41 "权限"对话框

图 4-42 "选择用户和组"对话框

7）在"组或用户名"列表中选中"Everyone"，在"Everyone 的权限"选择栏内选中将要赋予 Everyone 的权限复选，如图 4-43 所示。

5. 设置防火墙

选择"控制面板"→"Windows 防火墙"→"允许程序通过 Windows 防火墙通信"→"文件和打印机共享"，设置允许文件和打印机共享可通过防火墙进行通信，如图 4-44 所示。如果不允许通过防火墙进行通信，那么无法实现共享。

图 4-43　设置 Everyone 的权限

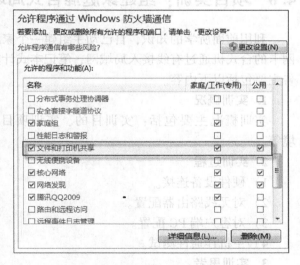

图 4-44　设置防火墙

6. 验证共享的文件夹

完成共享文件夹的设置后，在同一网络中其他计算机就可以查看该共享文件夹。

1）双击桌面的"网络"图标按钮，在打开的"网络"窗口中可以看到局域网内的所有计算机，如图 4-45 所示。

图 4-45 "网络" 窗口

2）双击要访问的计算机，就可以看到该计算机上面共享的文件夹了，双击即可进行访问，如图 4-46 所示。

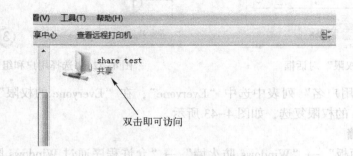

图 4-46 访问共享的文件夹

4.6 项目实训：组建家庭混合式局域网

利用前面所学的知识，自己动手组建一个家庭有线和无线混合式局域网，使得没有无线网卡的台式机通过有线接入局域网，笔记本式计算机通过无线路由器实现无线接入。实训报告主要包括以下内容。

1. 实训概况

实训概况主要包括：实训目的、实训项目（内容）、实训地点、实训时间和实训环境等。

2. 实训过程

1）硬件设备连接。

2）对无线路由器配置。

3）对客户端 PC 配置。

4）主机连通性测试。

3. 实训思考

1）本次实训采用了哪种网络拓扑结构？这种拓扑结构有什么特点？

2）有线的台式机与无线的笔记本式计算机之间能互通吗？为什么？

4. 实训心得

请阐述完成该实训后的心得和体会。

项目 5　使用网络调试命令检测网络故障

【学习目标】

1. 知识目标

⊥ 了解计算机网络中经常出现的故障现象。

⊥ 认识常用的网络调试命令。

⊥ 掌握排除网络故障的常用方法。

2. 能力目标

⊥ 能够灵活运用各种网络调试命令检测常见的网络故障。

⊥ 能够按照一定的方法和步骤来排查和解决网络故障问题。

3. 素质目标

⊥ 培养高度的责任感和良好的分析解决问题能力。

⊥ 培养良好的质量意识和安全意识。

5.1　项目描述

假如你是 ABC 公司的网络管理员，现有部分办公计算机出现了以下网络问题：

1）有 1 台新购置的办公计算机 A，断开网络时性能参数一切正常，但接入网络后运行速度明显变慢，有时甚至出现鼠标延迟响应的情况。

2）有 1 台办公计算机 B，能够正常上网，但在"网上邻居"中无法看到局域网中的其他计算机，也无法用 ping 命令连通。

3）某部门办公室内有 8 台计算机，这 8 台计算机均无法访问外部网络，但办公室内的计算机可以互相访问。

针对以上问题，请你检测出故障原因并将之排除。

5.2　项目分析

随着计算机网络的普及和广泛应用，计算机网络在运行过程中出现一些故障也是在所难免的。网络管理员除了使用各种软/硬件测试工具之外，还可利用操作系统本身内置的一些网络命令，对网络故障进行检测与维护。

为了快速高效地解决公司出现的各种网络故障，掌握这些命令的功能和使用格式显得尤为重要。例如，使用 ping 命令可以检查网络是否通畅或者网络连接速度，使用 ipconfig 命令可以查看当前主机 TCP/IP 配置的设定值（包括 IP 地址、子网掩码和默认网关等），使用 tracert 命令可以跟踪 IP 数据包到达目的主机所经过的路径，使用 arp 命令可以查看或修改当前主机或另一台计算机的 ARP（地址解析协议）高速缓存中的信息，使用 netstat 命令可以查看本机各端口的网络连接的详细情况。此外，还需要灵活使用常见网络故障的排查步骤及方法，才能够达到事半功倍的效果。

5.3 知识准备

5.3.1 常用的网络调试命令

1. ping 命令

ping 命令是在网络维护管理过程中使用频率最高的一个命令，通过该命令可以较为有效地检测出两台配置了 TCP/IP 的主机之间的连通情况。

在默认的情况下，当前主机运行 ping 命令时会自动发送 4 个数据包（ICMP 回送请求）到目标主机，每个数据包 32 字节，如果连接正常将会接收到 4 个应答，并以毫秒（ms）为单位测算出从发送请求到接收到应答的时间间隔。

（1）语法格式

ping [−t] [−a] [−n count] [−lsize] [−f] [−i TTL] [−v TOS] [−r count] [−s count] [−j host−list] |
[−k host−list] [−w timeout] target−name

在"命令行提示符"下运行命令：ping，可得到 ping 命令用法的详细说明，如图 5-1所示。

图 5-1　ping 命令执行结果

（2）参数说明

1）−t：连续对 IP 地址执行 ping 命令，直到被用户以〈Ctrl+C〉中断。

2）−a：将地址解析为计算机 NetBIOS 名。

3）–n count：执行特定次数的 ping 命令。发送 count 指定的 ECHO 数据包时，通过这个命令可以自己定义发送的个数，对衡量网络速度很有帮助，能够测试发送数据包的返回平均时间以及最快和最慢时间，默认值为 4。

4）–l size：发送指定数据量的 ECHO 数据包。默认为 32 B，最大值是 65 500 B。

5）–f：在数据包中发送"不要分段"标志，数据包就不会被路由上的网关分段。通常发送的数据包都会通过路由分段再发送给对方，加上此参数以后路由就不会再分段处理。

6）–i TTL：将"生存时间"字段设置为 TTL 指定的值。指定 TTL 值在对方的系统里停留的时间，同时检查网络运转情况。

7）–v TOS：将"服务类型"字段设置为 TOS 指定的值。

8）–r count：在"记录路由"字段中记录传出和返回数据包的路由。通常情况下，发送的数据包是通过一系列路由才到达目标地址的，通过此参数可以设定经过路由的个数，限定最多能跟踪到 9 个路由。

9）–s count：指定 count 代表的跃点数的时间戳，此参数和–r count 相似，只是这个参数不记录数据包返回所经过的路由，最多也只记录 4 个路由。

10）–j host-list：利用 host-list 指定的计算机列表路由数据包。连续计算机可以被中间网关分隔（路由稀疏源）时 IP 允许的最大数量为 9。

11）–k host-list：利用 host-list 指定的计算机列表路由数据包。连续计算机不能被中间网关分隔（路由严格源）时 IP 允许的最大数量为 9。

12）–w timeout：利用 timeout 指定超时间隔，单位为毫秒（ms）。

13）target_name：指定使用 ping 命令的远程计算机。

2. ipconfig 命令

通过 ipconfig 命令可查看当前主机 TCP/IP 配置的设定值，包括 IP 地址、子网掩码和默认网关等。该命令除了可以检测 TCP/IP 设置是否正确以外，还适用于局域网中使用了 DHCP（动态主机配置协议）的情况。在 Linux 系统中，使用 ifconfig 命令也能实现类似的功能。

（1）ipconfig

若使用 ipconfig 时不带任何参数选项，则它为每个已经配置后的接口显示 IP 地址、子网掩码和默认网关值。

（2）ipconfig /all

当使用 all 选项时，ipconfig 能为 DNS 和 WINS 服务器显示它已配置且所要使用的附加信息（如 IP 地址等），并且显示内置于本地网卡中的物理地址（MAC）。如果 IP 地址是从 DHCP（动态主机配置协议）服务器租用的，ipconfig 将显示 DHCP 服务器的 IP 地址和所租用地址预计失效的日期。

（3）ipconfig /release 和 ipconfig /renew

这是两个附加选项，只能在向 DHCP 服务器租用其 IP 地址的计算机上起作用。如果输入 ipconfig /release，那么所有接口的租用 IP 地址便被重新交付给 DHCP 服务器（归还 IP 地址）。如果输入 ipconfig /renew，那么本地计算机便设法与 DHCP 服务器取得联系，并租用一个 IP 地址。注意大多数情况下网卡将被重新赋予与以前所赋予相同的 IP 地址。

3. tracert 命令

在命令行提示符中运行 tracert 命令，可用于跟踪 IP 数据包到达目标 IP 地址的路径信息，对于检查网络的连通性相当实用。tracert 命令是通过生存时间（每经过一个路由器时节点自动加 1）、ICMP 数据包应答时间（3 次，以 ms 为单位）和途经的路由器 IP 地址来确定从一台主机发送数据包到另一台主机的路由信息。

（1）语法格式

> tracert [−d] [−h maximum_hops] [−j host−list] [−w timeout] target_name

在"命令行提示符"下运行命令：tracert，可得到 tracert 命令用法的详细说明，如图 5-2 所示。

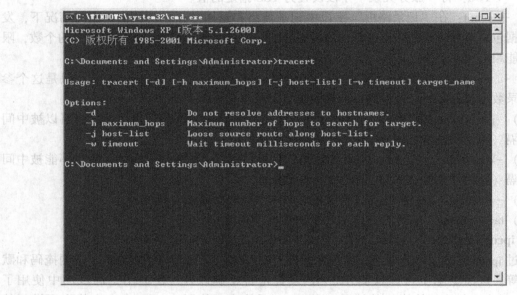

图 5-2　tracert 命令执行结果

（2）参数说明

1）−d：指定不将中间路由器的 IP 地址解析为它们的计算机名，这样可加速显示 tracert 的结果。

2）−h maximum_hops：指定目的的路径中存在的跃点的最大数，默认值为 30。

3）−j host−list：将 IP 报头中的松散源路由选项与 host−list 中指定的中间目标集一起使用。使用松散源路由时，连续的中间目标可以由一个或多个路由器分隔开。host−list 中的地址或名称的最大数量为 9。host−list 是一系列由空格分隔的 IP 地址（用带点的十进制符号表示），仅当跟踪 IPv4 地址时才使用该参数。

4）−w timeout：指定等待"ICMP 已超时"或"回显应答"消息的时间（以 ms 为单位）。如果超时时间内未收到消息，则显示一个星号（ ＊）。默认的超时时间为 4000 ms（4 s）。

5）target_name：目标主机的名称或 IP 地址。

4. arp 命令

arp 命令的作用主要是读取或修改当前主机或另一台计算机的 ARP 高速缓存中的信息。ARP 缓存中包含一个或多个表，用于存放所获得的 IP 地址与其物理地址（MAC）之间的对应关系。

（1）语法格式

arp –s inet_addr eth_addr [if_addr]

arp –d inet_addr [if_addr]

arp –a [inet_addr] [–N if_addr] [–v]

在"命令行提示符"下运行命令：arp，可得到 arp 命令用法的详细说明，如图 5–3 所示。

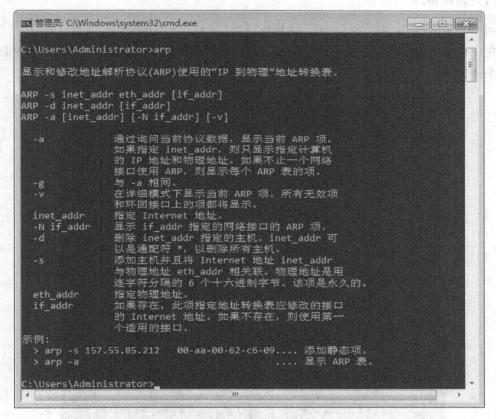

图 5–3　arp 命令执行结果

（2）参数说明

1）arp –a 或 arp –g：用于查看高速缓存中的所有项目。–a 和–g 参数的结果是一样的，多年来–g 一直是 UNIX 平台上用来显示 ARP 高速缓存中所有项目的选项，而 Windows 用的是–a（–a 可被视为 all，即全部的意思），但它也可以接受比较传统的–g 选项。

2）–v：在详细模式下显示当前 ARP 项。所有无效项和环回端口上的项都将显示。

3）inet_addr：指定 Internet 地址。

4）–N if_addr：显示 if_addr 指定的网络端口的 ARP 项。

5）–d：删除 inet_addr 指定的主机。inet_addr 可以是通配符 *，表示删除所有主机。

6）–s：添加主机并且将 Internet 地址 inet_addr 与物理地址 eth_addr 相关联，物理地址是用连字符分隔的 6 个十六进制字节，该项是永久的。

7）eth_addr：指定物理地址。

8）if_addr：如果存在此项，此项用以指定地址转换表应修改的端口的 Internet 地址。如果不存在此项，则使用第一个适用的端口。

5. netstat 命令

netstat 网络测试命令可以帮助计算机用户详细了解计算机网络的整体使用情况，能显示出与 IP、TCP、UDP 和 ICMP 相关的统计数据。

（1）语法格式

netstat [–a] [–b] [–e] [–n] [–o] [–p proto] [–r] [–s] [–v] [interval]

在"命令行提示符"下运行命令：netstat /?，可得到关于 netstat 命令用法的详细说明，如图 5-4 所示。

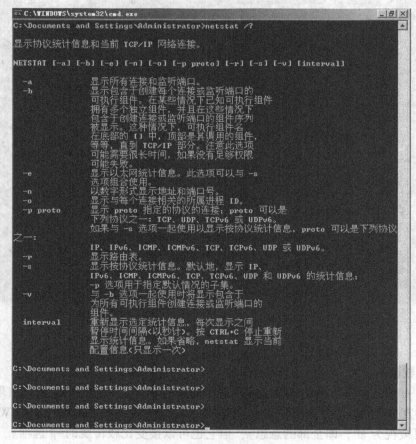

图 5-4　netstat /? 命令执行结果

（2）参数说明

1）-a：显示所有活动的 TCP 连接以及计算机侦听的 TCP 和 UDP 端口。

2）-e：显示以太网统计信息，如发送和接收的字节数及数据包数。该参数可以与-s 结合使用。

3）-n：显示活动的 TCP 连接。不过只以数字形式表现地址和端口号，不确定其名称。

4）-o：显示活动的 TCP 连接并包括每个连接的进程 ID。可以在 Windows 任务管理器中的"进程"选项卡上找到基于 PID（进程识别号）的应用程序。该参数可以与-a、-n 和-p 结合使用。

5）-p proto：显示 Proto 所指定的协议的连接。在这种情况下，proto 可以是 TCP、UDP、TCPv6 或 UDPv6。如果该参数与-s 一起使用按协议显示统计信息，则 proto 可以是 TCP、UDP、ICMP、IP、TCPv6、UDPv6、ICMPv6 或 IPv6。

6）-r：显示 IP 路由表的内容。该参数与 route print 命令等价。

7）-s：按协议显示统计信息。默认情况下，显示 TCP、UDP、ICMP 和 IP 的统计信息。如果安装了 IPv6，就会显示 IPv6 上的 TCP、IPv6 上的 UDP、ICMPv6 和 IPv6 的统计信息。可以使用-p 参数指定协议集。

8）interval：每隔 interval 秒重新显示一次选定的信息。按〈Ctrl+C〉可不再重新显示统计信息。如果省略该参数，netstat 将只打印一次选定的信息。

5.3.2 常见的网络故障和排除方法

1. 常见的网络故障

随着网络技术的不断发展和新/旧网络体系的交织融合，计算机网络故障具有多样性和复杂性。按照网络故障的性质可以分成物理故障和逻辑故障两种。

物理故障是指网络设备或传输介质的损坏、接口的松动及传输介质受到较严重电磁波干扰等故障。例如：线路故障、路由器故障和主机故障等。

逻辑故障是指由于网络设备的不正确配置而引发的网络异常或故障现象。例如：网络协议故障、路由配置错误及重要进程或端口的误关闭等。

2. 排除网络故障的一般方法

在日常的网络维护管理中出现故障是在所难免的，重要的是如何快速确定故障类型并将之有效排除。作为网络管理人员应具备相应的网络维护知识和配备合适的工具，以能及时、有效地排查问题，以保证网络连接的质量。

出现网络故障时，可参照以下步骤进行诊断排查工作。

1）诊断线路的连接情况。在开机状态下观察网卡指示灯的颜色，比如集成网卡会有两个指示灯，绿色指示灯表示计算机的主板是否已经供电（处于待机状态），而黄色指示灯则表示网络连接是否正常。如果只有绿灯亮而黄灯不亮，则可判定网络连接不通，这时可使用测试仪测试网线，并检查网卡是否有故障。一般情况下网卡坏的可能性较低，多数是网线出了问题。

2）判断本地计算机是否有问题。如果排除了线路问题后依然不能上网，则很可能是本地计算机出现异常。确定是否本地计算机出现问题最简便的方法则是观察同一局域网上的设备是否出现同样的故障。

3）确定是网卡故障还是 IP 参数配置不当。若确定为本地计算机问题，则可以查看网卡指示灯和系统设备表中网卡状态信息，以判断网卡的驱动程序是否正确安装以及网卡能否正常工作。同时使用 ping 和 ipconfig 等调试命令查看和测试 TCP/IP 参数配置是否正确，主要包括：IP 地址、子网掩码、网关和 DNS 服务器地址等。

4）检查本地计算机的软件配置情况。若本地计算机的网络配置参数没有问题，则可以检查系统安全设置与本地应用程序之间是否存在冲突，例如：用户权限限制、组策略配置限制和防火墙策略限制等。除此以外，还可检查应用程序本身的配置是否有误、是否与其他程序冲突及所依赖的系统服务是否正常等。

5）检查计算机是否出现了安全问题。若计算机出现了安全问题，有时候影响的不仅是某个用户，甚至会对整个区域的网络造成很大的破坏。常见的安全问题包括：计算机病毒的感染、黑客的入侵、系统本身的安全漏洞、局域网内部的"交叉感染"及各类恶意攻击等。

5.4 项目实现

5.4.1 任务：使用 ping 命令

正常情况下，当用户需要查找问题或检验网络运行情况时，需要使用许多 ping 命令，如果所有都运行正常，就可以证明基本的连通性和配置参数合理；如果某些 ping 命令出现运行故障，它会指明到何处去查找问题。下面就给出一个典型的检测次序及对应的可能故障。

1. ping 127.0.0.1

这个命令的数据包被送到本机，主要用来检查网络适配器和 TCP/IP 是否加载成功。如果能用 ping 命令连通，说明 TCP/IP 协议栈没问题；如果不能用 ping 命令连通，就表示 TCP/IP 的安装或运行存在某些问题。

2. ping localhost

localhost 是个网络操作系统的保留名，它是 127.0.0.1 的别名，每台计算机都应该能够将该名字转换成该地址。如果没有做到这一点，则表示主机文件（/Windows/host）中存在问题。

3. ping 本机 IP

这个命令用于检查本机的 IP 地址是否设置有误，计算机始终都应该对该 ping 命令做出应答，如果没有，则表示本地配置或安装存在问题。出现此问题时，局域网用户请断开网络电缆，然后重新发送该命令。如果网线断开后本命令正确，则表示另一台计算机可能配置了相同的 IP 地址（本机 IP 可以通过在本机运行 ipconfig 命令查得）。

4. ping 局域网内其他 IP

这个命令应该离开用户所使用的计算机，经过网卡及网络电缆到达其他计算机，再返回。收到应答表明本地网络中的网卡和载体运行正确。但如果收到 0 个应答，那么表示子网掩码（进行子网分割时，将 IP 地址的网络部分与主机部分分开的代码）不正确、网卡配置错误或电缆系统有问题（局域网内其他 IP 可以通过别的计算机运行 ipconfig 命令查得）。

5. ping 网关 IP

如果对这个命令应答正确，表示局域网中的网关路由器正在运行并能够做出应答（网关 IP 可以通过本机运行 ipconfig 命令查得）。

6. ping 远程 IP

如果收到 4 个应答，表示成功地使用了默认网关。对于拨号上网用户则表示能够成功地访问 Internet，但不排除 ISP（互联网服务提供商）的 DNS（域名系统）会有问题。

7. ping www. xxx. com（如 www. 163. com）

对这个域名执行 ping www. xxx. com 地址，通常是通过 DNS 服务器。如果这里出现故障，则表示 DNS 服务器的 IP 地址配置不正确或 DNS 服务器有故障（对于拨号上网用户，某些 ISP 已经不需要设置 DNS 服务器了）。这样也可以利用该命令实现域名到 IP 地址的解析功能。

如果上面所列出的所有 ping 命令都能正常运行，那么对自己的计算机进行本地和远程通信的功能基本确认。但是，这些命令的成功并不表示本机所有的网络配置都没有问题，例如某些子网掩码错误就可能无法用这些方法检测到。

【思考与讨论】如果我们使用 ping 命令测试时，返回的信息为 Request timed out，故障可能出现在哪些方面？

5. 4. 2　任务：使用 ipconfig 命令

1. 查看 ipconfig 命令的帮助信息

在"开始"菜单中输入"cmd"以运行命令，打开"命令行提示符"窗口，运行命令：ipconfig /?，将显示出 ipconfig 命令的帮助信息，如图 5-5 所示。

2. 查看当前主机的基本 TCP/IP 配置信息

在"命令行提示符"下运行命令：ipconfig，可查看当前主机的基本 TCP/IP 配置信息，执行结果如图 5-6 所示。

执行结果显示了当前主机的 IP 地址为 172. 20. 51. 96，子网掩码为 255. 255. 255. 0，默认网关为 172. 20. 51. 2。

3. 查看当前主机的详细 TCP/IP 配置信息

在"命令行提示符"下运行命令：ipconfig /all，可查看当前主机的详细 TCP/IP 配置信息，执行效果如图 5-7 所示。

执行结果表明，使用 all 选项后，除了显示 IP 地址、子网掩码和默认网关等基本信息外，还会显示主机名称（Kcw-PC），网卡物理地址（C8-1F-66-2C-04-B1），DHCP 服务器地址（172. 20. 51. 201）等详细信息。

4. 释放本机的网卡配置信息

在"命令行提示符"下运行命令：ipconfig/release，可释放本机的网卡配置信息，执行结果如图 5-8 所示。

从图 5-8 中可以看到，网卡中的配置信息全部被清除了。

5. 更新本地连接的 IP 配置信息

在"命令行提示符"下运行命令：ipconfig /renew，即可更新本地连接的 IP 配置信息，执行结果如图 5-9 所示。

```
C:\Users\Kcw>ipconfig/?

用法:
    ipconfig [/allcompartments] [/? | /all |
                                 /renew [adapter] | /release [adapter] |
                                 /renew6 [adapter] | /release6 [adapter] |
                                 /flushdns | /displaydns | /registerdns |
                                 /showclassid adapter |
                                 /setclassid adapter [classid] |
                                 /showclassid6 adapter |
                                 /setclassid6 adapter [classid] ]

其中
    adapter             连接名称
                        <允许使用通配符 * 和 ?，参见示例>

选项:
    /?                  显示此帮助消息。
    /all                显示完整配置信息。
    /release            释放指定适配器的 IPv4 地址。
    /release6           释放指定适配器的 IPv6 地址。
    /renew              更新指定适配器的 IPv4 地址。
    /renew6             更新指定适配器的 IPv6 地址。
    /flushdns           清除 DNS 解析程序缓存。
    /registerdns        刷新所有 DHCP 租约并重新注册 DNS 名称
    /displaydns         显示 DNS 解析程序缓存的内容。
    /showclassid        显示适配器的所有允许的 DHCP 类 ID。
    /setclassid         修改 DHCP 类 ID。
    /showclassid6       显示适配器允许的所有 IPv6 DHCP 类 ID。
    /setclassid6        修改 IPv6 DHCP 类 ID。

默认情况下，仅显示绑定到 TCP/IP 的适配器的 IP 地址、子网掩码和
默认网关。

对于 Release 和 Renew，如果未指定适配器名称，则会释放或更新所有绑定
到 TCP/IP 的适配器的 IP 地址租约。

对于 Setclassid 和 Setclassid6，如果未指定 ClassId，则会删除 ClassId。

示例:
    > ipconfig                          ... 显示信息
    > ipconfig /all                     ... 显示详细信息
    > ipconfig /renew                   ... 更新所有适配器
    > ipconfig /renew EL*               ... 更新所有名称以 EL 开头
                                            的连接
    > ipconfig /release *Con*           ... 释放所有匹配的连接，
                                            例如 "Local Area Connection 1" 或
                                                 "Local Area Connection 2"
    > ipconfig /allcompartments         ... 显示有关所有分段的
                                            信息
    > ipconfig /allcompartments /all    ... 显示有关所有分段的
                                            详细信息
```

图 5-5 ipconfig/? 命令执行结果

```
C:\Users\Kcw>ipconfig

Windows IP 配置

以太网适配器 本地连接:

   连接特定的 DNS 后缀 . . . . . . . : hj
   本地链接 IPv6 地址. . . . . . . . : fe80::89cb:bc04:3f62:3ef6%11
   IPv4 地址 . . . . . . . . . . . . : 172.20.51.96
   子网掩码  . . . . . . . . . . . . : 255.255.255.0
   默认网关. . . . . . . . . . . . . : 172.20.51.2

隧道适配器 isatap.hj:

   媒体状态  . . . . . . . . . . . . : 媒体已断开
   连接特定的 DNS 后缀 . . . . . . . :

隧道适配器 Teredo Tunneling Pseudo-Interface:

   连接特定的 DNS 后缀 . . . . . . . :
   IPv6 地址 . . . . . . . . . . . . : 2001:0:9d38:953c:1000:b219:86f0:2538
   本地链接 IPv6 地址. . . . . . . . : fe80::1000:b219:86f0:2538%12
   默认网关. . . . . . . . . . . . . : ::
```

图 5-6 ipconfig 命令执行结果

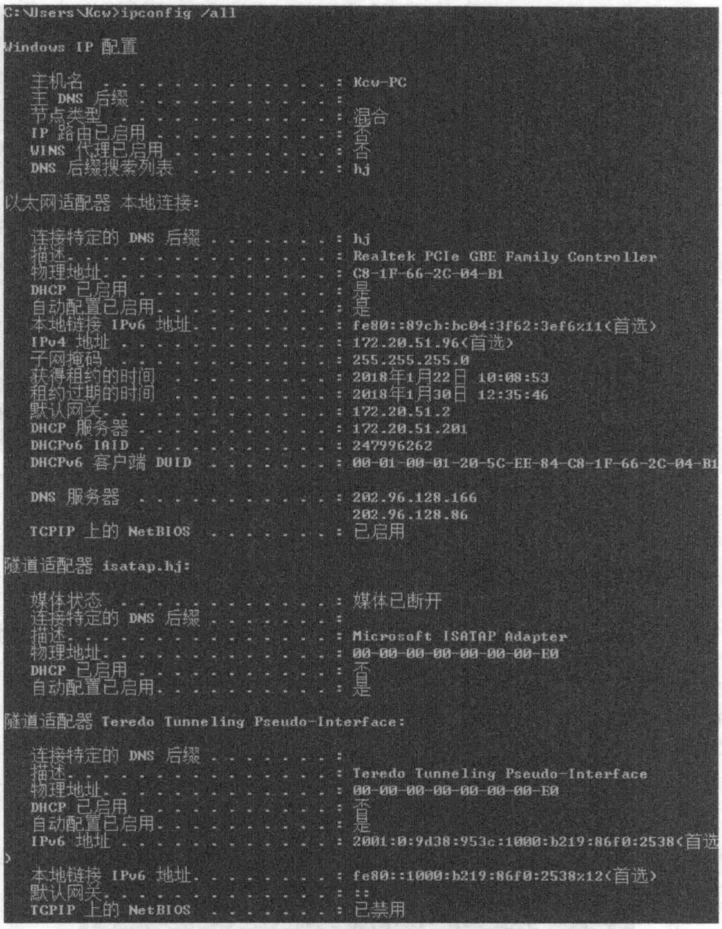

图 5-7 ipconfig /all 命令执行结果

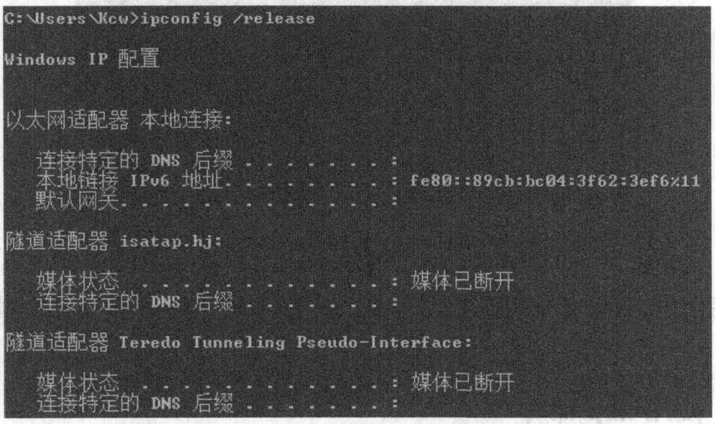

图 5-8 ipconfig /release 命令执行结果

【思考与讨论】有的计算机在控制台中使用命令 ipconfig 时，会出现 "'ipconfig'不是内部或外部命令，也不是可运行的程序"错误提示，这是什么原因造成的？应该如何解决？

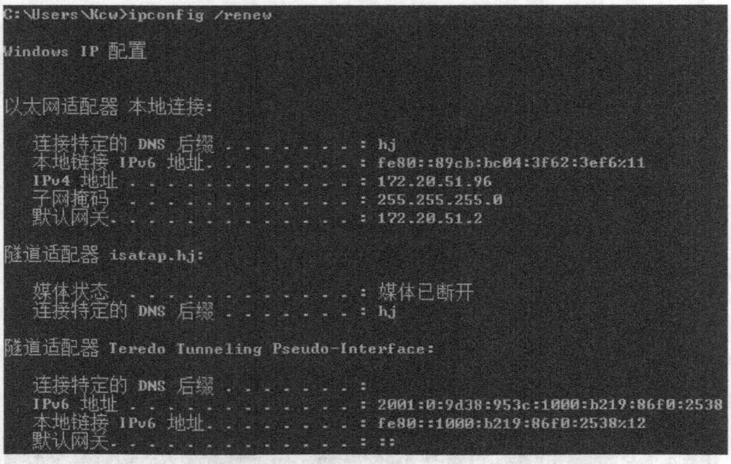
```
C:\Users\Kcw>ipconfig /renew

Windows IP 配置


以太网适配器 本地连接:

   连接特定的 DNS 后缀 . . . . . . . : hj
   本地链接 IPv6 地址. . . . . . . . : fe80::89cb:bc04:3f62:3ef6%11
   IPv4 地址 . . . . . . . . . . . . : 172.20.51.96
   子网掩码 . . . . . . . . . . . . : 255.255.255.0
   默认网关. . . . . . . . . . . . . : 172.20.51.2

隧道适配器 isatap.hj:

   媒体状态 . . . . . . . . . . . . : 媒体已断开
   连接特定的 DNS 后缀 . . . . . . . : hj

隧道适配器 Teredo Tunneling Pseudo-Interface:

   连接特定的 DNS 后缀 . . . . . . . :
   IPv6 地址 . . . . . . . . . . . . : 2001:0:9d38:953c:1000:b219:86f0:2538
   本地链接 IPv6 地址. . . . . . . . : fe80::1000:b219:86f0:2538%12
   默认网关. . . . . . . . . . . . . : ::
```

图 5-9　命令 ipconfig /renew 执行结果

5.4.3　任务：使用 tracert 命令

使用 tracert 命令可跟踪当前主机到目标主机（如 www.baidu.com）的路由情况。为提高 tracert 显示速度，可指定不解析中间路由器 IP 地址对应的主机名，在“命令行提示符”下运行命令：tracert -d www.baidu.com，执行结果如图 5-10 所示。

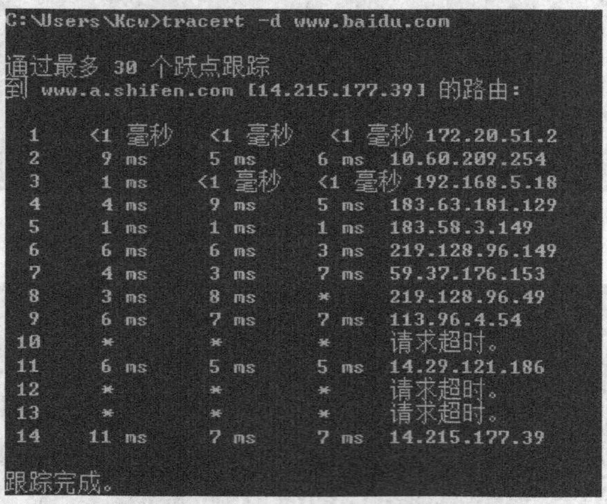
```
C:\Users\Kcw>tracert -d www.baidu.com

通过最多 30 个跃点跟踪
到 www.a.shifen.com [14.215.177.39] 的路由:

  1    <1 毫秒   <1 毫秒   <1 毫秒 172.20.51.2
  2     9 ms     5 ms     6 ms  10.60.209.254
  3     1 ms    <1 毫秒   <1 毫秒 192.168.5.18
  4     4 ms     9 ms     5 ms  183.63.181.129
  5     1 ms     1 ms     1 ms  183.58.3.149
  6     6 ms     6 ms     3 ms  219.128.96.149
  7     4 ms     3 ms     7 ms  59.37.176.153
  8     3 ms     8 ms     *     219.128.96.49
  9     6 ms     7 ms     7 ms  113.96.4.54
 10     *        *        *     请求超时。
 11     6 ms     5 ms     5 ms  14.29.121.186
 12     *        *        *     请求超时。
 13     *        *        *     请求超时。
 14    11 ms     7 ms     7 ms  14.215.177.39

跟踪完成。
```

图 5-10　tracert -d www.baidu.com 命令执行结果

【思考与讨论】使用 tracert 命令跟踪数据包时，为什么其中某一跳“请求超时”时，还能继续跟踪下一跳？

5.4.4　任务：使用 arp 命令

使用 arp 命令可查看当前所有接口的 ARP 缓存表信息，再将 IP 地址（如 192.168.1.8）解析成物理地址（如 00-30-da-2a-46-20），然后将该 IP 的 arp 静态绑定删除。具体操作如下。

1. 查看当前所有接口的 ARP 缓存表信息

在"命令行提示符"下运行命令：arp -a，可查看本机所有接口的 ARP 缓存表信息，执行结果如图 5-11 所示。

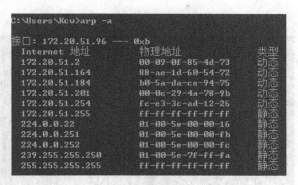

图 5-11 arp -a 命令的执行结果

2. 增加一个 IP 地址与 MAC 地址的静态绑定

在"命令行提示符"下运行命令：arp -s 192.168.1.8 00-30-da-2a-46-20，可将 IP 地址（192.168.1.8）与 MAC 地址（00-30-da-2a-46-20）进行静态绑定，并通过 arp -a 查看是否绑定成功，运行结果如图 5-12 所示。

```
C:\Users\Kcw>arp -s 192.168.1.8 00-30-da-2a-46-20

C:\Users\Kcw>arp -a

接口: 172.20.51.96 --- 0xb
Internet 地址          物理地址              类型
172.20.51.2           00-09-0f-85-4d-73    动态
172.20.51.64          a4-1f-72-62-6e-06    动态
172.20.51.103         78-45-c4-3b-b6-cc    动态
172.20.51.106         78-45-c4-1b-0d-4a    动态
172.20.51.107         f0-76-1c-84-c7-88    动态
172.20.51.112         d4-be-d9-cb-da-8e    动态
172.20.51.154         ba-cb-6d-2b-5e-a8    动态
172.20.51.162         50-7b-9d-13-32-10    动态
172.20.51.164         88-ae-1d-60-54-72    动态
172.20.51.168         f8-a9-63-70-3b-ea    动态
172.20.51.169         f8-bc-12-5a-c2-0f    动态
172.20.51.170         00-e0-4e-36-71-24    动态
172.20.51.172         f8-bc-12-5a-73-7e    动态
172.20.51.173         68-f7-28-d3-b1-d6    动态
172.20.51.176         2c-60-0c-e8-cc-59    动态
172.20.51.179         1c-b7-2c-2c-5d-f1    动态
172.20.51.184         b0-5a-da-ce-94-75    动态
172.20.51.189         1c-b7-2c-9a-c5-5a    动态
172.20.51.191         1c-b7-2c-93-41-7a    动态
172.20.51.192         ec-f4-bb-93-93-5a    动态
172.20.51.193         20-1a-06-1c-46-6a    动态
172.20.51.201         00-0c-29-4a-78-9b    动态
172.20.51.205         7c-d3-0a-b2-b0-7c    动态
172.20.51.254         fc-e3-3c-ad-12-26    动态
172.20.51.255         ff-ff-ff-ff-ff-ff    静态
192.168.1.8           00-30-da-2a-46-20    静态
224.0.0.22            01-00-5e-00-00-16    静态
224.0.0.251           01-00-5e-00-00-fb    静态
224.0.0.252           01-00-5e-00-00-fc    静态
239.255.255.250       01-00-5e-7f-ff-fa    静态
255.255.255.255       ff-ff-ff-ff-ff-ff    静态
```

图 5-12 增加一个 IP 地址与 Mac 地址的静态绑定

3. 删除 IP 地址的 arp 静态绑定

在"命令行提示符"下运行命令：arp -d 192.168.1.8，删除对 IP 地址（192.168.1.8）的 arp 静态绑定，并通过 arp -a 命令查看执行后的 ARP 缓存表信息，运行结果如图 5-13 所示。

```
C:\Users\Kcw>arp -d 192.168.1.8

C:\Users\Kcw>arp -a

接口: 172.20.51.96 --- 0xb
  Internet 地址         物理地址              类型
  172.20.51.2          00-09-0f-85-4d-73     动态
  172.20.51.64         a4-1f-72-62-6e-06     动态
  172.20.51.103        78-45-c4-3b-b6-cc     动态
  172.20.51.106        78-45-c4-1b-0d-4a     动态
  172.20.51.107        f0-76-1c-84-c7-88     动态
  172.20.51.112        d4-be-d9-cb-da-8e     动态
  172.20.51.154        ba-cb-6d-2b-5e-a8     动态
  172.20.51.162        50-7b-9d-13-32-10     动态
  172.20.51.164        88-ae-1d-60-54-72     动态
  172.20.51.168        f8-a9-63-70-3b-ea     动态
  172.20.51.169        f8-bc-12-5a-c2-0f     动态
  172.20.51.170        00-e0-4e-36-71-24     动态
  172.20.51.172        f8-bc-12-5a-73-7e     动态
  172.20.51.173        68-f7-28-d3-b1-d6     动态
  172.20.51.176        2c-60-0c-e8-cc-59     动态
  172.20.51.179        1c-b7-2c-2c-5d-f1     动态
  172.20.51.184        b0-5a-da-ce-94-75     动态
  172.20.51.189        1c-b7-2c-9a-c5-5a     动态
  172.20.51.191        1c-b7-2c-93-41-7a     动态
  172.20.51.192        ec-f4-bb-93-93-5a     动态
  172.20.51.193        20-1a-06-1c-46-6a     动态
  172.20.51.201        00-0c-29-4a-78-9b     动态
  172.20.51.205        7c-d3-0a-b2-b0-7c     动态
  172.20.51.254        fc-e3-3c-ad-12-26     动态
  172.20.51.255        ff-ff-ff-ff-ff-ff     静态
  224.0.0.22           01-00-5e-00-00-16     静态
  224.0.0.251          01-00-5e-00-00-fb     静态
  224.0.0.252          01-00-5e-00-00-fc     静态
  239.255.255.250      01-00-5e-7f-ff-fa     静态
  255.255.255.255      ff-ff-ff-ff-ff-ff     静态
```

图 5-13 删除对 192.168.1.8 的 arp 静态绑定

【思考与讨论】用"arp -s"进行静态 IP 与 MAC 绑定，有什么作用？"arp -s"与"netsh"都可实现 IP 与 MAC 绑定，两者有何区别？如果在使用"arp -s"时出现提示信息"ARP 项添加失败：拒绝访问"，该如何解决？

5.4.5 任务：使用 netstat 命令

1. 查看以太网的统计数据以及 TCP 的统计信息

在"命令行提示符"下运行命令：netstat -e -s -p TCP，查看以太网的统计数据以及 TCP 的统计信息，执行结果如图 5-14 所示。

2. 查看当前主机的每个活动连接的相关信息

在"命令行提示符"下运行命令：netstat -a -n -o，以数字形式表现当前主机的地址和端口号，并显示与每个连接相关的所属进程的 ID（PID），执行结果如图 5-15 所示。

【思考与讨论】有的计算机在控制台中使用命令 netstat 时，会出现"'netstat'不是内部或

```
C:\Users\Kcw>netstat -e -s -p TCP
接口统计

                           接收的              发送的

字节                       127924473          17139902
单播数据包                 22047              55530
非单播数据包           297639              11169
丢弃                             0                   0
错误                               0                   1
未知协议                   0

IPv4 的 TCP 统计信息

  主动开放                               = 1681
  被动开放                             = 23
  失败的连接尝试               = 953
  重置连接                       = 280
  当前连接                     = 18
  接收的分段                       = 37737
  发送的分段                           = 36881
  重新传输的分段                 = 2099

活动连接

  协议  本地地址            外部地址            状态
  TCP    127.0.0.1:1189         Kcw-PC:5939            ESTABLISHED
  TCP    127.0.0.1:1200         Kcw-PC:1201            ESTABLISHED
  TCP    127.0.0.1:1201         Kcw-PC:1200            ESTABLISHED
  TCP    127.0.0.1:1928         Kcw-PC:1929            ESTABLISHED
  TCP    127.0.0.1:1929         Kcw-PC:1928            ESTABLISHED
  TCP    127.0.0.1:3273         Kcw-PC:54530           ESTABLISHED
  TCP    127.0.0.1:3274         Kcw-PC:3275            ESTABLISHED
  TCP    127.0.0.1:3275         Kcw-PC:3274            ESTABLISHED
  TCP    127.0.0.1:5939         Kcw-PC:1189            ESTABLISHED
  TCP    127.0.0.1:54530        Kcw-PC:3273            ESTABLISHED
  TCP    172.20.51.96:2742      server19403:5938       ESTABLISHED
  TCP    172.20.51.96:2764      183.61.49.150:8080     ESTABLISHED
  TCP    172.20.51.96:2886      125.88.200.230:http    ESTABLISHED
  TCP    172.20.51.96:3150      120.92.91.106:http     CLOSE_WAIT
  TCP    172.20.51.96:3216      120.92.91.106:http     CLOSE_WAIT
  TCP    172.20.51.96:3296      59.37.97.23:https      CLOSE_WAIT
  TCP    172.20.51.96:3319      ec2-54-223-249-237:http  CLOSE_WAIT
  TCP    172.20.51.96:3320      180.163.251.43:http    CLOSE_WAIT
```

图 5-14　netstat -e -s -p TCP 命令执行结果

外部命令，也不是可运行的程序或批处理文件。”的错误提示，这是什么原因造成的？应该如何解决？

5.4.6　任务：综合使用网络命令解决网络故障

若网络出现故障，通常需要多种网络命令配合使用，才能有效地找到问题点并将其解决。如公司某部门的 1 台计算机 C 无法上网，经检查网线和网卡等物理装置均无故障，这时我们可以按以下方式进行调试排查。

1. 查看本机 TCP/IP 配置

在故障机打开“命令行提示符窗口”，通过 ipconfig /all 命令查看本机的 TCP/IP 配置参数。主要检查 IP 地址，特别是动态分配的情况，一定要留意 DHCP 服务是否启用及 DHCP 服务器的地址是否正确。然后检查网关地址有没有设置对，DNS 服务器的配置信息能否正常显示等。执行结果如图 5-16 所示。

2. 测试网关是否正常

若配置参数无误，继续运行命令：ping 网关地址 -t，以确认内网是否畅通，若连接畅通则表明内网没问题，图 5-17 所示的运行结果为连接正常的情况。

注意：若 ping 命令加上-t 选项，会一直将数据包发送到目标主机，可通过〈Ctrl+C〉

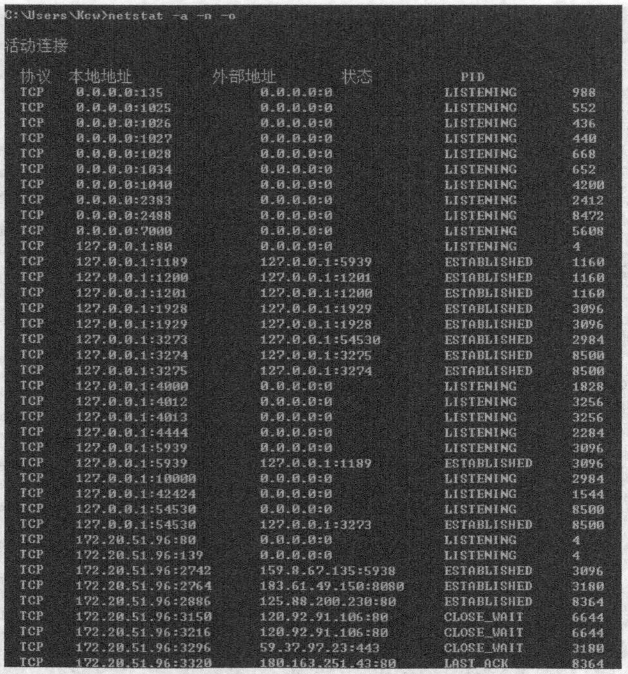

```
C:\Users\Kcw>netstat -a -n -o

活动连接

  协议  本地地址          外部地址        状态           PID
  TCP    0.0.0.0:135            0.0.0.0:0              LISTENING       988
  TCP    0.0.0.0:1025           0.0.0.0:0              LISTENING       552
  TCP    0.0.0.0:1026           0.0.0.0:0              LISTENING       436
  TCP    0.0.0.0:1027           0.0.0.0:0              LISTENING       440
  TCP    0.0.0.0:1028           0.0.0.0:0              LISTENING       668
  TCP    0.0.0.0:1034           0.0.0.0:0              LISTENING       652
  TCP    0.0.0.0:1040           0.0.0.0:0              LISTENING       4200
  TCP    0.0.0.0:2383           0.0.0.0:0              LISTENING       2412
  TCP    0.0.0.0:2488           0.0.0.0:0              LISTENING       8472
  TCP    0.0.0.0:7000           0.0.0.0:0              LISTENING       5608
  TCP    127.0.0.1:80           0.0.0.0:0              LISTENING       4
  TCP    127.0.0.1:1189         127.0.0.1:5939         ESTABLISHED     1160
  TCP    127.0.0.1:1200         127.0.0.1:1201         ESTABLISHED     1160
  TCP    127.0.0.1:1201         127.0.0.1:1200         ESTABLISHED     1160
  TCP    127.0.0.1:1928         127.0.0.1:1929         ESTABLISHED     3096
  TCP    127.0.0.1:1929         127.0.0.1:1928         ESTABLISHED     3096
  TCP    127.0.0.1:3273         127.0.0.1:54530        ESTABLISHED     2984
  TCP    127.0.0.1:3274         127.0.0.1:3275         ESTABLISHED     8500
  TCP    127.0.0.1:3275         127.0.0.1:3274         ESTABLISHED     8500
  TCP    127.0.0.1:4000         0.0.0.0:0              LISTENING       1828
  TCP    127.0.0.1:4012         0.0.0.0:0              LISTENING       3256
  TCP    127.0.0.1:4013         0.0.0.0:0              LISTENING       3256
  TCP    127.0.0.1:4444         0.0.0.0:0              LISTENING       2284
  TCP    127.0.0.1:5939         0.0.0.0:0              LISTENING       3096
  TCP    127.0.0.1:5939         127.0.0.1:1189         ESTABLISHED     3096
  TCP    127.0.0.1:10000        0.0.0.0:0              LISTENING       2984
  TCP    127.0.0.1:42424        0.0.0.0:0              LISTENING       1544
  TCP    127.0.0.1:54530        0.0.0.0:0              LISTENING       8500
  TCP    127.0.0.1:54530        127.0.0.1:3273         ESTABLISHED     8500
  TCP    172.20.51.96:80        0.0.0.0:0              LISTENING       4
  TCP    172.20.51.96:139       0.0.0.0:0              LISTENING       4
  TCP    172.20.51.96:2742      159.8.67.135:5938      ESTABLISHED     3096
  TCP    172.20.51.96:2764      183.61.49.150:8080     ESTABLISHED     3180
  TCP    172.20.51.96:2886      125.88.200.230:80      ESTABLISHED     8364
  TCP    172.20.51.96:3150      120.92.91.106:80       CLOSE_WAIT      6644
  TCP    172.20.51.96:3216      120.92.91.106:80       CLOSE_WAIT      6644
  TCP    172.20.51.96:3296      59.37.97.23:443        CLOSE_WAIT      3180
  TCP    172.20.51.96:3320      180.163.251.43:80      LAST_ACK        8364
```

图 5-15　netstat -a -n -o 命令执行结果

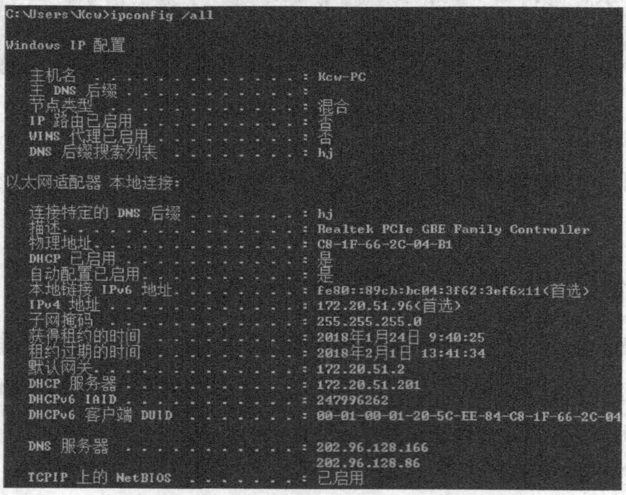

```
C:\Users\Kcw>ipconfig /all

Windows IP 配置

   主机名  . . . . . . . . . . . . . : Kcw-PC
   主 DNS 后缀 . . . . . . . . . . . :
   节点类型  . . . . . . . . . . . . : 混合
   IP 路由已启用 . . . . . . . . . . : 否
   WINS 代理已启用 . . . . . . . . . : 否
   DNS 后缀搜索列表  . . . . . . . . : hj

以太网适配器 本地连接:

   连接特定的 DNS 后缀 . . . . . . . : hj
   描述. . . . . . . . . . . . . . . : Realtek PCIe GBE Family Controller
   物理地址. . . . . . . . . . . . . : C8-1F-66-2C-04-B1
   DHCP 已启用 . . . . . . . . . . . : 是
   自动配置已启用. . . . . . . . . . : 是
   本地链接 IPv6 地址. . . . . . . . : fe80::89cb:bc04:3f62:3ef6%11(首选)
   IPv4 地址 . . . . . . . . . . . . : 172.20.51.96(首选)
   子网掩码  . . . . . . . . . . . . : 255.255.255.0
   获得租约的时间  . . . . . . . . . : 2018年1月24日 9:40:25
   租约过期的时间  . . . . . . . . . : 2018年2月1日 13:41:34
   默认网关. . . . . . . . . . . . . : 172.20.51.2
   DHCP 服务器 . . . . . . . . . . . : 172.20.51.201
   DHCPv6 IAID . . . . . . . . . . . : 247996262
   DHCPv6 客户端 DUID  . . . . . . . : 00-01-00-01-20-5C-EE-84-C8-1F-66-2C-04

   DNS 服务器  . . . . . . . . . . . : 202.96.128.166
                                       202.96.128.86
   TCPIP 上的 NetBIOS  . . . . . . . : 已启用
```

图 5-16　查看 TCP/IP 配置参数

组合键终止发送。

3. 测试外网连通情况

若内网连接正常，则使用命令：ping www.baidu.com，以查看本机访问外网的连接情况。图 5-18 所示为外网连通正常的表现。

4. 测试路由节点是否出现故障

如果通过第 3 步发现无法访问外网，则可利用 tracert 命令来确认是否路由中的某个节点

```
C:\Users\Kcw>ping 172.20.51.2 -t

正在 Ping 172.20.51.2 具有 32 字节的数据:
来自 172.20.51.2 的回复: 字节=32 时间<1ms TTL=255
来自 172.20.51.2 的回复: 字节=32 时间<1ms TTL=255
来自 172.20.51.2 的回复: 字节=32 时间<1ms TTL=255
来自 172.20.51.2 的回复: 字节=32 时间<1ms TTL=255
来自 172.20.51.2 的回复: 字节=32 时间<1ms TTL=255
来自 172.20.51.2 的回复: 字节=32 时间<1ms TTL=255
来自 172.20.51.2 的回复: 字节=32 时间<1ms TTL=255
```

图 5-17　检查内网连通性

出现问题，例如运行：tracert −d www.baidu.com，执行结果如图 5-19 所示。

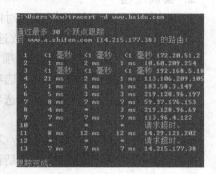

```
C:\Users\Kcw>ping www.baidu.com

正在 Ping www.a.shifen.com [14.215.177.38] 具有 32 字节的数据:
来自 14.215.177.38 的回复: 字节=32 时间=7ms TTL=52
来自 14.215.177.38 的回复: 字节=32 时间=12ms TTL=52
来自 14.215.177.38 的回复: 字节=32 时间=6ms TTL=52
来自 14.215.177.38 的回复: 字节=32 时间=7ms TTL=52

14.215.177.38 的 Ping 统计信息:
    数据包: 已发送 = 4, 已接收 = 4, 丢失 = 0 (0% 丢失),
往返行程的估计时间(以毫秒为单位):
    最短 = 6ms, 最长 = 12ms, 平均 = 8ms
```

图 5-18　检查能否访问外网

```
C:\Users\Kcw>tracert -d www.baidu.com

通过最多 30 个跃点跟踪
www.a.shifen.com [14.215.177.38] 的路由:
  1    <1 毫秒    <1 毫秒    <1 毫秒   172.20.51.2
  2     1 ms      2 ms      1 ms    10.60.209.254
  3    <1 毫秒    <1 毫秒    <1 毫秒   192.168.5.18
  4    21 ms      2 ms      1 ms    113.106.209.105
  5    <1 ms                        183.58.3.149
  6     5 ms      3 ms      3 ms    219.128.96.197
  7     8 ms      *         7 ms    59.37.176.153
  8     4 ms      *         7 ms    219.128.96.69
  9     7 ms      *         7 ms    113.96.4.122
 10     *         *         *       请求超时。
 11     8 ms     12 ms     12 ms    14.29.121.202
 12     *         *         *       请求超时。
 13     7 ms      *         7 ms    14.215.177.38
跟踪完成。
```

图 5-19　通过 tracert 命令检查路由

【思考与讨论】如果 ping IP 地址（如 ping 119.75.217.109）可以连通，但 ping 域名（如 ping www.baidu.com）不通，可能是什么问题？

5.5　项目拓展：nslookup 命令的使用

在网络维护过程中，除了上述的常用命令外，还有其他一些命令可以帮助我们解决特定问题，比如 nslookup 命令。nslookup 命令用于查询 DNS 的记录和查看域名解析是否正常，专门用于排查 DNS 故障。该命令的用法相对来说比较简单，比如在"命令行提示符"下运行命令：nslookup www.hzcollege.com，可得到图 5-20 所示的结果。

```
C:\Users\Kcw>nslookup www.hzcollege.com
服务器:  cache-b.guangzhou.gd.cn
Address:  202.96.128.166

非权威应答:
名称:    www.hzcollege.com
Address:  47.52.3.18
```

图 5-20　nslookup 命令的执行结果

执行结果显示，当前提供域名解析服务的主机名为 cache-b.guangzhou.gd.cn，它的 IP 地址是 202.96.128.166，域名 www.hzcollege.com 所对应的 IP 地址为 47.52.3.18，表明了 DNS 服务器能顺利实现正向解析。

若需要继续检测 DNS 服务器能否实现反向解析，则使用命令：nslookup IP 地址（如 nslookup 47.52.3.18），即可根据返回的结果进行反向解析分析。

5.6　项目实训：检测与排除网络故障

假设某办公室有 1 台计算机无法正常上网，请利用前面所学的知识和技巧，检测并排除故障点，最终形成实训报告。实训报告主要包括以下内容。

1. 实训概况

实训概况主要包括：实训目的、实训内容、实训地点、实训时间和实训环境等。

2. 实训过程

1）根据网卡指示灯的提示，对网线及网卡等物理装置的连通性做初步判断。

2）通过 ipconfig 命令及其参数选项，检查故障机的网卡配置信息。

3）通过 ping 命令及其参数选项，检查内网及外网的连通性。

4）通过 tracert 命令及其参数选项，检查本机发送数据包到目标主机的路由情况。

5）通过 netstat 命令及其参数选项，检查 TCP、UDP 服务和逻辑端口开放状态。

3. 实训思考

1）一般网卡有多少个指示灯？不同指示灯分别代表什么意思？

2）若要判断网卡的配置信息是否正确，主要检查哪些方面的内容？

3）通过 ping 命令检测内网的连通性时，通常选择什么 IP 地址作为访问目标？返回的应答信息中，TTL 代表什么意思？TTL 值可以帮助我们做出何种判断？

4）通过 tracert 命令检查路由情况时，若发送数据包的应答时间为 ＊ 号，这代表什么意思？

4. 实训心得

请阐述完成该实训后的心得和体会。

项目 6　配置交换机

【学习目标】

1. 知识目标
- 了解交换机的工作原理。
- 掌握交换机的基本配置命令。
- 了解交换机虚拟局域网（VLAN）的工作原理。
- 掌握划分 VLAN 的方法。

2. 能力目标
- 能够灵活使用交换机的基本配置命令。
- 能够根据实际业务需求划分 VLAN。

3. 素质目标
- 培养严谨、认真的工作态度。
- 培养良好的质量意识和安全意识。

6.1　项目描述

假如你是 ABC 公司的网络管理员，公司有两个重要的部门：销售部和财务部。现有以下两种应用场景。

场景 1：这两个部门的计算机都连接在同一台交换机上，现在要通过虚拟局域网（VLAN）划分以实现部门内部的计算机可以相互通信，部门之间的计算机相互隔离。

场景 2：这两个部门的计算机都分散在两台交换机上，现在要通过 VLAN 划分以实现部门内部的计算机可以相互通信，部门之间的计算机相互隔离。

请你使用 VLAN 技术来实现以上两种场景的应用需求。

6.2　项目分析

根据项目需求，需要掌握交换机的基本配置相关知识，并能够分别在单台交换机和多台交换机上划分 VLAN，实现部门内部的计算机可以相互通信，部门之间的计算机相互隔离。

交换机是局域网中的一种重要设备，它可将用户收到的数据包根据目的地址转发到相应的端口。交换机支持 VLAN 划分，采用 VLAN 技术，按部门、功能和应用等因素将用户从逻辑上划分为一个个功能相对独立的工作组，这些工作组属于不同的广播域，这样可以将整个网络分割成多个不同的广播域，缩小广播域的范围，从而降低广播风暴的影响，提高网络传输速度，简化网络管理。

为了顺利完成这项工作，需要具备的相关知识包括：交换机的工作原理、VLAN 技术以及交换机的相关配置命令等。

6.3 知识准备

6.3.1 交换机的工作原理

交换机工作于 OSI 参考模型的第二层，即数据链路层，主要任务是将接收到的数据快速转发到目的地。

1. 交换机具体的工作流程

1）当交换机从某个端口接收到一个数据帧时，它会根据收到数据帧中的源 MAC 地址建立该地址同交换机端口的映射，并将其写入 MAC 地址表中。

2）将数据帧中的目的 MAC 地址与已建立的 MAC 地址表进行比较，查找相应的端口。

3）如果数据帧中的目的 MAC 地址不在 MAC 地址表中，则向所有端口转发。当目的机器对源机器做出回应时，交换机就可以学习到该目的 MAC 地址与哪个端口对应，在下次转发数据时就不再需要对所有端口进行广播了。

4）如果在 MAC 地址表中有这个目的 MAC 地址相对应的端口，则把数据包直接转发到这个端口上，而不向其他端口广播。

如此不断循环这个过程，就可以学习到整个网络的 MAC 地址信息，二层交换机就是这样建立和维护它的 MAC 地址表的。

下面举例说明交换机的具体工作流程。

某网络如图 6-1 所示，有 PC_1、PC_2、PC_3、PC_4 和 PC_5 分别连接在交换机的 E0/1、E0/2、E0/3、E0/23 和 E0/24 这 5 个端口上。

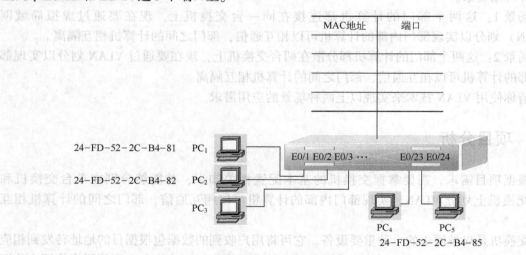

图 6-1 交换机初始状态的 MAC 地址表（空）

为快速转发报文，以太网交换机需要建立和维护 MAC 地址表。交换机采用源 MAC 地址学习的方法建立 MAC 地址表。

1）交换机的初始状态 MAC 地址表为空，如图 6-1 所示。

2）当计算机 PC_1 要发送数据帧给计算机 PC_5 时，因为此时地址表是空的，交换机将向除 PC_1 连接端口 E0/1 以外的其他所有端口转发数据帧。在转发之前，首先检查该数据帧的源 MAC 地址（24-FD-52-2C-B4-81），并在交换机的 MAC 地址表中添加一条记录（24-FD-52-2C-B4-81，E0/1）使之与端口 E0/1 相对应，如图 6-2 所示。

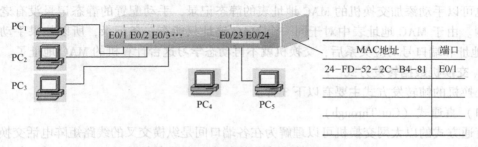

MAC 地址	端口
24-FD-52-2C-B4-81	E0/1

图 6-2　地址表学习到 PC_1 源 MAC 地址

3）计算机 PC_5 收到发送的数据帧后，用该数据帧的目的 MAC 地址与本机的 MAC 地址比较，发现 PC_1 找的正是它，则接收该数据帧，而其他计算机丢弃该数据帧。计算机 PC_5 回复 PC_1 时，交换机直接从端口 E0/1 转发，并学习到（24-FD-52-2C-B4-85）为 PC_5 连接的端口，将其添加到地址表中，如图 6-3 所示。

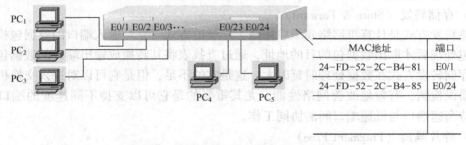

MAC 地址	端口
24-FD-52-2C-B4-81	E0/1
24-FD-52-2C-B4-85	E0/24

图 6-3　地址表学习到 PC_5 源 MAC 地址

4）假设主机 PC_2 向主机 PC_5 发送一个数据帧，该数据帧被送到交换机后，交换机首先将该数据帧的源 MAC 地址及对应的端口记录（24-FD-52-2C-B4-82，E0/2）添加到 MAC 地址表中，如表 6-1 所示。然后查 MAC 地址表，发现主机 PC_5 连接在 E0/24 接口上，就将数据帧从 E0/24 接口转发出去。

表 6-1　端口/MAC 地址映射表

MAC 地址	端　　口
24-FD-52-2C-B4-81	E0/1
24-FD-52-2C-B4-85	E0/24
24-FD-52-2C-B4-82	E0/2

交换机的其他端口利用源 MAC 地址学习的方法在 MAC 地址表中不断添加新的 MAC 地址与端口号的对应信息，直到 MAC 地址表添加完整为止。

为了保证 MAC 地址表中的信息能够实时地反映网络情况，每个学习到的记录都有一个老化时间（例如 MAC 地址表中的 MAC 地址默认保留 5 min），如果在老化时间内收到地址信息则刷新记录，对没有收到相应的地址信息的则删除该记录。例如，计算机 PC$_1$ 停止了和交换机通信，达到老化时间后，交换机会将其对应的记录从 MAC 地址表中删除。

也可以手动添加交换机的 MAC 地址表的静态记录，手动配置的静态记录没有老化时间的限制。由于 MAC 地址表中对于同一个 MAC 地址只能有一条记录，所以如果手动配置了 MAC 地址和端口号对应关系后，交换机就不再动态学习这台计算机的 MAC 地址了。

2. 交换机数据转发方式

交换机的帧转发方式主要有以下 3 种。

（1）直通式（Cut Through）

直通方式的以太网交换机可以理解为在各端口间是纵横交叉的线路矩阵电话交换机。它在输入端口检测到一个数据包时，检查该包的包头，获取包的目的地址，启动内部的动态查找表将其转换成相应的输出端口，在输入与输出交叉处接通，把数据包直通到相应的端口，实现交换功能。由于不需要存储，延迟非常小，交换非常快，这是它的优点。它的缺点是，因为数据包内容并没有被以太网交换机保存下来，所以无法检查所传送的数据包是否有误，不能提供错误检测能力。由于没有缓存，不能将具有不同速率的输入/输出端口直接接通，而且容易丢失数据包。

（2）存储转发（Store & Forward）

存储转发方式是计算机网络领域应用最为广泛的方式。它对输入端口的数据包检查，在对错误包处理后才取出数据包的目的地址，通过查找表将其转换成输出端口的数据包。正因如此，存储转发方式在数据处理时延时大，这是它的不足，但是它可以对进入交换机的数据包进行错误检测，有效地改善网络性能。尤其重要的是它可以支持不同速度的端口间的转换，保持高速端口与低速端口间的协同工作。

（3）碎片隔离（Fragment Free）

这是介于前两者之间的一种解决方案。它检查数据包的长度是否够 64 B，如果小于 64 B，说明是假包，则丢弃该包；如果大于 64 B，则发送该包。这种方式也不提供数据校验。它的数据处理速度比存储转发方式快，但比直通式慢。

3. 交换机的互联方式

随着计算机数量的增加、网络规模的扩大，单一交换机组成的局域网环境已经无法满足企业的需求，多台交换机互联而成的局域网应运而生。多台交换机的互联方式主要有两种：级联和堆叠。

（1）交换机级联

交换机级联是目前主流的连接技术，网络互联三层模型中的核心层交换机、汇聚层交换机和接入层交换机之间一般都采用级联方式。交换机的级联可以分为以下 3 种。

1）使用普通端口级联

通过普通端口级联就是通过交换机的某一个常用端口（如 RJ-45 端口）进行连接。需要注意的是，这时所用的连接双绞线要用反接线，即是说双绞线的两端要跳线（第 1-3 与

112

2-6线脚对调）。其连接示意如图6-4所示。

2）使用Uplink端口级联

在所有交换机端口中，都会在旁边包含一个Uplink端口，如图6-5所示。此端口是专门为上行连接提供的，只需通过直通双绞线将该端口连接至其他交换机上除"Uplink端口"外的任意端口即可（注意，并不是Uplink端口之间的相互连接）。

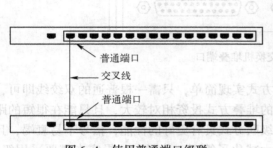

图6-4　使用普通端口级联

图6-5　Uplink端口

其连接示意如图6-6所示。

3）使用光纤端口级联

中、高端交换机上有光纤端口，在大、中型企业网络中，骨干交换机一般通过光纤端口与核心交换机进行级联。光纤端口级联时光纤束应该交叉，如图6-7所示。

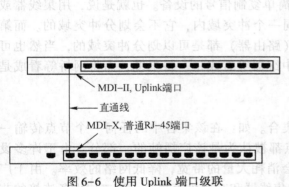

图6-6　使用Uplink端口级联

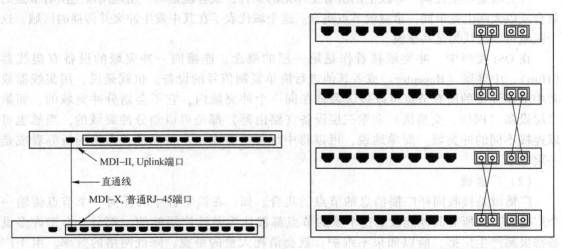

图6-7　使用光纤端口级联

（2）交换机堆叠

此种连接方式主要应用在大型网络中对端口需求比较大的情况下使用。交换机的堆叠是扩展端口最快捷与最便利的方式，同时堆叠后带宽的速率是单一交换机端口速率的几十倍。但是，并不是所有的交换机都支持堆叠的，这取决于交换机的品牌和型号是否支持堆叠，并且还需要使用专门的堆叠电缆和堆叠模块，最后还要注意同一堆叠中的交换机必须是同一品牌。

该方式主要通过厂家提供的一条专用连接电缆，从一台交换机的"UP"堆叠端口直接连接到另一台交换机的"DOWN"堆叠端口。堆叠中的所有交换机可视为一个整体的交换机来进行管理。交换机的两个堆叠端口如图6-8所示。

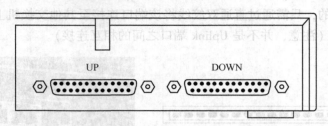

UP   DOWN

图6-8 交换机堆叠端口

综合以上两种方式来看，交换机的级联方式实现简单，只需一根普通的双绞线即可，节约成本而且基本不受距离的限制；而交换机的堆叠方式投资相对较大，且只能在很短的距离内连接，实现起来比较困难。但堆叠方式比级联方式具有更好的性能，信号不易衰竭，且通过堆叠方式，可以集中管理多台交换机，大大减化了管理工作量。如果实在需要采用级联，也最好选用Uplink端口的连接方式，这可以在最大程度上保证信号强度，因为如果采用普通端口之间的连接，必定会使网络信号严重受损。

4. 冲突域和广播域

(1) 冲突域（物理分段）

冲突域是连接在同一导线上的所有工作站的集合，或者说是同一物理网段上所有节点的集合或以太网上竞争同一带宽的节点集合。这个域代表了在其中发生冲突并传播的区域，这个区域可以被认为是共享段。

在OSI模型中，冲突域被看作是第一层的概念，连接同一冲突域的设备有集线器（Hub）、中继器（Repeater）或者其他进行简单复制信号的设备。也就是说，用集线器或者中继器连接的所有节点可以被认为是在同一个冲突域内，它不会划分冲突域的。而第二层设备（网桥、交换机）和第三层设备（路由器）都是可以划分冲突域的，当然也可以连接不同的冲突域。简单地说，可以将中继器等看成是一根电缆，而将网桥等看成是一束电缆。

(2) 广播域

广播域是接收同样广播消息的节点的集合。如：在该集合中的任何一个节点传输一个广播帧，则所有其他能收到这个帧的节点都被认为是该广播帧的一部分。由于许多设备都极易产生广播，所以如果不维护，就会消耗大量的带宽，降低网络的效率。由于广播域被认为是OSI中的第二层概念，所以像集线器和交换机等第一、第二层设备连接的节点被认为都是在同一个广播域。而路由器和第三层交换机则可以划分广播域，即可以连接不同的广播域。

如图6-9所示，二层交换机的所有端口处于同一个广播域中，而不是同一个冲突域中，交换机的每个端口均是不同的冲突域。

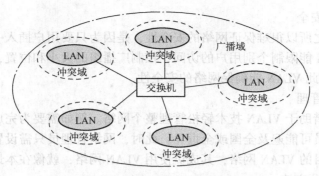

图 6-9 交换机的冲突域和广播域

6.3.2 VLAN 技术

伴随着计算机网络技术的不断普及和应用，局域网技术也在不断发展和提高，VLAN 作为提高局域网安全性的一种技术，得到广泛的重视和应用。

1. 什么是 VLAN

VLAN（Virtual Local Area Network）又称虚拟局域网，是指在交换局域网的基础上，采用网络管理软件构建的可跨越不同网段、不同网络的端到端的逻辑网络。一个 VLAN 组成一个逻辑子网，即一个逻辑广播域，它可以覆盖多个网络设备，允许处于不同地理位置的网络用户加入到一个逻辑子网中。

VLAN 是一种比较新的技术，工作在 OSI 参考模型的第 2 层和第 3 层，一个 VLAN 就是一个广播域，VLAN 之间的通信是通过第 3 层的路由器来完成的。

如图 6-10 所示，是一个典型的 VLAN 网络，连接在不同交换机（处于不同 LAN）上的计算机可被划分到同一个 VLAN 上，如 $VLAN_1$（A_1，A_2，A_3）、$VLAN_2$（B_1，B_2，B_3）和 $VLAN_3$（C_1，C_2，C_3）。

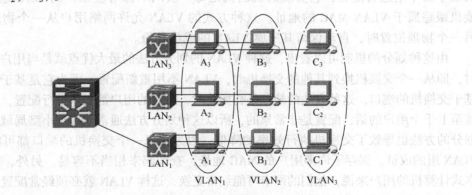

图 6-10 VLAN 示意图

2. VLAN 的优点

（1）控制网络的广播风暴

采用 VLAN 技术，可将某个交换端口划到某个 VLAN 中，而一个 VLAN 的广播风暴不会影响其他 VLAN 的性能。

（2）确保网络安全

共享式局域网之所以很难保证网络的安全性，是因为只要用户插入一个活动端口，就能访问网络。而 VLAN 能限制个别用户的访问，控制广播组的大小和位置，甚至能锁定某台设备的 MAC 地址，因此 VLAN 能确保网络的安全性。

（3）简化网络管理

网络管理员能借助于 VLAN 技术轻松管理整个网络。例如需要为完成某个项目建立一个工作组网络，其成员可能遍及全国或全世界，此时，网络管理员只需设置几条命令，就能在几分钟内建立该项目的 VLAN 网络，其成员使用 VLAN 网络，就像在本地使用局域网一样。

3. VLAN 的划分方法

VLAN 在交换机上的实现方法，可以大致划分为以下 6 类。

（1）基于端口划分的 VLAN

这是最常用的一种 VLAN 划分方法，应用也最为广泛和有效，目前绝大多数 VLAN 协议的交换机都用这种 VLAN 配置方法。它是根据以太网交换机的交换端口来划分的，它是将 VLAN 交换机上的物理端口和 VLAN 交换机内部的 PVC（永久虚电路）端口分成若干个组，每个组构成一个虚拟网，相当于一个独立的 VLAN 交换机。

对于不同部门需要互访时，可通过路由器转发，并配合基于 MAC 地址的端口过滤。对某站点的访问路径上最靠近该站点的交换机、路由交换机或路由器的相应端口上，设定可通过的 MAC 地址集。这样就可以防止非法入侵者从内部盗用 IP 地址并从其他可接入点入侵。

从这种划分方法可以看出，其优点是定义 VLAN 成员时非常简单，只要将所有的端口都定义为相应的 VLAN 组即可，而且它适合于任何大小的网络。它的缺点是如果某用户离开了原来的端口，到了一个新的交换机的某个端口，必须重新定义。

（2）基于 MAC 地址划分 VLAN

这种划分 VLAN 的方法是根据每个主机的 MAC 地址来划分的，即对每个 MAC 地址的主机属于哪个组进行配置，它实现的机制就是每一块网卡都对应唯一的 MAC 地址，VLAN 交换机跟踪属于 VLAN MAC 的地址。这种方式的 VLAN 允许网络用户从一个物理位置移动到另一个物理位置时，自动保留其所属 VLAN 的成员身份。

由这种划分的机制可以看出，这种 VLAN 的划分方法的最大优点就是当用户物理位置移动时，即从一个交换机换到其他的交换机时，VLAN 不用重新配置，因为它是基于用户，而不是基于交换机的端口。这种方法的缺点是初始化时，所有的用户都必须进行配置，如果有几百个甚至上千个用户的话，配置是非常累的，所以这种划分方法通常适用于小型局域网。而且这种划分的方法也导致了交换机执行效率的降低，因为在每一个交换机的端口都可能存在很多个 VLAN 组的成员，保存了许多用户的 MAC 地址，查询起来相当不容易。另外，对于使用笔记本式计算机的用户来说，他们的网卡可能经常更换，这样 VLAN 就必须经常配置。

（3）基于网络层协议划分 VLAN

VLAN 按网络层协议来划分，可分为 IP、IPX（互联网分组交换协议）、DECnet（由数字设备公司推出并支持的一组协议）、AppleTalk（由苹果公司创建的一组网络协议）等 VLAN 网络。这种按网络层协议来组成的 VLAN，可使广播域跨越多个 VLAN 交换机。这对于希望针对具体应用和服务来组织用户的网络管理员来说是非常具有吸引力的。而且，用户可以在网络内部自由移动，但其 VLAN 成员身份仍然保留不变。

这种方法的优点是用户的物理位置改变了，不需要重新配置所属的 VLAN，而且可以根据协议类型来划分 VLAN，这对网络管理者来说很重要；而且这种方法不需要附加的帧标签来识别 VLAN，这样可以减少网络的通信量。这种方法的缺点是效率低，因为检查每一个数据包的网络层地址是需要消耗处理时间的（相对于前面两种方法），一般的交换机芯片都可以自动检查网络上数据包的以太网帧头，但要让芯片能检查 IP 帧头，需要更先进的技术，同时也更费时。

（4）根据 IP 组播划分 VLAN

IP 组播实际上也是一种 VLAN 的定义，即认为一个 IP 组播就是一个 VLAN。这种划分的方法将 VLAN 扩大到了广域网，因此这种方法具有更大的灵活性，而且也很容易通过路由器进行扩展，主要适合于不在同一地理范围的局域网用户组成一个 VLAN，不适合局域网，主要是由于其效率不高。

（5）按策略划分 VLAN

基于策略组成的 VLAN 能实现多种分配方法，包括 VLAN 交换机端口、MAC 地址、IP 地址和网络层协议等。网络管理人员可根据自己的管理模式和本单位的需求来决定选择哪种类型的 VLAN。

（6）按用户定义、非用户授权划分 VLAN

基于用户定义、非用户授权来划分 VLAN，是指为了适应特殊的 VLAN 网络，根据网络用户的特殊要求来定义和设计 VLAN，而且可以让非 VLAN 群体用户访问 VLAN，但是需要提供用户密码，在得到 VLAN 管理的认证后才可以加入一个 VLAN。

4. Trunk 技术

Trunk 技术是指主干链路（Trunk Link），它是在不同交换机之间的一条链路，可以实现跨交换机的 VLAN 内通信。Trunk 技术使得在一条物理线路上可以传送多个 VLAN 的信息，如图 6-11 所示，要想使 VLAN₂、VLAN₃、VLAN₄ 可以跨交换机定义，要求连接交换机的链路能够通过不同 VLAN 的信号，所以需要把连接两台交换机的线路设置成 Trunk。

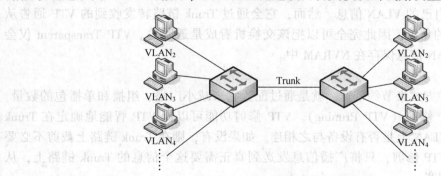

图 6-11 交换机间的主干链路

Trunk 技术有多种不同的技术标准，其中比较常见的有以下两个。

1）IEEE 802.1Q 标准。这种标准是在每个数据帧中加入一个特定的标识，用以识别每个数据帧属于哪个 VLAN。IEEE 802.1Q 属于通用标准，许多厂家的交换机都支持此标准。

2）ISL 标准。这是思科（Cisco）自有的标准，它只能用于 Cisco 公司生产的交换机产品，其他厂家的交换机不支持。Cisco 交换机与其他厂商的交换机相连时，不能使用 ISL 标准，只能采用 802.1Q 标准。

5. VLAN 中继协议

VLAN 中继协议（VLAN Trunking Protocol，VTP），也称为 VLAN 干线协议，可解决各交换机 VLAN 数据库的同步问题。使用 VTP 协议可以减少 VLAN 相关的管理任务，把一台交换机配置成 VTP Server，其余交换机配置成 VTP Client，这样它们可以自动学习到 VTP Server 上的 VLAN 信息。

（1）VTP 域

VTP 使用"域"来组织管理互连的交换机，并在域内的所有交换机上维护 VLAN 配置信息的一致性。VTP 域是指一组有相同 VTP 域名并通过 Trunk 端口互连的交换机。每个域都有唯一的名称，一台交换机只能属于一个 VTP 域，同一域中的交换机共享 VTP 消息。VTP 消息是指创建、删除 VLAN 和更改 VLAN 名称等信息，它通过 Trunk 链路进行传播。

（2）VTP 工作模式

VTP 有 3 种工作模式：VTP Server、VTP Client 和 VTP Transparent。

1）VTP Server：在 VTP Server 上能创建、修改和删除 VLAN，同时这些信息会在 Trunk 链路上通告给域中的其他交换机；VTP Server 收到其他交换机的 VTP 通告后会更改自己的 VLAN 信息，并进行转发。VTP Server 会把 VLAN 信息保存在 NVRAM（即 flash：vlan.dat 文件）中，就是重新启动交换机后这些 VLAN 还会存在。默认情况下，交换机用服务器模式。每个 VTP 域必须至少有 1 台服务器，当然也可以有多台服务器。

2）VTP Client：在 VTP 客户机上不允许创建、修改和删除 VLAN，但它会监听来自其他交换机的 VTP 通告并更改自己的 VLAN 信息，接收到的 VTP 信息也会在 Trunk 链路上向其他交换机转发，因此这种交换机还能充当 VTP 中继；VTP Client 把 VLAN 信息保存在 RAM 中，交换机重新启动后这些信息会丢失。

3）VTP Transparent：这种模式的交换机不参与 VTP。可以在这种模式的交换机上创建、修改和删除 VLAN，但是这些 VLAN 信息并不会通告给其他交换机，它也不接受其他交换机的 VTP 通告而更新自己的 VLAN 信息。然而，它会通过 Trunk 链路转发收到的 VTP 通告从而充当了 VTP 中继的角色，因此完全可以把该交换机看成是透明的。VTP Transparent 仅会把本交换机上的 VLAN 信息保存在 NVRAM 中。

（3）VTP 修剪

VTP 提供了一种方式来节约带宽，就是通过配置它来减小广播、组播和单播包的数量，这种方式就称为 VTP 修剪（VTP Pruning）。VTP 修剪功能可以让 VTP 智能地确定在 Trunk 链路另一端指定的 VLAN 上是否有设备与之相连。如果没有，则在 Trunk 链路上裁剪不必要的广播信息。通过 VTP 修剪，只将广播信息发送到真正需要这个信息的 Trunk 链路上，从而增加可用的网络带宽。

6.3.3 相关配置命令

以思科（Cisco）交换机为例，其交换机的基本配置命令如下。

1. 交换机的 3 种基本模式

用户模式：hostname#；

特权模式：hostname(config)#；

全局配置模式：hostname(config-if)#。

2. 交换机口令设置

switch>enable	//进入特权模式
switch#config terminal	//进入全局配置模式
switch(config)#hostname csico	//设置交换机的主机名
switch(config)#enable secret csico1	//设置特权加密口令
switch(config)#enable password csico8	//设置特权非加密口令
switch(config)#line console 0	//进入控制台端口
switch(config-line)#line vty 0 4	//进入虚拟终端
switch(config-line)#login	//虚拟终端允许登录
switch(config-line)#password csico6	//设置虚拟终端登录口令 csico6
switch#exit	//返回命令

3. 交换机 VLAN 的相关设置

switch#vlan database	//进入 VLAN 设置
switch(vlan)#vlan 2	//创建 VLAN$_2$
switch(vlan)#vlan 3 name vlan3	//创建 VLAN$_3$ 并命名为 Vlan$_3$
switch(vlan)#no vlan 2	//删 VLAN$_2$
switch(config)#int f0/1	//进入端口 1
switch(config)#speed ?	//查看 speed 命令的子命令
switch(config)#speed 100	//设置该端口速率为 100 Mbit/s
switch(config)#duplex ?	//查看 duplex 的子命令
switch(config)#duplex full	//设置该端口为全双工(auto/half)
switch(config)#description TO_PC1	//将该端口描述为 TO_PC1
switch(config-if)#switchport access vlan 2	//当前端口加入 VLAN$_2$
switch(config-if)#switchport mode trunk	//设置为 trunk 模式(access 模式)
switch(config-if)#switchport trunk allowed vlan 1,2	//设置允许的 VLAN
switch(config-if)#switchport trunk encap dot1q	//设置 VLAN 中继
switch(config)#vtp domain vtpserver	//设置 VTP 域名相同
switch(config)#vtp password	//设置 VTP 密码
switch(config)#vtp server	//设置 VTP 服务器模式
switch(config)#vtp client	//设置 VTP 客户机模式

4. 交换机 IP 地址、默认网关、域名、域名服务器和 MAC 地址表的配置

switch(config)#interface vlan 1	//进入 VLAN$_1$
switch(config-if)#ip address 192.168.1.1 255.255.255.0	//设置 IP 地址
switch(config)#ip default-gateway 192.168.1.6	//设置默认网关
switch(config)#ip domain-name cisco.com	//设置域名
switch(config)#ip name-server 192.168.1.18	//设置域名服务器
switch(config)#mac-address-table?	//查看 mac-address-table 的子命令
switch(config)#mac-address-table aging-time 100	//设置超时时间为 100 ms
switch(config)#mac-address-table permanent 0000.0c01.bbcc f0/3	//在 f0/3 端口加入永久地址

switch(config)#mac-address-table restricted static 0000.0c02.bbcc f0/6 f0/7

//在目标端口 f0/6 和源端口 f0/7 加入静态地址

switch(config)#end

switch#show mac-address-table   //查看整个 MAC 地址表

switch#clear mac-address-table restricted static   //清除限制性静态地址

5. 交换机显示命令

switch#write   //保存配置信息

switch#show vtp   //查看 VTP 配置信息

switch#show run   //查看当前配置信息

switch#show vlan   //查看 VLAN 配置信息

switch#show interface   //查看端口信息

switch#show int f0/0   //查看指定端口信息

switch#show int f0/0 status   //查看指定端口状态

switch#dir flash: //查看闪存

6.4 项目实现

6.4.1 任务：交换机的基本配置

1. 材料及工具准备

C2950 二层交换机一台，Console 控制线 1 根和 PC 1 台。网络拓扑结构图如图 6-12 所示。

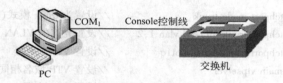

图 6-12 配置交换机的拓扑结构图

说明：将 Console 控制线的一端插入计算机 COM_1 串口，另一端插入交换机的 Console 接口。

2. 交换机命令行的使用

（1）在任何模式下，输入"?"可显示相关帮助信息

Switch>?	//显示当前模式下所有可执行的命令
Exec commands：	
<1-99>	Session number to resume
connect	Open a terminal connection
disable	Turn off privileged commands
disconnect	Disconnect an existing network connection
enable	Turn on privileged commands

exit	Exit from the EXEC
logout	Exit from the EXEC
ping	Send echo messages
resume	Resume an active network connection
show	Show running system information
telnet	Open a telnet connection
terminal	Set terminal line parameters
traceroute	Trace route to destination

说明：返回的结果中，左列显示当前模式下可用的命令，右列显示相应命令的含义。

（2）进入特权模式

```
Switch>enable        //进入特权模式
Switch#
```

说明：用户模式的提示符为 ">"，特权模式的提示符为 "#"，"Switch" 是交换机的默认名称，可用 hostname 命令修改交换机的名称。输入 disable 命令可从特权模式返回用户模式。输入 logout 命令可从用户模式或特权模式退出控制台操作。

（3）命令提示

```
Switch#di?       //显示当前模式下所有以 di 开头的命令
dir    disable   disconnect
```

说明：如果忘记某命令的全部拼写，则输入该命令的部分字母后再输入 "?"，会列出相关匹配命令。

（4）参数提示

```
Switch#dir ?              //显示 dir 命令后可执行的参数
   flash：  Directory or file name
   nvram： Directory or file name
   <cr>
```

说明：输入某命令后，如果忘记后面跟什么参数，可空格后输入 "?"，会显示该命令的相关参数。

（5）命令补齐

```
Switch#disc(按 Tab 键)           //按 Tab 键可自动补齐 disconnect 命令
Switch#disconnect
```

（6）命令简写

```
Switch#conf t                    //该命令是 configure terminal 的简写
Enter configuration commands, one per line.    End with CNTL/Z.
Switch(config)#
```

说明：如果要输入的命令的拼写字母较多，可使用简写形式，前提是该简写形式没有歧义。如 conf t 是 configure terminal 的简写，输入该命令后，将从特权模式进入全局配置模式。

3. 交换机的名称设置

```
Switch(config)#hostname SWA                //设置交换机的名称为 SWA
SWA(config)#
```

说明：在全局配置模式下，输入 hostname 命令可设置交换机的名称。

4. 交换机的口令设置

（1）设置特权明文口令

```
SWA(config)#enable password aaa            //设置特权明文口令为 aaa
SWA(config)#
```

说明：输入 enable password aaa 命令，可设置交换机的明文口令为 aaa，即该口令是没有加密的，在配置文件中以明文显示。

（2）设置特权密文口令

```
SWA(config)#enable secret bbb              //设置特权密文口令为 bbb
SWA(config)#
```

说明：输入 enable secret bbb 命令，可设置交换机的密文口令为 bbb，即该口令是加密的，在配置文件中以密文显示。enable password 命令的优先级没有 enable secret 高，这意味着，如果用 enable secret 设置过口令，则用 enable password 设置的口令就会无效。

（3）设置 console 控制台口令

```
SWA(config)#line console 0                 //进入控制台接口
SWA(config-line)#login                     //启用口令验证
SWA(config-line)#password ccc              //设置控制台口令为 ccc
SWA(config-line)#exit                      //返回上一层设置
```

说明：由于只有一个控制台接口，所以只能选择线路控制台 0 (line console 0)。config-line 是线路配置模式的提示符。exit 命令是返回上一层设置。

（4）设置 telnet 远程登录交换机的口令

```
SWA(config)#linevty 0 4                     //进入虚拟终端
SWA(config-line)#login                      //启用口令验证
SWA(config-line)#password ddd               //设置 Telnet 登录口令
SWA(config-line)#exec-timeout 10 0          //设置超时时间为 10 min 0 s
SWA(config-line)#exit                       //返回上一层设置
SWA(config)#exit
SWA#
```

说明：只有配置了虚拟终端（vty）线路的密码后，才能利用 Telnet 远程登录交换机。较早版本的 Cisco IOS 支持 vty line 0~4，即同时允许 5 个 Telnet 远程连接。新版本的 Cisco IOS 可支持 vty line 0~15，即同时允许 16 个 Telnet 远程连接。使用 no login 命令允许建立无口令验证的 Telnet 远程连接。

5. 交换机的端口设置

（1）进入端口设置模式（提示符为 config-if）

122

```
SWA#config terminal                              //进入全局配置模式
SWA(config)#interface f0/1                       //进入端口 f0/1
SWA(config-if)#
```

说明：端口选择命令的格式为 infterface type slot/port，在命令 interface f0/1 中，f 是 fastethernet 的缩写，0/1 是指 0 号模块的 1 号端口。

（2）设置端口的描述、速率和单双工模式

```
SWA(config-if)#description "port f0/1 configuration"    ;端口描述(f0/1 端口配置)
SWA(config-if)#speed 100                          //设置端口的速率为 100 Mbit/s
SWA(config-if)#duplex full                        //设置端口为全双工模式
SWA(config-if)#shutdown                           //禁用端口
SWA(config-if)#no shutdown                        //启用端口
SWA(config-if)#end                                //退回特权模式
SWA#
```

说明：端口速率参数有 100、10 和 auto，默认是 auto；单双工模式有 full、half 和 auto，默认是 auto；shutdown 为禁用端口，no shutdown 为启用端口；end 为直接返回到特权模式。

6. 交换机 IP 地址的设置

```
SWA#config terminal                                      //进入全局配置模式
SWA(config)#interface vlan 1                             //进入 VLAN₁
SWA(config-if)#ip address 192.168.1.111 255.255.255.0   //设置交换机的 IP 地址
SWA(config-if)#no shutdown                               //启用端口
SWA(config-if)#exit                                      //返回上一层模式
SWA(config)#ip default-gateway 192.168.1.1              //设置默认网关
SWA(config)#exit
SWA#
```

说明：交换机的 IP 地址配置实际上是在 VLAN₁ 的端口上进行配置的，默认时交换机的每个端口都是 VLAN₁ 的成员。

7. 显示交换机信息

```
SWA#show version             //查看交换机的版本
SWA#show vlan 1              //查看交换机的 IP 地址
SWA#show vtp status          //查看 VTP 配置信息
SWA#show running-config      //查看当前配置信息
SWA#show startup-config      //查看保存在 NVRM 中的启动配置信息
SWA#show vlan                //查看 VLAN 配置信息
SWA#show interface          //查看端口信息
SWA#show int f0/1           //查看指定端口信息
SWA#show mac-address-table   //查看交换机的 MAC 地址表
```

说明：在特权配置模式下，可利用 show 命令显示交换机的各种信息。

8. 保存或删除交换机配置信息

SWA#copy running-config startup-config	//保存配置信息到 NVRM 中
SWA#erase startup-config	//删除 NVRAM 中的配置信息

说明：在特权配置模式下，可用 copy running-config startup-config 命令（也可用简写命令 copy run start 或 write 或 wr），将配置信息从 DRAM（动态随机存取存储器）内存中手动保存到 NVRAM（非易失性随机访问存储器）中；利用 erase startup-config 命令可删除 NVRAM 中的内容。

【思考与讨论】本任务进行的是思科（Cisco）交换机的基本配置，请通过查阅相关资料或者亲自动手实践，比较和体会思科交换机的基本配置命令与华为、H3C 和锐捷等交换机有何异同？

6.4.2 任务：单交换机实现 VLAN 划分

1. 材料及工具准备

C2950 二层交换机 1 台，PC 2 台，Console 控制线 1 根，直通线 2 根。网络拓扑结构图如图 6-13 所示。其中，PC_0 连接交换机的 f0/1 端口，PC_1 连接交换机的 f0/2 端口。

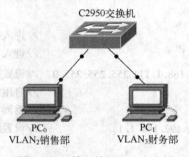

图 6-13　单交换机 VLAN 划分

2. TCP/IP 协议配置

PC_0 的 IP 地址：192.168.1.10，子网掩码：255.255.255.0。

PC_1 的 IP 地址：192.168.1.11，子网掩码：255.255.255.0。

3. 测试连通性

确认从 PC_0 能够用 ping 命令连通 PC_1，如果不能用 ping 命令连通，请检查各 PC 的 IP 地址，命令如下：

```
PC>ping 192.168.1.11
```

4. 设置 VLAN

1）在交换机中建立两个 VLAN：分别为 $VLAN_2$ 和 $VLAN_3$。

Switch>en	
Switch#vlan database	//进入 VLAN 设置
Switch(vlan)#vlan 2 name Sales	//创建 $VLAN_2$ 并命名为 Sales(销售部)

```
Switch(vlan)#vlan 3 name Financial        //创建 VLAN₃并命名为 Financial(财务部)
Switch(vlan)#exit
Switch#show vlan                          //查看新建的 VLAN
VLAN Name                        Status      Ports
---- ------------------------    ---------   --------------------------------
1    default                     active      Fa0/1, Fa0/2, Fa0/3, Fa0/4
                                             Fa0/5, Fa0/6, Fa0/7, Fa0/8
                                             Fa0/9, Fa0/10, Fa0/11, Fa0/12
                                             Fa0/13, Fa0/14, Fa0/15, Fa0/16
                                             Fa0/17, Fa0/18, Fa0/19, Fa0/20
                                             Fa0/21, Fa0/22, Fa0/23, Fa0/24
2    Sales                       active
3    Financial                   active
```

思考：此时在 $VLAN_2$ 和 $VLAN_3$ 中是否有端口连接，如果没有，为什么？

2）分配端口给 $VLAN_2$ 和 $VLAN_3$。

```
Switch#conf t
Switch(config)#int f0/1                   //进入 f0/1 端口
Switch(config-if)#switchport access vlan 2   //把端口 f0/1 划分给 VLAN₂
Switch(config-if)#int f0/2                 //进入 f0/2 端口
Switch(config-if)#switchport access vlan 3   //把端口 f0/2 划分给 VLAN₃
Switch(config-if)#end
Switch#sh vlan
VLAN Name                        Status      Ports
---- ------------------------    ---------   --------------------------------
1    default                     active      Fa0/3, Fa0/4, Fa0/5, Fa0/6
                                             Fa0/7, Fa0/8, Fa0/9, Fa0/10
                                             Fa0/11, Fa0/12, Fa0/13, Fa0/14
                                             Fa0/15, Fa0/16, Fa0/17, Fa0/18
                                             Fa0/19, Fa0/20, Fa0/21, Fa0/22
                                             Fa0/23, Fa0/24
2    Sales                       active      Fa0/1
3    Financial                   active      Fa0/2
```

5. 再次测试连通性

PC0 ping 通 PC1，命令如下：

```
PC>ping 192.168.1.11
```

思考：此时 PC_0 与 PC_1 是否能用 ping 命令连通，为什么？

【思考与讨论】默认时，交换机的端口属于哪个 VLAN？在单台交换机上划分 VLAN 后，不同 VLAN 间的主机能否相互通信？为什么？

6.4.3 任务：跨交换机实现 VLAN 划分

1. 材料及工具准备

C2950 二层交换机两台，PC 4 台，直通线 4 根，交叉线 1 根，Console 控制线 2 根。网络拓扑结构图如图 6-14 所示。

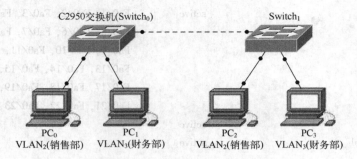

图 6-14 跨交换机 VLAN 的划分

说明：交换机 Switch₀ 和 Switch₁ 通过快速以太网端口 f0/1 端口连接，PC₀ 和 PC₁ 分别连接到交换机 Switch₀ 的 f0/2 和 f0/3 端口上，PC₂ 和 PC₃ 分别连接到交换机 Switch₁ 的 f0/2 和 f0/3 端口上。

2. TCP/IP 配置

PC₀ 的 IP 地址：192.168.1.10，子网掩码：255.255.255.0。
PC₁ 的 IP 地址：192.168.1.11，子网掩码：255.255.255.0。
PC₂ 的 IP 地址：192.168.1.12，子网掩码：255.255.255.0。
PC₃ 的 IP 地址：192.168.1.13，子网掩码：255.255.255.0。

3. 测试连通性

用 ping 命令分别测试 PC₀、PC₁、PC₂、PC₃ 这 4 台计算机之间的连通性，对测试结果进行分析。

4. 设置 VLAN

（1）配置 Switch₀ 交换机

```
Switch>en
Switch#conf t
Switch(config)#hostname Switch0                      //设置交换机名称为 Switch₀
Switch0(config)#exit
Switch0#vlan database                                //进入 VLAN 设置
Switch0(vlan)#vlan 2 name Sales                      //创建 VLAN₂ 并命名为 Sales(销售部)
Switch0(vlan)#vlan 3 name Financial                  //创建 VLAN₃ 并命名为 Financial(财务部)
Switch0(vlan)#exit
Switch0#conf t
Switch0(config)#int f0/2                             //进入 f0/2 端口
Switch0(config-if)#switchport access vlan 2          //把端口 f0/2 划分给 VLAN₂
Switch0(config-if)#int f0/3                          //进入 f0/3 端口
```

```
Switch0(config-if)#switchport access vlan 3        //把端口 f0/3 划分给 VLAN₃
Switch0(config-if)#end
Switch0#sh vlan
Switch0#conf t
Switch0(config)#int f0/1                            //进入 f0/1 端口
Switch0(config-if)#switchport mode trunk            //设置该端口为 trunk 端口
Switch0(config-if)#end
Switch0#
```

（2）配置 Switch₁ 交换机

```
Switch>en
Switch#conf t
Switch(config)#hostname Switch1
Switch1(config)#exit
Switch1#vlan database
Switch1(vlan)#vlan 2 name Sales
Switch1(vlan)#vlan 3 name Financial
Switch1(vlan)#exit
Switch1#conf t
Switch1(config)#int f0/2
Switch1(config-if)#switchport access vlan 2
Switch1(config-if)#int f0/3
Switch1(config-if)#switchport access vlan 3
Switch1(config-if)#end
Switch1#
```

5. 再次测试连通性

用 ping 命令分别测试 PC₀、PC₁、PC₂、PC₃ 这 4 台计算机之间的连通性，并分析测试结果。

【思考与讨论】交换机端口的链路类型（模式）有 3 种：access、trunk 和 hybird，这 3 种端口类型各有何作用？如何区别？

6.5 项目拓展：利用三层交换机实现 VLAN 间路由

假设公司的销售部和财务部的计算机还有第三种应用场景：这两个部门的计算机都分散在两台交换机上，分别处于不同的 VLAN，两台交换机通过一台三层交换机进行了连接。现在由于业务需求需要两个部门的主机能够相互访问，以获得相应的资源。那么怎么办呢？下面介绍将不同 VLAN 间的两个部门实现相互通信的解决方法。

1. 材料及工具准备

C3550 三层交换机 1 台，C2950 二层交换机 2 台，PC 4 台，直通线 4 根，交叉线 2 根，Console 控制线 3 根。网络拓扑结构图如图 6-15 所示。

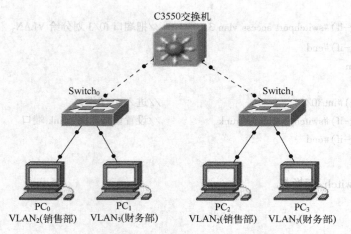

C3550交换机

Switch₀ Switch₁

PC₀   PC₁   PC₂   PC₃
VLAN₂(销售部) VLAN₃(财务部) VLAN₂(销售部) VLAN₃(财务部)

图 6-15　三层交换机实现 VLAN 间通信拓扑图

说明：二层交换机 Switch₀ 和 Switch₁ 通过快速以太网端口 f0/1 端口分别与三层交换机 Switch₂ 的 f0/1 和 f0/2 连接，PC₀ 和 PC₁ 分别连接到交换机 Switch₀ 的 f0/2 和 f0/3 端口上，PC₂ 和 PC₃ 分别连接到交换机 Switch₁ 的 f0/2 和 f0/3 端口上。

2. TCP/IP 配置

PC₀ 的 IP 地址：192.168.1.10，子网掩码：255.255.255.0，默认网关：192.168.1.1。

PC₁ 的 IP 地址：192.168.2.11，子网掩码：255.255.255.0，默认网关：192.168.2.1。

PC₂ 的 IP 地址：192.168.1.12，子网掩码：255.255.255.0，默认网关：192.168.1.1。

PC₃ 的 IP 地址：192.168.2.13，子网掩码：255.255.255.0，默认网关：192.168.2.1。

3. 测试连通性

用 ping 命令分别测试 PC₀、PC₁、PC₂、PC₃ 这 4 台计算机之间的连通性，并分析测试结果。

4. 设置 VLAN

（1）配置二层交换机 Switch₀

```
Switch>en
Switch#conf t
Switch( config)#hostname Switchch0
Switchch0( config)#exit
Switchch0#vlan database
Switchch0( vlan)#vlan 2 name Sales
Switchch0( vlan)#vlan 3 name Financial
Switchch0( vlan)#exit
Switchch0#conf t
Switchch0( config)#int f0/2
Switchch0( config-if)#switchport access vlan 2
Switchch0( config-if)#int f0/3
Switchch0( config-if)#switchport access vlan 3
Switchch0( config-if)#int f0/1
```

```
Switchch0(config-if)#switchport mode trunk
Switchch0(config-if)#end
Switchch0#
```

（2）配置二层交换机 Switch₁

```
Switch>en
Switch#conf t
Switch(config)#hostname Switch1
Switch1(config)#exit
Switch1#vlan database
Switch1(vlan)#vlan 2 name Sales
Switch1(vlan)#vlan 3 name Financial
Switch1(vlan)#exit
Switch1#conf t
Switch1(config)#int f0/2
Switch1(config-if)#switchport access vlan 2
Switch1(config-if)#int f0/3
Switch1(config-if)#switchport access vlan 3
Switch1(config-if)#int f0/1
Switch1(config-if)#switchport mode trunk
Switch1(config-if)#end
Switch1#
```

（3）配置三层交换机 Switch₂

```
Switch>en
Switch#conf t
Switch(config)#hostname Switch2
Switch2(config)#int f0/1
Switch2(config-if)#switchport trunk encap dot1q        //将 f0/1 端口的封装协议设为 dot1q
Switch2(config-if)#switchport mode trunk               //配置 f0/1 端口为 trunk 端口
Switch2(config-if)#switchport trunk allowed vlan all   //允许所有的 VLAN 通过
Switch2(config-if)#int f0/2
Switch2(config-if)#switchport trunk encap dot1q        //将 f0/2 端口的封装协议设为 dot1q
Switch2(config-if)#switchport mode trunk               //配置 f0/2 端口为 trunk 端口
Switch2(config-if)#switchport trunk allowed vlan all   //允许所有的 VLAN 通过
Switch2(config-if)#end
Switch2#vlan database
Switch2(vlan)#vlan 2 name Sales
Switch2(vlan)#vlan 3 name Financial
Switch2(vlan)#exit
Switch2#conf t
Switch2(config)#int vlan 2
```

```
Switch2(config-if)#ip address 192.168.1.1 255.255.255.0        //创建 VLAN$_2$虚拟接口并配置 IP
Switch2(config-if)#int vlan 3
Switch2(config-if)#ip address 192.168.2.1 255.255.255.0        //创建 VLAN$_3$虚拟接口并配置 IP
Switch2(config-if)#exit
Switch2(config)#ip routing
Switch2(config)#
```

5. 再次测试连通性

用 ping 命令分别测试 PC$_0$、PC$_1$、PC$_2$、PC$_3$这 4 台计算机之间的连通性，并分析测试结果。

6.6　项目实训：企业网络 VLAN 划分

假如你受聘于一家网络公司做网络工程师，现有一个客户公司需要建立了一个小型局域网，包含财务部、销售部和办公室 3 个部门，分别位于两座办公楼。在每一座办公楼设置一台交换机，在每一座办公楼都有财务部、销售部和办公室。现有两个工作任务。

任务 1：要求各部门内部主机有一些业务可以相互访问，但部门之间为了安全完全禁止互访。

任务 2：要求办公室内部计算机可以相互访问，财务部、销售部两个部门的计算机只有在同一座楼内的可以相互访问，不同楼的计算机不能相互访问，部门之间为了安全完全禁止互访。

请使用 VLAN 技术来完成以上两个工作任务，并完成实训报告。实训报告主要包括以下内容。

1. 实训概况

实训概况主要包括：实训目的、实训内容、实训地点、实训时间和实训环境等。

2. 实训过程

1）绘制网络拓扑结构图。

2）规划 IP 地址。

3）VLAN 的划分与配置。

4）测试连通性。

3. 实训思考

1）配置完成后交换机默认能让所有的 VLAN 数据通过主干链路，如果想要实现只允许某些 VLAN 的数据通过主干链路，不允许其他的数据通过主干链路，该如何实现？

2）如果想让位于不同 VLAN 的主机能够相互通信，那怎么办呢？

4. 实训心得

请阐述完成该实训后的心得和体会。

项目 7　配置路由器

【学习目标】

1. 知识目标

- 了解路由器的工作原理。
- 掌握路由器的基本配置命令。
- 掌握静态路由和动态路由的配置方法。

2. 能力目标

- 能够灵活使用路由器的基本配置命令。
- 能够根据实际业务需求配置静态路由和动态路由。

3. 素质目标

- 培养独立工作能力、创新能力和灵活应用知识的能力。
- 培养良好的质量意识和安全意识。

7.1　项目描述

假如你是 ABC 公司的网络管理员，随着公司规模的不断扩大，公司在附近租下了一幢新的写字楼，其中新、老写字楼中都已组建好了相互独立的局域网。为了使公司两幢写字楼的网络能快速、高效运行，需要把新、老写字楼中的局域网通过路由器连接起来，组成一个更大的局域网，实现新、老写字楼中内部主机的正常通信。

请你使用路由器技术来实现以上的业务需求。

7.2　项目分析

根据项目需求，需要掌握路由器的基本配置相关知识，并能够通过路由器技术实现新、老两幢写字楼不同局域网的互联互通。

路由器是互联网的主要节点设备，用于连接因特网中的各局域网和广域网，能将不同网络或网段之间的数据信息进行"翻译"，以使它们能够相互"读"懂对方的数据，从而构成一个更大的网络，它具有网络互联、数据处理和网络管理等功能。本项目可用两台路由器将相互独立的两个局域网连接起来，对两台路由器分别配置端口 IP 地址和静态路由，并对两幢大楼中的主机设置 IP 地址及网关，即可实现两幢写字楼的主机相互通信。

为了顺利完成这项工作，需要具备的相关知识包括：路由器的工作原理、静态路由与动态路由及路由器的相关配置命令等。

7.3 知识准备

7.3.1 路由器概述

路由器（Router），是连接因特网中各局域网和广域网的设备，是互联网络的枢纽。它会根据信道的情况自动选择和设定路由，以最佳路径，按前后顺序发送信号。目前路由器已经广泛应用于各行各业，各种不同档次的产品已成为实现各种骨干网内部连接、骨干网间互联和骨干网与互联网互联和互通业务的主力军。路由和交换机之间的主要区别就是交换机发生在 OSI 参考模型第二层（数据链路层），而路由发生在第三层（网络层）。这一区别决定了路由和交换机在移动信息的过程中需使用不同的控制信息，因此两者实现各自功能的方式是不同的。

1. 路由器的功能

目前的路由器产品都具有识别网络层地址、选择路由、生成和保存路由表，更好地控制拥塞、隔离子网，提供安全和强化管理等功能，其中最主要的功能包括以下几个方面。

（1）识别网络层地址和选择路由

当路由器接收到数据报时，首先将该数据报在数据链路层所附加的报头去掉，并提取网络层地址（即 IP 地址）；然后再根据路由表，确定数据报的传输路由，执行本身的路由协议，进行安全和优先权等处理；最后将通过各项处理的数据报重新附加上数据链路层的报头，进行转发。

（2）生成和保存路由表

路由选择表是路由器赖以寻址的依据，内容包括每个路由器所连接的网络标识，以及每个网络中所连接的主机标识。建立路由选择表的方法包括静态路由生成法和动态路由生成法。其中静态路由生成法是由管理员根据网络结构以手动方法生成，并存入路由器的内存中；而动态路由生成法则是经过路由器执行相关的路由协议自动生成。

（3）隔离子网

路由器通常可以处理多种协议并具备相应的协议处理软件，因此路由器能够将物理上分离的、不同技术的网络进行互联，并且能够将不同协议的网络视为一个子网进行互联，每个子网都是一个独立的管理域。路由器只将网络中传输的数据报发往特定的子网进行通信，绝不会向其他子网广播，从而实现子网隔离。

2. 路由器的组成和接口

（1）路由器的组成

路由器内部由以下组件组成。

1）CPU：路由器的中央处理器，负责路由计算和路由选择等，是衡量路由器性能的重要指标。

2）RAM：路由器的主存储器，用于存储当前配置文件（Running Config）、路由表、ARP 缓存和数据报等。重启或者断电后，RAM 中的内容丢失。

3）NVRAM（非易失性 RAM）：用于存储启动配置文件（Startup-Config）和备份文件等。重启或者断电后内容不丢失。

4）Flash ROM（快闪存储器）：用于存储系统路由器的操作系统软件的映像和启动配置文件等，是可擦可编程的 ROM。重启或者断电后内容不丢失，允许软件升级时不替换 CPU

中的芯片。

5) ROM：用于存储开机诊断程序、引导程序和操作系统软件的备份。ROM 中的软件升级需要更换 CPU 的芯片。

（2）路由器的端口

路由器具有非常强大的网络连接和路由功能，它可以与各种各样的不同网络进行物理连接，这就决定了路由器的端口技术非常复杂，越是高档的路由器其端口种类也就越多，因为它所能连接的网络类型越多。路由器的端口主要分局域网端口、广域网端口和配置端口 3 类，下面分别介绍。

1）局域网端口

常见的以太网端口主要有 AUI、BNC 和 RJ-45 端口，此外 FDDI、ATM 和千兆以太网等都有相应的网络端口，下面介绍几种主要的局域网端口。

① AUI 端口。

AUI 端口就是用来与粗同轴电缆连接的端口，它是一种"D"型 15 针端口，在令牌环或总线型网络中比较常见。路由器可通过粗同轴电缆收/发器实现与 10Base-5 网络的连接，但更多的则是借助于外接的收发/转发器（AUI-to-RJ-45），实现与 10Base-T 以太网络的连接。当然，也可借助于其他类型的收发/转发器实现与细同轴电缆（10Base-2）或光缆（10Base-F）的连接。AUI 端口示意图如图 7-1 所示。

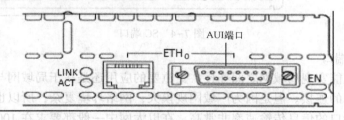

图 7-1　AUI 端口

② RJ-45 端口。

RJ-45 端口是常见的双绞线以太网端口。因为在快速以太网中也主要采用双绞线作为传输介质，所以根据端口的通信速率不同 RJ-45 端口又可分为 10Base-T 网 RJ-45 端口和 100Base-TX 网 RJ-45 端口两类。其中，10Base-T 网的 RJ-45 端口在路由器中通常是标识为"ETH"，而 100Base-TX 网的 RJ-45 端口则通常标识为"10/100BTX"。

图 7-2 所示为 10Base-T 网 RJ-45 端口，而图 7-3 所示为 10/100Base-TX 网 RJ-45 端口。其实这两种 RJ-45 端口仅就端口本身而言是完全一样的，但端口中对应的网络电路结构是不同的。

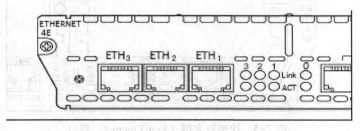

图 7-2　10Base-T 网 RJ-45 端口

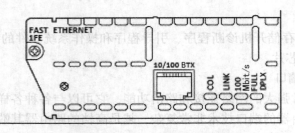

图 7-3　10/100Base-TX 网 RJ-45 端口

③ SC 端口。

SC 端口也就是平常所说的光纤端口，它用于与光纤的连接。光纤端口通常不直接用光纤连接至工作站，而是通过光纤连接到快速以太网或千兆以太网等具有光纤端口的交换机。这种端口一般在高档路由器才具有，都以"100B FX"标注，如图 7-4 所示。

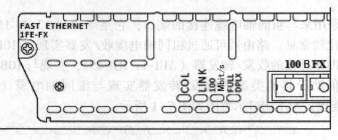

图 7-4　SC 端口

2）广域网端口

路由器不仅能实现局域网之间连接，更重要的应用还是在于局域网与广域网之间或广域网与广域网之间的连接。但是因为广域网规模大，网络环境复杂，所以也就决定了路由器用于连接广域网端口的信息传输速率非常高，在以太网中一般都要求在 100 Mbit/s 以上。下面介绍几种常见的广域网接口。

① RJ-45 端口。

利用 RJ-45 端口也可以建立广域网与局域网 VLAN（虚拟局域网）之间，以及与远程网络或 Internet 的连接。如果使用路由器为不同 VLAN 提供路由时，可以直接利用双绞线连接至不同的 VLAN 端口。但要注意这里的 RJ-45 端口所连接的网络一般不太可能是 10Base-T，一般都是 100 Mbit/s 以上。如果必须通过光纤连接至远程网络，或连接其他类型的端口时，则需要借助于收发/转发器才能实现彼此之间的连接。图 7-5 所示为快速以太网（Fast Ethernet）端口。

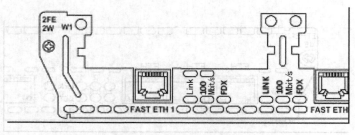

图 7-5　快速以太网（Fast Ethernet）端口

② AUI 端口。

AUI 端口在局域网中是用于与粗同轴电缆连接的网络端口，其实 AUI 端口也常被用于与广域网的连接，但是这种端口类型在广域网应用得比较少。在 Cisco 2600 系列路由器上，提供了 AUI 与 RJ-45 两个广域网连接端口（见图 7-6），用户可以根据自己的需要选择适当的类型。

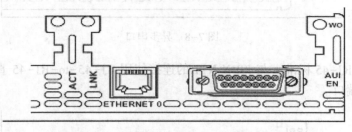

图 7-6　AUI 与 RJ-45 两个广域网连接端口

③ 高速同步串口。

在路由器的广域网连接中，应用最多的端口还要算高速同步串口（SERIAL）了，如图 7-7 所示。

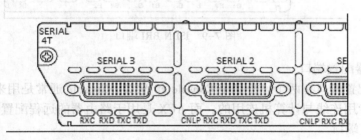

图 7-7　高速同步串口

这种端口主要是用于连接目前应用非常广泛的 DDN（利用数字信道传输数据信号）、帧中继（Frame Relay）、X.25 和 PSTN（模拟电话线路）等网络连接模式。在企业网之间有时也通过 DDN 或 X.25 等广域网连接技术进行专线连接。这种同步端口一般要求速率非常高，因为一般来说通过这种端口所连接的网络的两端必须是实时同步。

④ 异步串口。

异步串口（ASYNC）主要是应用于 Modem 或 Modem 池的连接，如图 7-8 所示。它主要用于实现远程计算机通过公用电话网入网，这种异步串口相对于上面介绍的同步串口来说在信息传输速率上要求就降低很多，因为它并不要求网络的两端保持实时同步，只要求能连续即可，主要是因为这种端口所连接的通信方式信息传输速率较低。

⑤ ISDN BRI 端口。

因 ISDN 这种互联网接入方式在信息传输速率上有它独特的一面，所以在 ISDN 刚兴起时就得到了充分的应用。ISDN BRI 端口用于 ISDN 线路通过路由器实现与 Internet 或其他远程网络的连接，可实现 128 Kbit/s 的信息传输速率。ISDN 有两种速率连接端口，一种是 ISDN BRI（基本信息传输速率接口），另一种是 ISDN PRI（基群信息传输速率接口）。ISDN

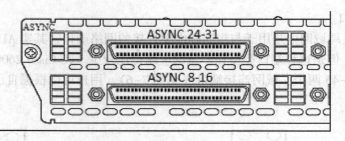

图 7-8　异步串口

BRI 端口是采用 RJ-45 标准，与 ISDN NT1 的连接使用 RJ-45-to-RJ-45 直通线。图 7-9 所示为 ISDN BRI 端口。

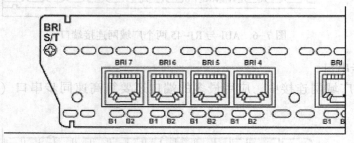

图 7-9　ISDN BRI 端口

（3）路由器配置端口

路由器的配置端口有两个，分别是 Console 和 AUX。Console 通常是用来进行路由器的基本配置时通过专用连线与计算机连用的，而 AUX 是用于路由器的远程配置用的。

1）Console 端口

Console 端口使用配置专用连线直接连接至计算机的串口，利用终端仿真程序（如 Windows 下的"超级终端"）进行路由器本地配置。路由器的 Console 端口多为 RJ-45 端口。图 7-10 所示就包含了一个 Console 配置端口。

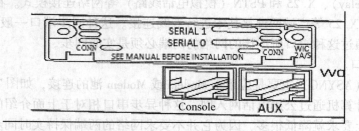

图 7-10　Console 端口与 AUX 端口

2）AUX 端口。

AUX 端口为异步端口，主要用于远程配置，也可用于拨号连接，还可通过收发器与 MODEM 进行连接。AUX 端口与 Console 端口通常同时提供，因为它们各自的用途不一样，接口图示参见图 7-10。

3. 路由器的分类

（1）按性能档次分

按性能档次分为高、中、低档路由器。

通常将路由器背板吞吐量大于 40 Gbit/s 的路由器称为高档路由器，背板吞吐量在 25～40 Gbit/s 之间的路由器称为中档路由器，而将低于 25 Gbit/s 的看作低档路由器。当然这只是一种宏观上的划分标准，各厂家划分并不完全一致。对 Cisco 路由器而言，7500 系列以上的路由器可称为高档路由器。

（2）从结构上分

从结构上分为模块化路由器和非模块化路由器。

可以用模块化结构灵活地配置路由器，以适应企业不断增加的业务需求，非模块化的就只能提供固定的端口。通常中、高端路由器为模块化结构，低端路由器为非模块化结构。

（3）从网络位置上或使用对象分

从网络位置上或使用对象分，可将路由器分为骨干（核心）级路由器、企业（分布）级路由器和接入（访问）级路由器。

骨干级路由器是实现 Internet 互联和企业级网络互联的关键设备，典型应用于电信运营商或大 ISP（互联网服务提供商）。它数据吞吐量较大，要求高速度和高可靠性。为了获得高可靠性，网络系统普遍采用诸如热备份、双电源和双数据通路等传统冗余技术，从而使得骨干路由器的可靠性得到保证。Cisco 7500 系列以上的路由器可算是骨干级路由器。

企业级路由器连接许多终端系统，连接对象较多，典型应用于大企业或园区（校园）网络。但系统相对简单，数据流量相对较小，要求以尽量便宜的方法实现尽可能多的端口互连，能够支持不同的服务质量。Cisco 4500 系列可算是企业级路由器。

接入级路由器主要是把小型局域网进行远程互联或接入 Internet，主要应用于小型企业客户、网吧或家庭。Cisco 2600 系列以下基本上算是接入级的路由器。

（4）从性能上分

从性能上可分为线速路由器和非线速路由器。

所谓线速路由器就是完全可以按传输介质带宽进行通畅传输，基本上没有间断和延时。通常线速路由器是高端路由器，具有非常高的端口带宽和数据转发能力，以介质允许的速率转发数据包。中、低端路由器是非线速路由器，一些新的宽带接入路由器也有线速转发能力。

（5）从功能上分

从功能上可分为通用路由器与专用路由器。一般所说的路由器为通用路由器，专用路由器通常为实现某种特定功能对路由器接口和硬件等作专门优化。例如接入服务器用作接入拨号用户，增强拨号端口以及信令能力；宽带接入路由器强调宽带端口数量及种类；无线路由器则专用于无线网络的路由连接。

7.3.2　路由器的工作原理

路由器用于连接多个逻辑上分开的网络，所谓逻辑网络是代表一个单独的网络或者一个子网。当数据从一个子网传输到另一个子网时，可通过路由器来完成。因此，路由器具有判断网络地址和选择路径的功能，它能在多网络互联环境中，建立灵活的连接，可用完全不同的数据分组和介质访问方法连接各种子网，路由器只接受源站或其他路由器的信息，属于网络层的一种互联设备。它并不关心各子网使用的硬件设备，但要求运行与网络层协议相一致的软件。

如图 7-11 所示，路由器的工作原理分析如下：

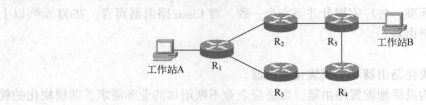

图 7-11 路由器的工作原理

1）工作站 A 将工作站 B 的 IP 地址（12.0.0.5）连同数据信息以数据帧的形式发送给路由器 R1。

2）路由器 R1 收到工作站 A 的数据帧后，先从报头中取出地址 12.0.0.5，并根据路由表计算出发往工作站 B 的最佳路径：R1→R2→R5→工作站 B，并将数据帧发往路由器 R_2。

3）路由器 R_2 重复路由器 R_1 的工作，并将数据帧转发给路由器 R_5。

4）路由器 R_5 同样取出目的地址，发现 12.0.0.5 就在该路由器所连接的网段上，于是将该数据帧直接交给工作站 B。

5）工作站 B 收到工作站 A 的数据帧，即一次通信过程宣告结束。

事实上，路由器除了路由选择这一主要功能外，还具有网络流量控制功能。有的路由器仅支持单一协议，但大部分路由器可以支持多种协议的传输，即多协议路由器。由于每一种协议都有自己的规则，要在一个路由器中完成多种协议的算法，势必会降低路由器的性能，所以支持多协议的路由器性能相对较低。用户购买路由器时，需要根据自己的实际情况，选择自己需要的支持相关网络协议的路由器。近年来出现了交换路由器产品，从本质上来说它不是什么新技术，而是为了提高通信能力，把交换机的原理组合到路由器中，使数据传输能力更快、更好。

7.3.3 静态路由与动态路由

路由分为静态（Static）路由和动态（Dynamic）路由，其相应的路由表称为静态路由表和动态路由表。静态路由表由网络管理员在系统安装时根据网络的配置情况预先设定，网络结构发生变化后由网络管理员手动修改。动态路由随网络运行情况的变化而变化，路由器根据路由协议提供的功能自动计算数据传输的最佳路径，由此得到动态路由表。

1. 静态路由

由网络管理员事先设置好的固定路由称之为静态路由，一般是在系统安装时就根据网络的配置情况预先设定的，它明确地指定了数据报到达目的地必须要经过的路径，除非网络管理员干预，否则静态路由不会发生变化，所以只适于网络传输状态比较简单的环境。

静态路由具有以下特点：

1）静态路由无须进行路由交换，因此节省网络的带宽、CPU 的利用率和路由器的内存。

2）静态路由具有更高的安全性。在使用静态路由的网络中，所有要连到网络上的路由器都需在邻接路由器上设置其相应的路由。因此在某种程度上提高了网络的安全性。

3）有的情况下必须使用静态路由，如使用 DDR（双倍速率同步动态随机存储器）及 NAT 技术的网络环境。

静态路由具有以下缺点：

1）管理者必须真正理解网络的拓扑结构并能正确配置路由。

2）网络的扩展性能差。如果要在网络上增加一个网络，管理者必须在所有路由器上加一条路由。

3）配置繁琐，特别是当需要跨越几台路由器通信时，其路由配置更为复杂。

2. 动态路由

动态路由是路由器根据网络系统的运行情况而自动调整的路由。路由器根据路由选择协议（Routing Protocol）提供的功能，自动学习和记忆网络运行情况，在需要时自动计算数据传输的最佳路径。动态路由适合拓扑结构复杂且规模庞大的网络。

根据路由算法，动态路由协议可分为距离向量路由协议（Distance Vector Routing Protocol）和链路状态路由协议（Link State Routing Protocol）。距离向量路由协议基于 Bellman-Ford 算法，主要有 RIP 和 IGRP（IGRP 为 Cisco 公司的私有协议）；链路状态路由协议基于图论中最短优先路径（Shortest Path First，SPF）算法，主要有 OSPF（开放式最短路径优先）协议。在距离向量路由协议中，路由器将部分或全部的路由表传递给与其相邻的路由器；而在链路状态路由协议中，路由器将链路状态信息传递给在同一区域内的所有路由器。

（1）RIP 协议及其算法

路由信息协议（Routing Information Protocol，RIP）是路由器生产商之间使用的第一个开放标准，是最广泛的路由协议，在所有 IP 路由平台上都可以得到。当使用 RIP 时，一台 Cisco 路由器可以与其他厂商的路由器连接。

RIP 采用距离向量（Distance Vector，DV）路由选择算法，该算法的基本思想是：路由器周期性地向其相邻路由器广播自己知道的路由信息，用于通知相邻路由器自己可以到达的网络以及到达该网络的距离（通常用"跳数"表示），相邻路由器可以根据收到的路由信息修改和刷新自己的路由表。

如图 7-12 所示，路由器 R 向相邻的路由器（例如路由器 S）广播自己的路由信息，通知路由器 S 自己到达网络 20.0.0.0、30.0.0.0 和 10.0.0.0。由于 R 传送来的路由信息中包含了两条 S 不知道的路由信息（到达 20.0.0.0 和 10.0.0.0 的路由），于是 S 将到达 20.0.0.0 和 10.0.0.0 的路由信息加入自己的路由表中，并将"下一站"指定为 R。也就是说，如果 S 收到目的 IP 地址的网络号为 20.0.0.0 或 10.0.0.0 的数据报，它将转发给路由器 R，由 R 进行再次投递。由于 R 到达网络 20.0.0.0 和 10.0.0.0 的距离分别为 0 和 1，因此，S 通过 R 到达这两个网络的距离分别为 1 和 2。

RIP 有两个版本：RIPv1 和 RIPv2，最大跳数均为 15 跳。RIPv1 是族类路由（Classful Routing）协议，因路由上不包括掩码信息，所以网络上的所有设备必须使用相同的子网掩码，不支持 VLSM（可变长子网掩码）。RIPv2 可发送子网掩码信息，是非族类路由

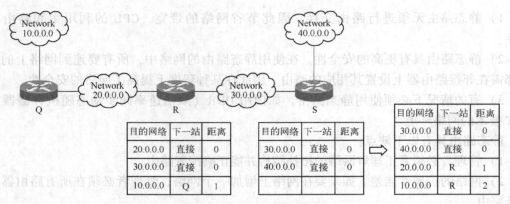

图 7-12　距离向量路由选择算法示例

（Classless Routing）协议，支持 VLSM。

RIP 使用 UDP（用户数据报协议）下的数据报更新路由信息。路由器每隔 30 s 更新一次路由信息，如果在 180 s 内没有收到相邻路由器的回应，则认为去往该路由器的路由不可用，则该路由器不可到达。如果在 240 s 后仍未收到该路由器的应答，则把有关该路由器的路由信息从路由表中删除。

RIP 具有以下特点：

1）不同厂商的路由器可以通过 RIP 互联。

2）配置简单。

3）适用于小型网络（小于 15 跳）。

4）RIPv1 不支持 VLSM。

5）需消耗广域网带宽。

6）需消耗 CPU 和内存资源。

RIP 的算法简单，但在路径较多时收敛速度慢，广播路由信息时占用的带宽资源较多，它适用于网络拓扑结构相对简单且数据链路故障率极低的小型网络中，在大型网络中一般不使用 RIP。

（2）OSPF 协议及其算法

开放式最短路径优先（Open Shortest Path First，OSPF）协议是一种为 IP 网络开发的内部网关路由选择协议，由 IETF（国际互联网工程任务组）开发并推荐使用。OSPF 协议由 3 个子协议组成：Hello 协议、交换协议和扩散协议。其中 Hello 协议负责检查链路是否可用，并完成指定路由器及备份指定路由器；交换协议完成"主""从"路由器的指定并交换各自的路由数据库信息；扩散协议完成各路由器中路由数据库的同步维护。

OSPF 协议采用链路-状态（link-status，L-S）路由选择算法，也称为最短路径优先算法，适合在大规模的互联网环境下使用。其基本思想是：互联网上的每个路由器周期性地向其他所有路由器广播自己与相邻路由器的连接关系，以使各个路由器都可以"画"出一张互联网络拓扑结构图，利用这张图和最短路径优先算法，路由器就可以计算出自己到达各个网络的最短路径。

距离向量路由选择算法并不需要路由器了解整个互联网的拓扑结构，它通过相邻路由器了解到达每个网络的可能路径；而链路-状态路由选择算法则依赖于整个互联网的拓扑结构，利用该拓扑结构图得到 SPF 树，再由 SPF 树生成路由表。

OSPF 协议具有以下优点：

1）能够在自己的链路状态数据库内表示整个网络，这极大地减少了收敛时间，并且支持大型异构网络的互联，提供了一个异构网络间通过同一种协议交换网络信息的途径，并且不容易出现错误的路由信息。

2）支持通往相同目的的多重路径。

3）使用路由标签区分不同的外部路由。

4）支持路由验证，只有互相通过路由验证的路由器之间才能交换路由信息，并且可以对不同的区域定义不同的验证方式，从而提高了网络的安全性。

5）支持费用相同的多条链路上的负载均衡。

6）是一个非族类路由协议，路由信息不受跳数的限制，减少了因分级路由带来的子网分离问题。

7）支持 VLSM 和非族类路由器查询路由表，有利于网络地址的有效管理。

8）使用 AREA（一种路由域，包括骨干域和普通域）对网络进行分层，减少了协议对 CPU 处理时间和内存的需求。

OSPF 协议也存在一些不足，主要包括：

1）要求较高的路由处理能力。一般情况下，运行 OSPF 协议要求路由器具有更大的存储器和更快的 CPU 处理能力。

2）要求一定的带宽。为了得到与相邻路由器的连接关系，互联网上的每个路由器都需要不断地发送和应答查询信息，与此同时，每个路由器还需要将这些信息广播到整个互联网。

7.3.4 相关配置命令

以思科（Cisco）路由器为例，路由器的基本配置命令如下。

1. 路由器的运行模式

```
Router>                  //用户模式,通常用来查看统计信息,但不能修改路由器的设置
Router#                  //特权模式,可以查看并修改路由器的配置,通常在这里运行 show 命令
Router(config)#          //全局模式,用来修改当前运行设置中的内容
Router(config-if)#       //端口模式,用来配置路由器的物理接口和环回接口
Router(config-subif)#    //子端口模式,用来配置在路由器中创建的逻辑接口
Router(config-line)#     //控制台端口模式,用来配置用户模式口令
Router(config-router)#   //路由协议端口模式,用来配置路由协议,如 RIP、IGRP 等
```

2. 帮助

在 IOS 操作中，无论任何状态和位置，都可以键入"?"得到系统的帮助。

3. 改变命令状态

改变命令状态的命令如表 7-1 所示。

表 7-1　改变命令状态的命令

命　令	说　明
enable	进入特权命令状态
disable	退出特权命令状态
setup	进入设置对话状态
config terminal	进入全局设置状态

命 令	说 明
end	退出全局设置状态
interface *type slot/number*	进入端口设置状态
interface *type number.subinterface* [point-to-point｜multipoint]	进入子端口设置状态
line *type slot/number*	进入线路设置状态
router *protocol*	进入路由设置状态
exit	退出局部设置状态

4. 显示命令

常用的显示命令如表 7-2 所示。

表 7-2 显示命令

命 令	说 明
show version	查看版本及引导信息
show running-config	查看运行设置
show startup-config	查看开机设置
show interface *type slot/number*	显示端口信息
show ip router	显示路由信息

5. 拷贝命令

用于 IOS 及 CONFIG 的备份和升级，如图 7-13 所示。

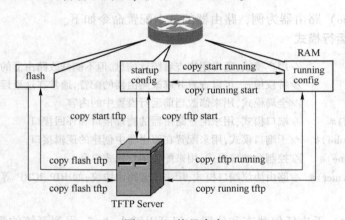

图 7-13 拷贝命令

注：

copy flash tftp：备份 IOS。

copy tftp flash：更新 IOS 映像文件。

copy start tftp：将启动的配置文件备份到 TFTP 服务器。

copy tftp start：将 TFTP 服务器中的配置文件更新到 NVRAM 中。

copy running tftp：将正在运行的配置文件备份到 TFTP 服务器。

copy tftp running：从 TFTP 服务器中拷贝备份的配置文件到 RAM。

copy running start：将存储在 RAM 的正确配置拷贝到路由器的 NVRAM 中。

copy start running：将 NVRAM 中的配置文件拷贝到 RAM 中。

6. 网络命令

常用的网络命令如表 7-3 所示。

表 7-3　网络命令

命　　令	说　　明
telnet *hostname* | *IP address*	登录远程主机
ping *hostname* | *IP address*	网络侦测
trace *hostname* | *IP address*	路由跟踪

7. 基本设置命令

常用的基本设置命令如表 7-4 所示。

表 7-4　基本设置命令

命　　令	说　　明
config terminal	全局设置
username *username* password *password*	设置访问用户及密码
enable secret *password*	设置特权密码
hostname *name*	设置路由器名
ip route *destination subnet-mask next-hop*	设置静态路由
ip routing	启动 IP 路由
ipx routing	启动 IPX 路由
interface *type slot/number*	端口设置
ip address *address subnet-mask*	设置 IP 地址
ipx network *network*	设置 IPX 网络
no shutdown	激活端口
line *type number*	物理线路设置
login [local | tacacs server]	启动登录进程
password *password*	设置登录密码

7.4　项目实现

7.4.1　任务：路由器的基本配置

1. 材料及工具准备

Cisco 2811 路由器 1 台，PC 1 台，Console 控制线 1 根。网络拓扑结构图如图 7-14 所示。

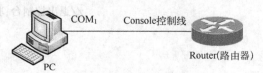

图 7-14　配置路由器的拓扑结构图

说明：将 Console 控制线的一端插入计算机 COM₁ 串口，另一端插入路由器的 Console 端口。

2. 基本的命令行配置

Router>enable	//进入特权模式
Router#configure terminal	//进入全局配置模式
Router(config)#no ip domain lookup	//关闭动态的域名解析
Router(config)#line console 0	//配置 console 端口
Router(config-line)#exec-timeout 0 0	//关闭控制台的会话超时
Router(config-line)#logging synchronous	//日志同步
Router(config-line)#exit	
Router(config)#hostname Router1	//修改路由器的标识
Router1#clock set 14:35:30 20 February 2018	//配置时钟
Router1(config)#banner motd #	//配置日期信息标志区(MOTD),登录路由器时显示
Welcome to Cisco Router.	//输入要显示的信息内容
#	//输入"#"结束
Router1(config)#int s1/0	//进入串口 s1/0
Router1(config-if)# ip add 192.168.1.10 255.255.255.0	//配置端口的 IP 地址
Router1(config-if)#clock rate 64000	//配置串口线的 DCE 端的时钟
Router1(config-if)#no shutdown	//激活端口
Router1(config-if)#exit	
Router1(config)#exit	

3. 设置路由器口令

Router1#conf t	
Router1(config)#enable password aaa	//设置特权明文口令为 aaa
Router1(config)#enable secret bbb	//设置特权密文口令为 bbb
Router1(config)# username user1 privilege 15 password ccc	//建立本地用户名和密码
Router1(config)#line con 0	//进入控制台端口
Router1(config-line)#password ddd	//设置控制台口令为 ddd
Router1(config-line)#login	//启用登录密码验证
或 Router1 (config-line)#login local	//用本地用户名和密码进行验证
Router1(config-line)#line vty 0 4	//进入虚拟终端
Router1(config-line)#pass eee	//设置 Telnet 登录口令
Router1(config-line)#login	//启用口令验证
或 Router1 (config-line)#login local	//用本地用户名和密码进行验证
Router1(config)#service password-encryption	//加密口令
Router1(config)# Ctrl+Z	//end、exit 和〈Ctrl+Z〉为 3 种退出命令
Router1#sh run	//显示结果,口令以被加密
Router1#logout	//退出控制台,验证密码配置,也可使用 exit

4. 取消密码

Router1#conf t	
Router1(config)#no enable password	

```
Router1(config)#no enable secret
Router1(config)#line con 0
Router1(config-line)#no pass
Router1(config-line)#no login
Router1(config-line)#line vty 0 4
Router1(config-line)#no pass
Router1(config-line)#no log
Router1(config-line)#line aux 0
Router1(config-line)#no pass
Router1(config-line)#no log
Router1(config-line)#end
```

5. 查看路由器的信息

```
Router1#show clock                  //查看配置的时钟
Router1#sh history                  //查看在路由器上最近输入的命令
Router1#sh terminal                 //查看终端历史记录的大小
Router1#terminal history size 25    //将历史记录的大小改为 25 条
Router1#sh version                  //显示路由器的版本信息
Router1# sh flash                   //显示路由器 flash 中 IOS 情况、flash 总大小和可用空间
Router1#sh session                  //显示会话记录
Router1#sh ip arp                   //显示路由器中缓存的 ARP 表
Router1#sh controller s1/0          //查看 s1/0 信息
Router1#sh startup-config           //显示下次路由器重新加载时将要使用的配置
Router1#sh running-config           //显示当前的配置信息
Router1#copy run star               //保存当前的配置将其作为启动时的配置,或用 write memory 命令实现
Router1#sh run                      //显示运行配置
Router1# erase startup-config       //删除启动配置
Router1#reload                      //重启路由
```

【思考与讨论】本任务进行的是思科（Cisco）路由器的基本配置，请通过查阅相关资料或者亲自动手实践，比较和体会思科路由器的基本配置命令与华为、H3C 和锐捷等路由器有何异同？

7.4.2　任务：局域网间静态路由的配置

1. 材料及工具准备

Cisco 2811 路由器 2 台，Cisco 2950 交换机 2 台，计算机 4 台，V.35 线缆 1 根，Console 控制线 2 根，直通线 6 根。网络拓扑结构图如图 7-15 所示。

说明：① 用 V.35 线缆将路由器 A 的 s0/3/0 端口与路由器 B 的 s0/3/0 端口连接。

② 用直通线将交换机 A 的 f0/1 端口与路由器 A 的 f0/1 端口连接。

③ 用直通线将交换机 B 的 f0/1 端口与路由器 B 的 f0/1 端口连接。

④ 用直通线将 PC$_A$、PC$_B$ 分别与交换机 A 的 f0/2、f0/3 端口连接。

⑤ 用直通线将 PC$_C$、PC$_D$ 分别与交换机 B 的 f0/2、f0/3 端口连接。

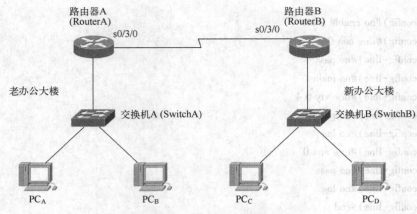

图 7-15 局域网互联拓扑结构

2. 规划 IP 地址

各 PC 和路由器的端口 IP 地址、子网掩码和默认网关等设置如表 7-5 所示。

表 7-5 各 PC 和路由器端口的 IP 地址规划

设备/端口		IP 地址	子网掩码	默认网关
PC_A		192. 168. 1. 11	255. 255. 255. 0	192. 168. 1. 1
PC_B		192. 168. 1. 12	255. 255. 255. 0	192. 168. 1. 1
PC_C		192. 168. 2. 13	255. 255. 255. 0	192. 168. 2. 1
PC_D		192. 168. 2. 14	255. 255. 255. 0	192. 168. 2. 1
路由器 A	s0/3/0	192. 168. 3. 1	255. 255. 255. 0	
	f0/1	192. 168. 1. 1	255. 255. 255. 0	
路由器 B	s0/3/0	192. 168. 3. 2	255. 255. 255. 0	
	f0/1	192. 168. 2. 1	255. 255. 255. 0	

3. 各 PC 的 TCP/IP 地址配置

按表 7-5 所规划的 IP 地址，设置各 PC 的 IP 地址、子网掩码和默认网关（步骤略）。

4. 配置路由器 A

（1）设置路由器 A 的名称

```
Router>en
Router#config terminal
Router(config)#hostname RouterA
RouterA(config)#exit
RouterA#
```

（2）设置路由器 A 控制台登录口令

```
RouterA#conf t
RouterA(config)#line console 0
RouterA(config-line)#password abc11
```

```
RouterA(config-line)#login
RouterA(config-line)#end
RouterA#
```

(3) 设置路由器 A 特权模式口令

```
RouterA#config t
RouterA(config)#enable password abc12
RouterA(config)#enable secret abc13
RouterA(config)#exit
RouterA#
```

(4) 设置路由器 A Telnet 登录口令

```
RouterA#conf t
RouterA(config)#line vty 0 4
RouterA(config-line)#enable secret abc14
RouterA(config)#login
RouterA(config)#end
RouterA#
```

(5) 设置路由器 A 端口 s0/3/0 和 f0/1 的 IP 地址

```
RouterA#conf t
RouterA(config)#int s0/3/0
RouterA(config-if)#ip address 192.168.3.1 255.255.255.0
RouterA(config-if)#clock rate 64000
RouterA(config-if)#no shut
RouterA(config-if)#exit
RouterA(config)#interface f0/1
RouterA(config-if)#ip address 192.168.1.1 255.255.255.0
RouterA(config-if)#no shut
RouterA(config-if)#end
RouterA#
```

(6) 设置路由器 A 静态路由

```
RouterA#conf t
RouterA(config)#ip route 192.168.2.0 255.255.255.0 192.168.3.2
RouterA(config)#exit
RouterA# write
RouterA#
```

(7) 查看路由器 A 的运行配置和路由表

```
RouterA#show running-config
RouterA# show startup-config
RouterA#show ip route
```

5. 配置路由器 B

路由器 B 的配置方法参考上面路由器 A 的配置。

6. 测试连通性

用 ping 命令测试 PC_A、PC_B、PC_C、PC_D 这 4 台计算机之间的连通性，结果如何？为什么？

【思考与讨论】静态路由配置中串口的时钟频率（clock rate）有什么作用？配置上有何要求？

7.5　项目拓展：局域网间动态路由的配置

在前面的"7.4.2　任务　局域网间静态路由器的配置"中，已学习了局域网间静态路由的配置方法，如果要求用动态路由技术来实现 7.4.2 中的任务目标，该如何配置呢？下面介绍如何配置 RIP 动态路由来实现局域网间的路由。

其中，"材料及工具准备""规划 IP 地址"和"各 PC 的 TCP/IP 地址配置"与前面的7.4.2 一样，下面主要给出路由器的 RIP 配置实现。

1. 配置路由器 A

（1）IP 参数配置

```
Router>en
Router#conf t
Router( config)#hostname RouterA
RouterA( config)#int s0/3/0
RouterA( config-if)#ip address 192. 168. 3. 1 255. 255. 255. 0
RouterA( config-if)#clock rate 64000          //设置串口线 DCE 端的时钟频率
RouterA( config-if)#no shut
RouterA( config-if)#exit
RouterA( config)#int f0/1
RouterA( config-if)#ip address 192. 168. 1. 1 255. 255. 255. 0
RouterA( config-if)#no shut
RouterA( config-if)#exit
RouterA( config)#
```

（2）RIP 配置

```
RouterA( config)#route rip                     //启用路由器 A 的 RIP 协议
RouterA( config-router)#network 192. 168. 1. 0  //相关子网地址
RouterA( config-router)#network 192. 168. 3. 0
RouterA( config-router)#end
RouterA# sh ip route                           //查看路由表
```

2. 配置路由器 B

（1）IP 参数配置

148

```
Router>en
Router#conf t
Router( config)#hostname RouterB
RouterB( config)#int s0/3/0
RouterB( config-if)#ip address 192. 168. 3. 2 255. 255. 255. 0
RouterB( config-if)#no shut
RouterB( config-if)#exit
RouterB( config)#int f0/1
RouterB( config-if)#ip address 192. 168. 2. 1 255. 255. 255. 0
RouterB( config-if)#no shut
RouterA( config-if)#exit
RouterA( config)#
```

（2）RIP 配置

```
RouterB( config)#router rip
RouterB( config-router)#ver 2
RouterB( config-router)#network 192. 168. 2. 0
RouterB( config-router)#network 192. 168. 3. 0
RouterA( config-router)#end
RouterA# sh ip route
```

3. 测试连通性

用 ping 命令测试 PC$_A$、PC$_B$、PC$_C$、PC$_D$ 这 4 台计算机之间的连通性，结果如何？为什么？

7.6 项目实训：局域网间路由的配置

学校有新、旧两个校区，每个校区都有一个独立的局域网，为了使新、旧校区能够正常相互通讯，共享资源。每个校区出口利用一台路由器进行连接，两台路由器间用一条 2M 的 DDN（数字数据网）专线进行相连，要求做适当配置实现两个校区的正常相互访问。

请你使用静态路由或动态路由方式实现两个校区网络的连通性，并完成实训报告。实训报告主要包括以下内容。

1. 实训概况

实训概况主要包括：实训目的、实训内容、实训地点、实训时间和实训环境等。

2. 实训过程

1）绘制网络拓扑结构图。

2）规划 IP 地址。

3）在路由器上配置静态路由或者动态路由。

4）测试连通性。

3. 实训思考

1）静态路由和动态路由各有何优缺点？什么情况下适合使用静态路由？什么情况下适合使用动态路由？

2）配置路由时，应注意的问题有哪些？

4. 实训心得

请阐述完成该实训后的心得和体会。

项目 8　网络互联综合应用

【学习目标】

1. 知识目标
- 了解网络互联的概念。
- 熟悉网络互联设备和常用的路由选择协议。
- 掌握交换机和路由器的配置方法与步骤。

2. 能力目标
- 能够正确使用各种网络设备进行网络连接。
- 能够根据业务需求完成网络互联项目的设计、实施和测试。

3. 素质目标
- 培养学生的动手能力、创新能力和灵活应用知识的能力。
- 培养高度的责任感和良好的团队合作精神。

8.1　项目描述

假如你是 ABC 公司的网络管理员，随着公司业务规模的不断扩大，公司在广州成立了一个办事处。公司总部和广州办事处分别属于不同的局域网，其中公司总部包括了财务部、销售部和生产部 3 个部门，每一个部门都在一个地点集中办公。为了公司办公网络能稳定而高效地运行，需要把公司总部和广州办事处的局域网通过路由器连接起来，组成一个更大的局域网，实现数据高速传输和资源共享。

请你使用二层交换机、三层交换机和路由器等各种网络设备以及网络互联技术实现以上业务需求。

8.2　项目分析

根据项目需求，设计出来的公司网络拓扑结构图如图 8-1 所示。

公司总部的每个部门分别用一台二层交换机相连，且需要为各部门划分 VLAN 以增强网络的安全性，再用一个三层交换机作为核心交换机进行汇聚；广州办事处用一台二层交换机把各办公计算机相连组成局域网；最后用两台路由器将两个局域网连接起来。搭建好网络环境后，在各交换机上创建和划分 VLAN，利用三层交换机来实现不同 VLAN 的通信，并利用动态路由技术来实现不同局域网间的互联和互通。

为了顺利完成这项工作，除了需要具备前面所学的交换机和路由器配置相关知识以外，还要准备的相关知识包括：网络互联的基本概念、常见的网络互联设备以及路由选择协议等。

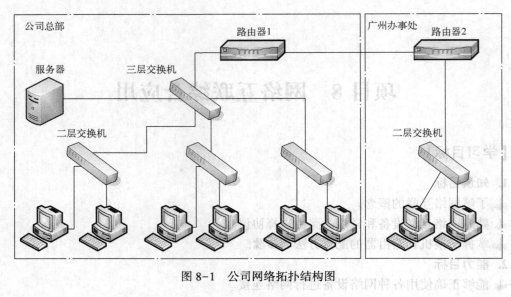

图 8-1 公司网络拓扑结构图

8.3 知识准备

8.3.1 网络互联概述

网络互联是利用网络设备及相应的组网技术和协议把两个或两个以上的计算机网络连接起来，以构成更大的网络系统。如学校的每一个实验室是一个局域网，这些局域网通过交换机等设备连接起来形成更大的局域网（即校园网），校园网又通过路由器等设备与 Internet 互联。网络互联的目的是实现不同网络中的用户可以进行互相通信、共享软件和数据等，以实现更大范围的资源共享。

网络互联可根据相互连接的网络类型不同，分为局域网与局域网互联、局域网与广域网互联及广域网与广域网互联。不管哪种类型的连接，都必须通过网络连接设备相连。根据网络连接设备在 OSI 参考模型中的所处层次，可以把网络互联的层次分为以下 4 种。

1. 物理层互联

设备工作在同构的物理层上，只对比特信号进行放大和转发，通常没有管理能力；可扩大一个网络的作用范围。

常用设备：集线器（Hub）和中继器（Repeater）。

2. 数据链路层互联

设备工作在数据链路层上，对数据帧信息进行存储、转发和 MAC 地址过滤，对传输的数据帧具有较强的管理能力；主要是用来实现多个网络系统之间的数据交换。

常用设备：网桥（Bridge）和交换机（Switch）。

3. 网络层互联

在网络层对数据包进行存储和转发，对传输的信息具有很强的管理能力；主要是连接不同的网络，解决路由选择、拥塞控制和差错处理等问题。

常用设备：路由器（Router）。

4. 网络高层互联

对传输层及传输层以上的协议进行转换，实际上是一个协议转换器，通常被称为网关，又被称为网间连接器、信关或联网机，主要解决异构网络的互联问题。

常用设备：网关（Gateway）。

8.3.2 网络互联设备

在网络互联中，通常使用以下设备：中继器（Repeater）、集线器（Hub）、网桥（Bridge）、交换机（Switch）、路由器（Router）和网关（Gateway）等，下面对这些设备进行介绍。

1. 中继器

中继器实际上是一种信号放大器，可将变弱的信号和有失真的信号进行整形与放大，输出信号的强度比原信号强度有很大提高。图 8-2 所示是一个 HD-MDI 中继器。

因为外界的干扰等因素，有用的数据信号在传输介质中传输会变得越来越弱，对于有线以太网来说，双绞线最大的传输距离是 100 m（一般要求布线不超过 90 m），而实际的布线中从网卡到集线设备的链路经常都会超过 100 m，为了保证有用数据的完整性，就需要在中间安装"中继器"。因此，可以看出中继器工作在 OSI 参考模型中的第一层（物理层），它主要对网络起延伸作用。

需要注意的是，在共享介质的局域网中，最多只能使用 4 个中继器，将网络扩展到 5 个网段的长度，且中继器一般只用于数据链路层以上相同局域网的互联，不能连接两种不同介质访问类型的网络，如令牌环和以太网之间就不能使用中继器互联。

2. 集线器

集线器可以视作多端口的中继器，是早期以太网中主要的连接设备，它的基本功能是信息分发，把从一个端口接收的所有信号向所有端口分发出去。图 8-3 所示是一个 16 口的集线器。

图 8-2　中继器　　　　　　　　　　　图 8-3　集线器

集线器的网络拓扑结构图如图 8-4 所示，集线器处于网络的"中心"，连接的 6 台客户机之间可以互联互通，通过集线器对信号进行转发。当客户机 1 要将信息发给客户机 4 时，客户机 1 的网卡将信息通过双绞线传送到集线器，集线器并不会直接将信息发送给客户机 4，它会将信息广播出去，将信息同时发送给 6 个端口，当 6 个端口上的计算机接收到这条广播信息时，各计算机网卡会对接收到的信息进行检查，看信息中携带的目的 MAC 地址是否与自己的 MAC 地址一致。如果发现一样，则接收信息，否则就丢弃。由于该信息是客户机 1 发给客户机 4 的，因此最终客户机 4 会接收该信息，而其他 5 台客户机不接收该信息。

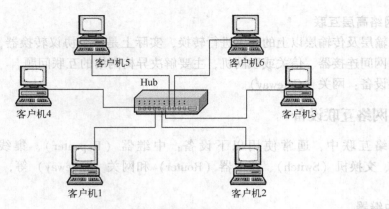

图 8-4　集线器网络拓扑结构图

由此可知，集线器是一种"共享"设备，集线器本身不能识别目的地址，数据报在以集线器为架构的网络上是以广播方式传输的，由每一台终端通过验证数据报头的目的 MAC 地址是否跟自己的 MAC 地址一致来确定是否接收，如果一台集线器连接的机器数目较多，并且多台机器经常需要同时通信时，将导致集线器的工作效率很差，会发生信息堵塞与碰撞等。因此随着交换机技术的发展，大部分集线器已被交换机取代。

3. 网桥

网桥是工作在数据链路层的设备，可以识别信号中所携带的信息数据帧。网桥接收到数据帧后，获取数据帧中的目的 MAC 地址，再通过查询网桥中存储的 MAC 地址表决定是否转发帧，从而减少了网络中冲突的发生。

网桥的网络拓扑结构图如图 8-5 所示。主机 H_1 发送信息到 H_3，那么网桥 B_1 从端口 1 接收到数据帧后，会查询所存储的 MAC 地址表，查到目的 MAC 地址对应的是端口 2 后，把数据帧从端口 2 转发出去；网桥 B_2 也会从端口 1 中收到这个数据帧，在自己的 MAC 地址表中查询到目的 MAC 地址对应的是端口 1，跟接收的端口是一样的，因此不转发。

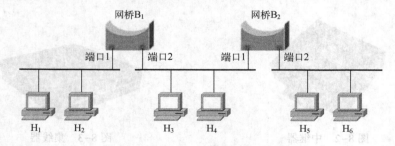

图 8-5　网桥的网络拓扑结构图

将网桥与前面介绍的中继器进行对比，可以发现中继器是不经过判断而直接转发信息的，而网桥需要先查询自己的 MAC 地址表后再决定是否转发数据，这样做的优点是可以分隔两个网络之间的广播通信量，改善互联网络的性能和安全性。

4. 交换机

交换机是一个具有简化、低价、高性能和高端口密度的网络互联产品。交换机有多个端口，每个端口都具有桥接功能，可以连接一个局域网或一台高性能服务器或工作站，实际上，交换机有时被称为多端口网桥。图 8-6 所示是一个 D-Link 24 口交换机。

图 8-6　D-Link24 口交换机

交换机工作在数据链路层，由于交换机中有端口与地址的映射表，因此它能够将数据送往指定的端口，而其他端口可以继续向另外的端口传送数据，从而避免了集线器同时只能有一对端口工作的限制。使用交换机可以增加网络带宽（即提高网络速度），对于一个 N 端口 100 Mbit/s 的交换机而言，如果每两个端口相互传送数据，由于每对端口在传送时都拥有 100 Mbit/s 的频宽，因此理论上可以获得的最大频宽为 100×N/2（Mbit/s）。

三层交换机是将传统的交换功能和路由功能结合起来的网络设备，它既可完成传统交换机的端口交换功能，又可完成路由器的路由功能。由于第三层交换机兼有第二和第三层次功能，因而它不但支持大多数同一虚拟网络之间节点的通信，还能够完成广播域的隔离，同时还可代替传统路由器实现 VLAN 之间的互联功能。

5. 路由器

路由器是工作在网络层的设备，是用于连接多个逻辑上分开的网络，一般情况如果互联的局域网数目很多或要将局域网与广域网的相互连接，采用路由器最好。图 8-7 所示为思科 2900 系列路由器。

图 8-7　路由器（思科 2900 系列）

路由器的作用是在源节点和目的节点之间为数据交换选择路由，它提供了各种网络接口，其基本功能如下。

1）协议转换：能对网络层及其以下各层的协议进行转换。

2）路由选择：按某种路由策略选择最佳路由，也能支持多种协议的路由选择。

3）网络互联：它支持各种 LAN 和 WAN 接口，主要用于互连 LAN 和 WAN 的互联。

4）数据处理：提供路由选择、优先级、复用、加密、压缩和防火墙功能。

5）网络管理：提供配置管理、性能管理、容错管理和流量控制等功能。

如果简化一下，路由器主要完成"寻径"和"转发"这两个功能。"寻径"是指建立和维护路由表的过程，主要由软件实现；"转发"是指把数据分组从一个端口转到另一端口的过程，主要由硬件完成。例如：当一个数据包到达路由器后，排入队列，会按照"先入先出"顺序由路由器逐一处理，提取信息的目的地址，查看路由表；如有多条路径可到达，则会根据路由协议选择一条最佳路径，然后进行转发。

6. 网关

网关工作在网络层以上，在一个计算机网络中，如果连接不同类型而协议差别又较大的网络时，要选用网关设备。网关的功能体现在 OSI 模型的高层，它将协议进行转换，将数据重新分组，以便在两个不同类型的网络系统之间进行通信。由于协议转换是一件复杂的事，一般来说，网关只进行一对一转换，或是少数几种特定应用协议的转换。用于网关转换的应用协议有电子邮件、文件传输和远程工作站登录等。另外，将专用网络连接到公共网络的路由器也称为网关。目前，网关已成为网络上每个用户都能访问大型主机的通用工具。

中继器和集线器、网桥和交换机、路由器和网关的工作原理、互联层次、性能特点和价格等都不同，在实际组建网络时，应该根据实际需要选择产品。各种网络互联设备的对比如表 8-1 所示。

表 8-1 各种网络互联设备的对比

互联设备	互联层次	应用场合	功　能	优　点	缺　点
中继器、集线器	物理层	互联相同 LAN 的多个网段	信号放大；延长信号距离	互联容易；价格低；基本无延迟	互联规模有限；不能隔离不必要的流量；无法控制信息传输
网桥、交换机	数据链路层	各种局域网的互联	连接局域网；改善局域网性能	互联容易；协议透明；隔离不必要的流量；交换效率高	会产生广播风暴；不能完全隔离不必要的流量；管理控制能力有限有延迟
路由器	网络层	LAN 与 LAN、LAN 与 WAN、WAN 与 WAN 互联	路由选择；过滤信息；网络管理	适合于大规模复杂网络互联；管理控制能力强；充分隔离不必要的流量	网络设置复杂；价格高；延迟大
网关	会话层、表示层、应用层	互联协议不同的网络；连接网络与大型主机	在高层转换协议	可以互联差异很大的网络；安全性好	通用性差

8.3.3 路由选择协议

路由器利用路由选择协议交换路由信息，建立路由表并根据路由表转发分组。通过路由选择协议，路由器可动态适应网络结构的变化，并找到到达目的网络的最佳路径。路由选择协议很多，其中最常用的是路由信息协议（RIP）和开放式最短路径优先（OSPF）协议。

1. 路由信息协议（RIP）

RIP 采用距离向量算法，根据距离选择路由。"距离"是指经过路由器的站点数，即每经过一个路由器则距离加 1。因此经过的路由器数量是描述该算法中距离的单位。如果源路由器到目的路由器有多条路径，则路由器必须检查每条路径，选择距离最短的路径为最佳路由。RIP 的最大优点就是实现简单，费用较小，因此目前在规模较小的网络中，使用 RIP 的仍占多数。但 RIP 的缺点也较多：首先，其限制了网络的规模，能使用的最大距离为 15，即从源地址到目的地址所要经过的路由器超过 16 个则不可到达；其次，路由器交换的信息是路由器的完整路由表，因而随着网络规模的扩大，费用也就随之增加；最后，RIP 假定距离最短的路径最佳，没有考虑路由带宽、堵塞和延迟等因素，因此有时候通过 RIP 选出的路径不一定是最优的。

2. 开放式最短路由优先（OSPF）协议

OSPF（Open Shortest Path First，开放式最短路径优先）协议是一种基于链路状态的路由协议，每个路由器向其他同一管理域内的所有路由器发送链路状态广播信息，并把该信息保存在一个拓扑数据库中，该数据库可以看作是路由器相互关系的一张全局网络图。OSPF是基于最短路径优先和链路状态技术，根据最短路径优先（SPF）算法计算每个节点的最短路径，链路状态路由算法的基本思想是每个路由器周期性地向其他路由器广播自己与相邻路由器的连接关系，例如链路类型、IP 地址和子网掩码、带宽、延迟、可靠度等，从而使网络中的各路由器能获取远处网络的链路状态信息，使各个路由器都可以画出一张互联网络拓扑结构图。利用这张图和最短路径优先算法，路由器就可以计算出自己到达各个网络的最短路径。

与 RIP 相比，OSPF 的优越性非常突出，并在越来越多的网络中取代 RIP 而成为首选的路由协议。OSPF 的优越性主要表现在协议的收敛时间短，不存在路由环路，支持可变长子网掩码（VLSM）和无类别域间路由（CIDR），节省网络链路带宽，而且网络的可扩展性强。

8.4 项目实现：实现网络互联

1. 材料及工具准备

路由器 2 台，二层交换机 4 台，三层交换机 1 台，PC 若干，网线等传输介质若干。网络拓扑结构图如图 8-8 所示。

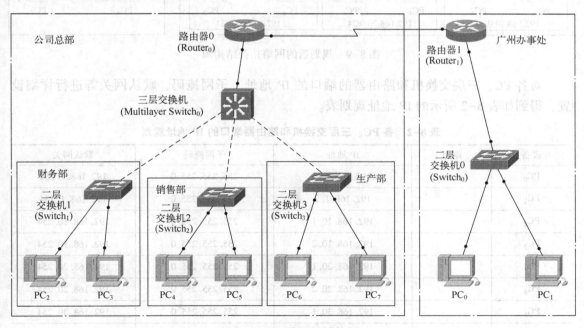

图 8-8 网络拓扑结构图

2. VlAN 及 IP 地址规划

将财务部网络划分到 $VLAN_{10}$，使用 192.168.10.0/24 网段。

将销售部网络划分到 $VLAN_{20}$，使用 192.168.20.0/24 网段。

将生产部网络划分到 $VLAN_{30}$，使用 192.168.30.0/24 网段。

三层交换机与路由器相连的端口使用 192.168.2.0/24 网段。

两个路由器相连的端口使用 192.168.3.0/24 网段。

规划好 VLAN 和 IP 网段后，在网络拓扑图中做好端口及 IP 标注，得到图 8-9 所示的网络拓扑图。

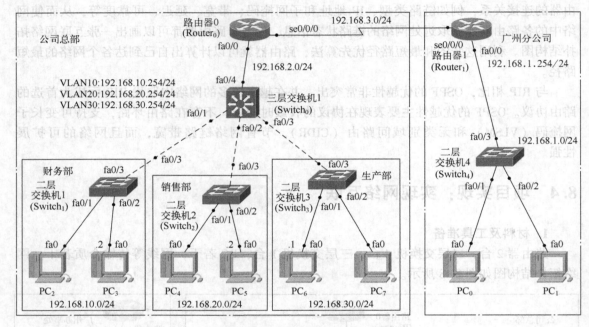

图 8-9　规划后的网络拓扑结构图

对各 PC、三层交换机和路由器的端口的 IP 地址、子网掩码、默认网关等进行详细设置，得到如表 8-2 所示的 IP 地址规划表。

表 8-2　各 PC、三层交换机和路由器端口的 IP 地址规划

设备	端口	IP 地址	子网掩码	默认网关
PC_0		192.168.1.1	255.255.255.0	192.168.1.254
PC_1		192.168.1.2	255.255.255.0	192.168.1.254
PC_2		192.168.10.1	255.255.255.0	192.168.10.254
PC_3		192.168.10.2	255.255.255.0	192.168.10.254
PC_4		192.168.20.1	255.255.255.0	192.168.20.254
PC_5		192.168.20.2	255.255.255.0	192.168.20.254
PC_6		192.168.30.1	255.255.255.0	192.168.30.254
PC_7		192.168.30.2	255.255.255.0	192.168.30.254

设备	端口	IP 地址	子网掩码	默认网关
$Switch_0$	fa0/4	192. 168. 2. 1	255. 255. 255. 0	
$Router_0$	se0/0/0	192. 168. 3. 1	255. 255. 255. 0	
	fa0/0	192. 168. 2. 2	255. 255. 255. 0	
$Router_1$	se0/0/0	192. 168. 3. 2	255. 255. 255. 0	
	fa0/1	192. 168. 1. 254	255. 255. 255. 0	

3. PC、交换机与路由器的 IP 地址配置

（1）配置各 PC 的 IP 地址

按表 8-2 所规划的 IP 地址，设置各 PC 的 IP 地址、子网掩码和默认网关（步骤略）。

（2）配置三层交换机 $Switch_0$ 的 IP 地址

```
Switch>en                                        //进入特权模式
Switch#conf t                                    //进入全局配置模式
Switch(config)#hostname Switch0                  //修改设备名称
Switch0(config)#int f0/4
Switch0(config-if)#no switchport                 //设置 f0/4 端口为三层端口
Switch0(config-if)#ip add 192. 168. 2. 1 255. 255. 255. 0   //设置端口 f0/4 的 IP 地址和掩码
Switch0(config-if)#no shut                        //打开端口
Switch0(config)#vlan 10                          //创建 VLAN10
Switch0(config-if)#exit
Switch0(config)#vlan 20
Switch0(config-if)#exit
Switch0(config)#vlan 30
Switch0(config-if)#exit
Switch0(config)#int vlan10                        //进入到 VLAN10
Switch0(config-if)#ip add 192. 168. 10. 254 255. 255. 255. 0   //设置 VLAN10 的 IP 地址和掩码
Switch0(config-if)#int vlan20
Switch0(config-if)#ip add 192. 168. 20. 254 255. 255. 255. 0
Switch0(config-if)#int vlan 30
Switch0(config-if)#ip add 192. 168. 30. 254 255. 255. 255. 0
Switch0(config-if)#exit
Switch0(config)#ip routing                        //开启三层交换机的路由功能
```

（3）配置路由器 $Router_0$ 的 IP 地址

```
Router>en
Router#conf t
Router(config)#hostname Router0                  //修改设备名称
Router0(config)#int f0/0
Router0(config-if)#ip add 192. 168. 2. 2 255. 255. 255. 0
```

```
Router0(config-if)#no shut
Router0(config-if)#int s0/0/0
Router0(config-if)#ip add 192.168.3.1 255.255.255.0
Router0(config-if)#clock rate 64000                    //设置时钟频率
Router0(config-if)#no shut
```

（4）配置路由器 Router₁ 的 IP 地址

```
Router>en
Router#conf t
Router(config)#hostname Router1
Router1(config)#int s0/0/0
Router1(config-if)#ip add 192.168.3.2 255.255.255.0
Router1(config-if)#no shut
Router1(config-if)#int f0/0
Router1(config-if)#ip add 192.168.1.254 255.255.255.0
Router1(config-if)#no shut
```

4. 设置交换机之间的相连端口为 trunk 模式

三层交换机 Switch₀ 中：

```
Switch0(config)#int range f0/1-f0/4
Switch0(config-if-range)#switchport mode trunk     //设置端口为 trunk 模式
```

同样的方法，设置交换机 Switch₁、Switch₂ 和 Switch₃ 的 fa0/3 端口为 trunk 模式。

5. 创建 VLAN 及划分 VLAN 端口

在二层交换机 Switch₁ 中创建 VLAN₁₀、VLAN₂₀ 和 VLAN₃₀，并把连接计算机的端口 f0/1 和 f0/2 划分到 VLAN₁₀ 中。

```
Switch>en
Switch#conf t
Switch(config)#hostname Switch1
Switch1(config)#vlan 10                         //创建 VLAN₁₀
Switch1(config-vlan)#exit
Switch1(config)#vlan 20
Switch1(config-vlan)#exit
Switch1(confign)#vlan 30
Switch1(config-vlan)#exit
Switch1(config)#int range f0/1-f0/2             //同时对 f0/1 和 f0/2 端口进行设置
Switch1(config-if-range)#switchport mode access  //设置端口为存取模式
Switch1(config-if-range)#switchport access vlan 10  //划分端口到 VLAN₁₀
```

同样的方法，在 Switch₂ 和 Switch₃ 中创建 VLAN 和划分 VLAN 端口。不同的是，Switch₂ 的 f0/1 和 f0/2 端口需要被划分到 VLAN₂₀，Switch₃ 的 f0/1 和 f0/2 端口需要被划分到 VLAN₃₀。

160

6. 测试不同 VLAN 之间的连通性

用 ping 命令测试不同 VLAN 间任意两台 PC 的连通性，结果如何？为什么？

7. 配置基于 OSPF 协议的路由器和三层交换机

（1）配置路由器 Router$_0$

```
Router0>en
Router0#conf t
Router0(config)#router ospf 10         //启动 OSPF 动态路由协议,设置进程号为 10
Router0(config-router)#router-id 1.1.1.1        //指定路由器的 ID
Router0(config-router)#network 192.168.2.0 0.0.0.255 area 0   //定义参与 OSPF 的子网
                                                //0.0.0.255 为通配符,0 为区域号
Router0(config-router)#network 192.168.3.0 0.0.0.255 area 0
```

（2）配置路由器 Router$_1$

```
Router1>en
Router1#conf t
Router1(config)#router ospf 10
Router1(config-router)#router-id 2.2.2.2
Router1(config-router)#network 192.168.3.0 0.0.0.255 area 0
Router1(config-router)#network 192.168.1.0 0.0.0.255 area 0
```

（3）配置三层交换机 Switch$_0$

```
Switch0>en
Switch0#conf t
Switch0(config)#router ospf 10
Switch0(config-router)#router-id 3.3.3.3
Switch0(config-router)#network 192.168.2.0 0.0.0.255 area 0
Switch0(config-router)#network 192.168.10.0 0.0.0.255 area 0
Switch0(config-router)#network 192.168.20.0 0.0.0.255 area 0
Switch0(config-router)#network 192.168.30.0 0.0.0.255 area 0
```

8. 验证与调试

用 ping 命令测试两个局域网之间能否相互通信，结果如何？为什么？

【思考与讨论】常用的动态路由协议有 RIP 和 OSPF 等，这两种路由协议各有何优、缺点？本任务采用的是 OSPF 协议实现网络互联，如果使用 RIP，可否实现？如何配置？

8.5 项目拓展：使用三层交换机配置 DHCP 服务

每一台计算机都必须设置 IP 地址，可以选择自动获取动态 IP 地址或者手动设置静态的 IP 地址。在公司或学校这种网络规模比较大的场所，数量那么多的计算机如果都用手动的方式设置 IP 地址，工作量巨大且容易出错，因此可以考虑使用动态主机配置协议（DHCP）让计算机自动获取 IP 地址。提供 DHCP 服务的设备可以是安装了 DHCP 服务的服务器，也可以是三层网络互联设备，如三层交换机或路由器。如何架设 DHCP 服务器将在项目 9 中会

详细介绍，那么如何使用三层设备来配置 DHCP 服务呢？下面介绍三层交换机中 DHCP 服务的配置的方法。

1. 设计网络拓扑结构

如图 8-10 所示，此局域网的网段为 192.168.1.0/24，三层交换机提供 DHCP 服务。

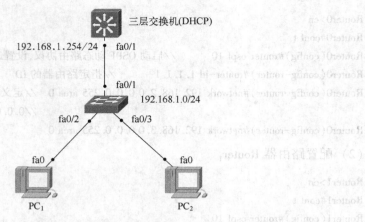

图 8-10　网络拓扑结构图

2. 配置三层交换机的基本网络信息

```
Switch>en
Switch#conf t
Switch(config)#int f0/1
Switch(config-if)#no switchport
Switch(config-if)#ip add 192.168.1.254 255.255.255.0
Switch(config-if)#no shut
Switch(config-if)#exit
Switch(config)#ip routing
```

3. DHCP 服务的配置

```
Switch(config)#ip dhcp pool hj                              //创建一个 DHCP 地址池,名称为 hj
Switch(dhcp-config)#network 192.168.1.0 255.255.255.0 //指定地址池的 IP 地址范围
Switch(dhcp-config)#default-router 192.168.1.254       //设置 DHCP 的默认路由
Switch(dhcp-config)#dns-server 192.168.50.1            //设置 DHCP 的 DNS 地址
Switch(dhcp-config)#exit
Switch(config)#ip dhcp excluded-address 192.168.1.254 //排除地址池中 IP 地址为 192.168.1.254
//已被三层交换机端口占用,因此把此 IP 地址排除,不再将其分配给主机
```

4. 验证

将 PC$_1$ 和 PC$_2$ 两台客户端的 TCP/IPv4 属性设置为"自动获取 IP 地址"，查看能否成功获取 DHCP 分配的 IP 地址，从而验证 DHCP 服务配置是否成功。

5. 查看 DHCP 服务的绑定信息

```
Switch#show ip dhcp binding
```

IP address	Client-ID/ Hardware address	Lease expiration	Type
192.168.1.1	0060.2F2C.BDCB	--	Automatic
192.168.1.2	0050.0FE8.9899	--	Automatic

从上面的显示可看出，DHCP 服务器分别把地址池中的两个 IP 地址（192.168.1.1 和 192.168.1.2）分配给了两台 DHCP 客户端，并把 IP 地址和客户端的 MAC 地址进行了绑定。

8.6 项目实训：校园网络组建与互联

利用前面所学的知识，根据校园网的需求，自己动手设计一个简化的校园网，并实现网络互联。要求使用如下技术：创建和划分 VLAN、用三层交换机实现不同 VLAN 间通信和 RIP 动态路由等知识点，完成实训报告。实训报告主要包括以下内容。

1. 实训概况

实训概况主要包括：实训目的、实训内容、实训地点、实训时间和实训环境等。

2. 实训过程

1）设备的基本网络配置。

2）创建 VLAN 及划分 VLAN，以实现不同 VLAN 通信。

3）配置路由协议服务。

4）验证配置和测试网络。

3. 实训思考

1）网络互联中，什么情况下用集线器，什么情况下用交换机，什么情况下用路由器？

2）三层交换机和路由器有何区别？

4. 实训心得

请阐述完成该实训后的心得和体会。

项目 9　搭建网络服务器

【学习目标】

1. 知识目标

- 熟悉 Windows Server 2008 R2 操作系统的安装与使用。
- 掌握 Web 服务器的安装与配置方法。
- 掌握 FTP 服务器的安装与配置方法。
- 掌握 DHCP 服务器的安装与配置方法。
- 掌握 DNS 服务器的安装与配置方法。

2. 能力目标

- 能够在公司服务器上安装网络操作系统。
- 能够根据业务需求在公司服务器上配置和管理各种网络服务。

3. 素质目标

- 培养较强的动手能力、创新能力和灵活应用知识的能力。
- 培养良好的团队合作精神和安全意识。

9.1　项目描述

假如你是 ABC 公司的网络管理员，随着公司规模的不断扩大和办公自动化的不断深入，公司决定在局域网上架设单位服务器，安装网络操作系统，并在单位服务器上提供 Web、FTP、DHCP 和 DNS 等服务。

请你根据业务需求，着手解决此事。

9.2　项目分析

架设单位服务器，首先要在单位服务器上安装网络操作系统，由于 Windows 操作系统使用广泛，并且操作简单，配置方便，特别是 Windows Server 2008 R2 内置了 IIS、FTP 和 DNS 等多种服务组件，于是决定在单位服务器上安装 Windows Server 2008 R2 网络操作系统。在此基础上，架设 Web 服务器，放置公司网站文件，方便用户浏览公司网站，下载相关资源；架设 FTP 服务器，实现文件共享和传输，方便用户上传和下载文件资源；架设 DHCP 服务器，给公司的客户机分配动态的 IP 地址，可以大大简化静态配置客户机 TCP/IP 的工作；架设 DNS 服务器，提供域名解析服务。

为了顺利完成这项工作，需要准备的相关知识包括：网络操作系统的基本概念、Web 的基本概念及其工作原理、FTP 的基本概念及其工作原理、DHCP 的基本概念及其工作原理和 DNS 的基本概念及其工作原理等。

9.3 知识准备

9.3.1 网络操作系统概述

1. 网络操作系统的概念

想了解网络操作系统（Network Operating System，NOS），必须先了解操作系统的概念。

操作系统（Operating System，OS）是管理和控制计算机硬件与软件资源的计算机程序，是直接运行在"裸机"上的最基本的系统软件，任何其他软件都必须在操作系统的支持下才能运行。操作系统位于底层硬件与用户之间，是两者沟通的桥梁。操作系统有两个功能，一是对计算机的软件和硬件资源进行统一的管理，使之有条不紊地工作；二是提供人机交互的界面，充当人和计算机的翻译员，用户可以通过操作系统的用户界面输入命令，操作系统则对命令进行解释，驱动硬件设备，实现用户要求。

网络操作系统作为一个操作系统，它在计算机操作系统下工作，除了实现以上单机操作系统的全部功能外，还具有管理网络共享资源，实现用户通信以及方便用户使用网络等功能。网络操作系统是整个计算机网络的核心，网络操作系统运行在被称为服务器的计算机上，并由联网的计算机用户共享，这类用户被称为客户。

2. 常见的网络操作系统

目前广泛使用的服务器操作系统主要有 UNIX、Linux 和 Windows 等。

（1）UNIX 操作系统

UNIX 操作系统，是一个强大的多用户和多任务操作系统，支持多种处理器架构，按照操作系统的分类，属于分时操作系统，最早是由肯·汤普逊、丹尼斯·里奇和道格拉斯·麦克罗伊于 1969 年在 AT&T 公司的贝尔实验室开发。肯·汤普逊开发 UNIX 操作系统的初衷是为了能在一台闲置的 PDP-7 计算机上运行星际旅行游戏，他在 1969 年夏天花费一个月的时间开发出了 UNIX 操作系统的原型。最开始，开发 UNIX 操作系统时使用的是 B 语言，后来丹尼斯·里奇于 1972 年使用 C 语言对 UNIX 操作系统进行了改写。同时 UNIX 操作系统在大学中得到广泛的推广，并将 UNIX 的授权分发给多个商业公司。自从 UNIX 操作系统从实验室走出来之后，得到了长足的发展。目前已经成为大型系统的主流操作系统，现在几乎每个主要的计算机厂商都有其自有版本的 UNIX。UNIX 是一个功能强大、性能全面的、多用户和多任务的分时操作系统，在从巨型计算机到普通 PC 等多种不同的平台上，都有着十分广泛的应用。

通常情况下，比较大型的系统应用，例如银行和电信部门，一般都采用固定机型的 UNIX 解决方案：在电信系统中以 Oracle 的 UNIX 系统方案居多，在民航里以 HP 的系统方案居多，在银行里以 IBM 的系统方案居多。UNIX 系统经过几十年的发展，已经从大型机、小型机到工作站甚至微机等得到广泛应用。

（2）Linux 操作系统

1991 年初，芬兰赫尔辛基大学的学生 Linux Torvalds 开始在一台 Intel 80386 的计算机上学习 Minix 操作系统（一种类 UNIX 系统），他于 1991 年 4 月，开始酝酿并着手编制自己的操作系统。1991 年的 10 月 5 日，Linux Torvalds 在 comp. os. minix 上发布消息，正式向外宣布 Linux 内核的诞生；在 Linux 诞生之后，借助于 Internet 网络，在全世界计算机爱好者的共同努力下，成为目前世界上使用者最多的一种类似 UNIX 的操作系统。

Linux 系统之所以受到广大计算机爱好者的喜爱，主要原因有两个：一是 Linux 属于自由软件，不用支付任何费用就可以获得系统和系统的源代码，并且可以根据自己的需要对源代码进行必要的修改，无偿使用，无约束地自由传播；二是 Linux 具有 UNIX 的全部优秀特性，任何使用 UNIX 操作系统或想要学习 UNIX 操作系统的人，都可以通过学习 Linux 来了解 UNIX，同样可以获得 UNIX 中的几乎所有优秀功能。

Linux 操作系统也得到了许多著名的软、硬件公司的支持，目前已全面进入应用领域，加上许多系统软件设计专家利用互联网共同对它进行改进和提高，直接形成了与 Windows 系列产品的竞争。主流的 Linux 发行版有：Ubuntu、Fedora、Gentoo、ArchLinux、Puppylinux、Mint、CentOS 和 Red Hat 等，使用的都是 Linux 内核。

（3）Windows 操作系统

Windows 操作系统是微软公司的产品，从 1993 年 6 月发布了 NT3.1 开始，作为服务器操作系统已经经历了 20 多年的发展。从最初的 Windows NT，到 Windows Server 2000、Windows Server 2003、Windows Server 2008、Windows Seven 2008 R2 的发展，再到 Windows Server 2012 的逐步成熟，Windows 已经成为服务器操作系统中重要的一股力量，市场份额也在逐渐提升。

Windows 操作系统的优点是图形界面简单直观，容易操作，便于管理和维护，非专业的技术人员也可以进行应用。现今，Windows NT 和 Windows Server 2000 已经逐渐退出了历史舞台，大部分企业都已经迁移到了 Windows Server 2008 R2 以及更高的平台，如果用户追求的是简单的管理和便捷的操作，那么 Windows 系统可以说是不二之选。

3. Windows Server 2008 R2 简介

Windows Server 2008 R2 是一款服务器操作系统。与 2008 年 1 月发布的 Windows Server 2008 相比，Windows Server 2008 R2 继续提升了虚拟化、系统管理弹性、网络存取方式，以及信息安全等领域的应用，其中有不少功能需搭配 Windows 7 一起实现。Windows Server 2008 R2 是第一个只提供 64 bit 版本的服务器操作系统。

Windows Server 2008 R2 有 7 个版本，其中标准版、企业版和基础版这 3 个是核心版本，数据中心版、Web 版、HPC（高性能计算）版和安装版这 4 个是特定用途版本。Windows Server 2008 R2 的 7 个版本简介如表 9-1 所示。

表 9-1　Windows Server 2008 R2 的 7 个版本

版 本 名 称	版 本 简 介
Windows Server 2008 R2（基础版）	是一种成本低廉的项目级工具，用于支撑小型业务
Windows Server 2008 R2（标准版）	是下一版本发布前最强大的 Windows 服务器操作系统
Windows Server 2008 R2（企业版）	是高级服务器平台，为重要应用提供了一种成本较低的高可靠性支持
Windows Server 2008 R2（数据中心版）	是一个企业级平台
Windows Server 2008 R2 Web（Web 版）	是强大的 Web 应用程序和服务平台

版 本 名 称	版 本 简 介
Windows HPC Server 2008（R2）（HPC 版）	高性能计算（HPC）的下一版本，为高效率的 HPC 环境提供了企业级的工具
Windows Server 2008 R2 for Itanium‑Based Systems（安装版）	一个企业级的平台，可以用于部署关键业务的应用程序

Windows Server 2008 R2 具有以下特色。

1）Hyper‑V 2.0：虚拟化的功能与可用性更完备。

2）Remote Desktop Services：提升桌面与应用程序虚拟化功能。

3）DirectAcess：提供更方便且更安全的远程联机通道。

4）BranchCache：加快分公司之间档案存取的新方法。

5）URL‑based QoS：企业可进一步控管网页存取的频宽。

6）BitLocker to Go：支持可移除式储存装置加密。

7）AppLocker：对 PC 端的应用程序管控度更高。

9.3.2　WWW 服务

1. WWW 简介

WWW 是 World Wide Web 的缩写，也可以简称为 Web，中文名字为"万维网"。WWW 服务或 Web 服务采用浏览器/服务器（Browser/Server），即 B/S 工作模式，由浏览器、Web 服务器和超文本传输协议这 3 个部分组成。在 Internet 上有数以千万计的 Web 服务器，以 Web 页的形式保存了各种各样丰富的信息资源。用户通过客户端的浏览器程序如 IE，向 Web 服务器提出请求，Web 服务器将请求的 Web 页发送给浏览器，浏览器将接收到的 Web 页以一定的格式显示给用户，浏览器和 Web 服务器之间使用 HTTP 协议进行通信。

2. WWW 服务器

WWW 服务器上存放着网络资源，这些信息通常以网页的方式进行组织，网页中还包括指向其他页面的超链接，即利用超链接可以将服务器上的页面与互联网上的其他服务器进行关联，把页面的链接整合在一个页面，方便用户查看相关的页面。

WWW 服务器不单存储大量的网页信息，而且需要接收和处理浏览器（即 WWW 客户机的应用程序）的请求，实现相互的通信。一般情况，当 WWW 服务器工作时，它会持续地在 TCP 的 80 端口侦听来自浏览器的连接请求，当接收到浏览器的请求信息后，会针对请求在服务器中获取 Web 页面，把 Web 页面返回给客户机的浏览器。

3. WWW 客户机

WWW 客户机程序称为浏览器，它是用来浏览服务器中 Web 页面的软件。当用户想进入万维网上一个网页，或者其他网络资源的时候，通常会先打开电脑的浏览器（如 IE、Firefox 或 Opera 等），在浏览器的地址栏上键入想访问的网页地址，或者通过单击已打开网页中的超链接而连接到某个网页或网络资源，接着浏览器会通过 HTTP 通信协议把用户的请求发送给某个 WWW 服务器。服务器在处理用户的请求后会返回 Web 页面给浏览器，网络浏览器接下来的工作是把接收到的 Web 页面中的内容解析后显示给用户，这些就构成了所看到的"网页"。

4. URL

Internet 上的信息资源分布在各个 Web 站点，要找到所需信息就必须有一种确定信息资源位置的方法，这种方法就是 URL（Uniform Resource Locator，统一资源定位符）。

URL 一般的格式是：protocol：//hostname［：port］。其中 protocol（协议）是指使用的传输协议，目前 WWW 中应用最广的协议是 HTTP 协议；hostname 是指域名，指存放在域名服务器中的主机名或者 IP 地址；port（端口号）可选，省略时是指使用传输协议的默认端口，如 HTTP 协议的默认端口是 80，如果使用的是非默认端口，那么 URL 中不能省略端口号这一项。例如：http：//192.168.0.11：8080/就是一个 URL，在浏览器中输入这个 URL，可以打开对应的网页。

5. Web 的工作原理

Web 服务器的工作原理并不复杂，一般可分成如下 4 个步骤：连接到服务器、发送请求、发送响应以及关闭连接，如图 9-1 所示。

下面对这 4 个步骤作一个简单的介绍。

1）连接到服务器：就是 Web 服务器和其浏览器之间所建立起来的一种连接。如果想查看连接过程是否实现，用户可以找到和打开 socket 这个虚拟文件，这个文件的建立意味着连接过程这一步骤已经成功建立。

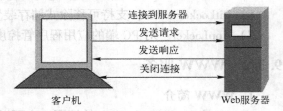

图 9-1　Web 服务器的工作过程

2）发送请求：就是 Web 的浏览器运用 socket 这个文件向其服务器提出各种请求。

3）发送响应：就是运用 HTTP 协议把所提出来的请求传输到 Web 的服务器，进而实施任务处理，然后运用 HTTP 协议把任务处理的结果传输到 Web 的浏览器，同时在 Web 的浏览器上面展示所请求的页面。

4）关闭连接：就是当上一个步骤——应答过程完成以后，Web 服务器和其浏览器之间断开连接的过程。

Web 服务器上述 4 个步骤环环相扣，紧密相连，逻辑性比较强，可以支持多个进程、多个线程以及多个进程与多个线程相混合的技术。

9.3.3　FTP 服务

1. FTP 的基本概念

FTP（File Transfer Protocol，文件传输协议）是一种传输控制协议，和 HTTP 协议类似，它也是一个面向连接的协议，它用两个端口 20 和 21 进行工作，这两个端口一个用于进行传输数据文件，一个用于控制信息的传输。FTP 可以根据服务器的权限设置（需要用户名和密码）让用户进行登录或者匿名登录。把遵守 FTP 协议且用于传输文件的应用程序称为 FTP 客户端软件，常用的 FTP 客户端软件主要有 CuteFTP 和 WS-FTP 等。在 FTP 的使用当中，可以上传或者下载文件，下载文件就是从远程服务器复制文件至自己的本地计算机上，上传文件就是将文件从本地计算机中复制至远程 FTP 服务器上。

2. FTP 服务器

FTP 服务器（File Transfer Protocol Server）是在互联网上提供文件存储和访问服务的计

算机，它依照 FTP 提供服务。简单地说，支持 FTP 的服务器就是 FTP 服务器。与大多数 Internet 服务一样，FTP 也是一个客户机/服务器系统。用户通过一个支持 FTP 的客户端程序（微软的 IE 浏览器将 FTP 功能集成到浏览器中，因此可以直接通过浏览器访问 FTP 服务器），连接到在远程主机上的 FTP 服务器程序。用户通过客户机程序向 FTP 服务器程序发出命令，服务器程序执行用户所发出的命令，并将执行的结果返回到客户机。比如说，用户通过 FTP 客户端程序或者浏览器发出一条请求数据的命令，要求 FTP 服务器向用户传送某一个文件，服务器会响应这个请求，将指定文件送至用户的机器上，客户机程序代表用户接收到这个文件，将其存放在用户目录中。

3. FTP 的工作原理

FTP 有两种模式，一种叫"主动 FTP"，另一种叫"被动 FTP"。

1）主动 FTP 模式：如图 9-2 所示，主动 FTP 实际上是经过两次 TCP 会话中的各三次握手完成的，数据最终在 20 号端口上进行传送。这两次 TCP 会话中的各三次握手，一次是由客户机主动发起到 FTP 服务器连接，FTP 客户端以大于等于 1024 的源端口向 FTP 服务器的 21 号端口发起连接。一次是 FTP 服务器主动发起到客户端的连接，服务器使用源端口号 20 主动向客户机发起连接。可以把服务器发起到客户端的连接看成是一个服务器主动连接客户端一个新的 TCP 会话，会话的初始方是 FTP 服务器。

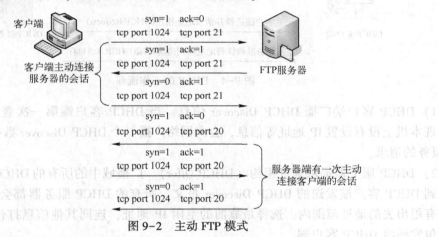

图 9-2　主动 FTP 模式

2）被动 FTP 模式：如图 9-3 所示，只有一次 TCP 会话的三次握手，是 FTP 客户端主动发起到服务器的连接。它与主动 FTP 的区别在于，服务器不主动发起对客户端的 TCP 连接，FTP 的消息控制与数据传送使用了同一个端口（21 号端口）。

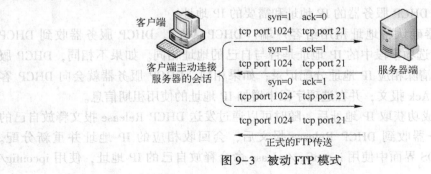

图 9-3　被动 FTP 模式

169

9.3.4　DHCP 服务

1. DHCP 的基本概念

DHCP（Dynamic Host Configuration Protocol，动态主机配置协议）是一个局域网的网络协议，主要作用是集中管理和分配 IP 地址，使网络中的主机能动态地获得 IP 地址、网关和 DNS 服务器地址等信息，减少管理地址配置的复杂性，从而提升效率。DHCP 分为服务器端和客户端，DHCP 服务器负责管理网络中的 IP 地址，处理客户端的 DHCP 请求，它能够从预先设置的 IP 地址池中自动给客户端分配 IP 地址，不仅能够解决 IP 地址冲突的问题，也能及时回收 IP 地址以提高 IP 地址的利用率；客户端则会通过网络向 DHCP 服务器发出请求从而自动进行 TCP/IP 服务的配置，包括 IP 地址、子网掩码、网关，以及 DNS 服务器地址等。

2. DHCP 的工作原理

DHCP 的工作流程可以分为 4 步，如图 9-4 所示。

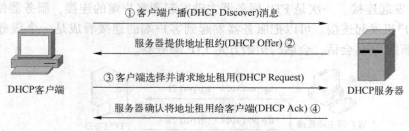

图 9-4　DHCP 的工作流程

1）DHCP 客户端广播 DHCP Discover 信息。当 DHCP 客户端第一次登录网络的时候，会发现本机上没有设置 IP 地址等信息，会向网络广播一个 DHCP Discover 数据报，进行 DHCP 服务的请求。

2）DHCP 服务器提供地址租约（DHCP Offer）。广播域中的所有的 DHCP 服务器都能够接收到 DHCP 客户端发送的 DHCP Discover 报文，所有的 DHCP 服务器都会从 IP 地址池中还没有租出去的地址范围内，选择最靠前的空闲 IP 地址，连同其他信息打包成 DHCP Offer 数据包发回给 DHCP 客户端。

3）DHCP 客户端选择并请求地址租用（DHCP Request）。DHCP 客户端可能收到了很多的 DHCP Offer 数据报，但它只能处理其中的一个 DHCP Offer 报文，一般的原则是 DHCP 客户端处理最先收到的 DHCP Offer 报文，然后会发出一个广播的 DHCP Request 报文，在选项字段中会加入选中的 DHCP 服务器的 IP 地址和需要的 IP 地址。

4）DHCP 服务器确认将地址租用给客户端（DHCP Ack）。DHCP 服务器收到 DHCP Request 报文后，判断选项字段中的 IP 地址是否与自己的地址相同。如果不相同，DHCP 服务器不做任何处理只清除相应 IP 地址分配记录；如果相同，DHCP 服务器就会向 DHCP 客户端响应一个 DHCP Ack 报文，并在选项字段中增加 IP 地址的使用租期信息。

DHCP 客户端在成功获取 IP 地址后，随时可以通过发送 DHCP Release 报文释放自己的 IP 地址，DHCP 服务器收到 DHCP Release 报文后，会回收相应的 IP 地址并重新分配。DHCP 客户端可在 DOS 界面中使用 ipconfig /release 命令释放自己的 IP 地址，使用 ipconfig/

renew 命令重新获取 IP 地址。

9.3.5　DNS 服务

1. DNS 的基本概念

DNS（Domain Name System）是指域名系统。在网络中，每个设备都必须有一个唯一的 IP 地址。如果要访问某一台 Web 服务器，那么前提就是需要知道这台服务器的 IP 地址，如 192.168.0.10。但是 IP 地址太抽象，不易记忆，所以人们发明了一种符号化的地址方案来标志网络上的计算机，就是用容易记忆的英文和数学等字符来表示，中间用下圆点隔开，称为域名，如百度的域名地址是 www.baidu.com。

在 Internet 上域名与 IP 地址之间是一对一（或者多对一）的，域名虽然便于人们记忆，但机器之间只能互相认识 IP 地址，它们之间的转换工作称为域名解析，域名解析需要由专门的域名解析服务器来完成，DNS 服务器就承担了域名解析的功能，域名最终指向的是 IP。当我们在浏览器中输入一个域名（如 www.hzcollege.com）后，有一台 DNS 服务器会帮助我们把域名翻译成计算机能够识别的 IP 地址，因此我们就能够访问到这个网站了。

2. DNS 的工作原理

DNS 查询可以用各种不同的方式进行解析。客户机有时也可通过使用从以前查询获得的缓存信息就地应答查询。DNS 服务器可使用其自身的资源记录（缓存信息）来应答查询。也可代表所请求的客户机来查询或联系其他 DNS 服务器，以完全解析该名称，并随后将应答返回至客户机，这个过程称为递归。

另外，客户机自己也可尝试联系其他的 DNS 服务器来解析名称。如果客户机这么做，它会使用基于服务器应答的独立和附加的查询，该过程称为迭代，即 DNS 服务器之间的交互查询就是迭代查询。

DNS 的查询过程如图 9-5 所示，其具体步骤如下。

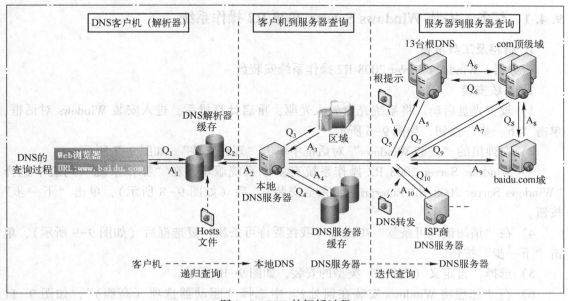

图 9-5　DNS 的解析过程

1）在浏览器中输入域名（如 www.baidu.com）后，操作系统会先检查自己本地的 hosts 文件是否有这个网址映射关系，如果有，就先调用这个 IP 地址映射，完成域名解析。

2）如果 hosts 文件里没有这个域名的映射，则查找本地 DNS 缓存，是否有这个网址映射关系，如果有，直接返回，完成域名解析。

3）如果 hosts 文件与本地 DNS 缓存都没有相应的网址映射关系，首先会找 TCP/IP 参数中设置的首选 DNS 服务器，此服务器收到查询时，如果要查询的域名，包含在服务器的资源中，则返回解析结果给客户机，完成域名解析。

4）如果首选 DNS 服务器解析失败，则看首选 DNS 服务器是否设置转发器；如果未用转发模式，首选 DNS 就把请求发至 13 台根 DNS，根 DNS 服务器收到请求后会判断这个域名（.com）是谁来授权管理，并会返回一个负责该顶级域名服务器的一个 IP。

5）首选 DNS 服务器收到 IP 信息后，将会联系负责 .com 域的这台服务器。这台负责 .com 域的服务器收到请求后，如果自己无法解析，它就会找一个管理 .com 域的下一级 DNS 服务器地址（baidu.com）后将其给首选 DNS 服务器。当首选 DNS 服务器收到这个地址后，就会找 baidu.com 域服务器，重复上面的动作，进行查询，直至找到 www.baidu.com 主机。

6）如果用的是转发模式，此首选 DNS 服务器就会把请求转发至上一级 DNS 服务器，由上一级服务器进行解析，上一级服务器如果不能解析，或找根 DNS 或把请求转至上上级，依此类推。不管是首选 DNS 服务器是否设置了转发模式，也不管是通过什么方式解析获得 IP 地址，最后都是把结果返回给首选 DNS 服务器，由首选 DNS 服务器再返回给客户机。

通过一系列的过程，最终客户机会获得域名解析后对应的 IP 地址，从而通过 IP 地址访问目标主机。

9.4　项目实现

9.4.1　任务：安装 Windows Server 2008 R2 操作系统

1. 材料及工具准备

服务器、Windows Server 2008 R2 操作系统安装盘。

2. 系统安装

1）设置光盘启动。将系统光盘放入光驱，重启计算机后，进入安装 Windows 对话框，单击"下一步"按钮，如图 9-6 所示。

2）在弹出的"安装 Windows"对话框中单击"现在安装"，如图 9-7 所示。

3）Windows Server 2008 R2 操作系统有多个系统版本，在"操作系统"列表中选择"Windows Server 2008 R2 Enterprise（完全安装）"后（如图 9-8 所示），单击"下一步"按钮。

4）在"请阅读许可条款"中选中"我接受许可条款"复选框后（如图 9-9 所示），单击"下一步"按钮。

5）选择"自定义（高级）"类型的安装，如图 9-10 所示。

6）在"您想将 Windows 安装在何处？"中选择"驱动器选项（高级）"，如图 9-11 所示。

图 9-6 系统安装对话框

图 9-7 选择"现在安装"

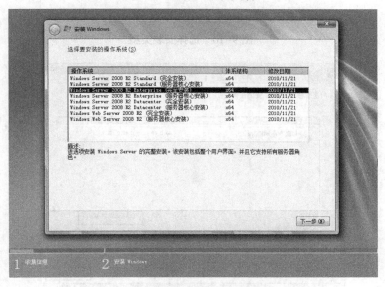

图 9-8 选择要安装的系统版本

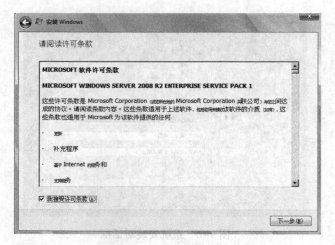

图 9-9 许可条款

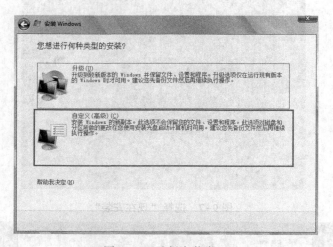

图 9-10 选择安装类型

图 9-11 "您想将 Windows 安装在何处?" 对话框

7）单击"新建"按钮以便创建分区，如图 9-12 所示。

图 9-12 单击"新建"

8）输入分区大小的值，单击"确定"按钮后，再单击"下一步"按钮，如图 9-13 所示。

图 9-13 新建分区

9）显示"正在安装 Windows…"对话框，开始复制文件并安装 Windows，如图 9-14 所示。

10）安装完成后，第一次登录会要求用户更改密码（如图 9-15 所示），密码要求满足复杂性要求，即包含大写字母、小写字母、数字和标点符号，要求满足其中 3 个条件。

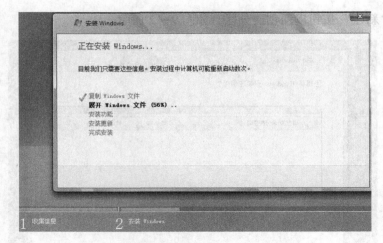

图 9-14 "正在安装 Windows…" 对话框

图 9-15 提示更改密码

11) 按要求输入密码后即可登录到 Windows Server 2008 R2 系统，如图 9-16 所示。至此，Windows Server 2008 R2 系统安装完成。

图 9-16 修改密码

【思考与讨论】Windows Server 2008 R2 安装时的硬件要求如何？它具有哪些新的特性？有哪些版本？

9.4.2　任务：搭建 Web 服务器

1. 材料及工具准备

装有 Windows Server 2008 R2 操作系统的服务器 1 台，交换机 1 台，客户机 1 台。网络拓扑结构如图 9-17 所示。

2. 配置网络参数

把服务器和客户机设置为同一个网段，设置如下。

服务器 IP：192.168.0.11，子网掩码：255.255.255.0。

客户机 IP：192.168.0.10，子网掩码：255.255.255.0。

如果需要连接外网，就设置相同的默认网关和 DNS 地址。

3. 安装 IIS

Windows 操作系统都内置有 IIS 服务，只是版本会各不相同，其中 Windows Server 2008 R2 内置的是 IIS7.0，操作系统安装好了之后，没有默认安装 IIS 服务，需要用户根据自己的需要手动安装，其安装步骤如下。

1）在服务器操作系统的任务栏中启动服务器管理器，如图 9-18 所示。

图 9-17　搭建 Web 服务器网络拓扑结构图　　　　图 9-18　启动服务器管理器

2）在"服务器管理器"对话框中，选择"角色"，再选择"添加角色"命令，如图 9-19 所示。

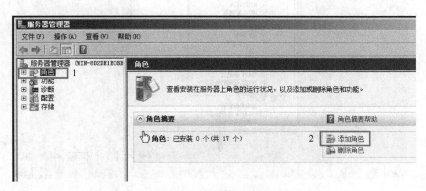

图 9-19　服务器管理

3）在"添加角色向导"的对话框中，选择"Web 服务器（IIS）"复选框，如图 9-20 所示。

4）在"选择角色服务"对话框，选择"常见 HTTP 功能""应用程序开发"及"健康

177

和诊断"的复选框，然后单击"下一步"按钮，如图 9-21 所示。按照默认步骤即可完成
IIS 的安装。

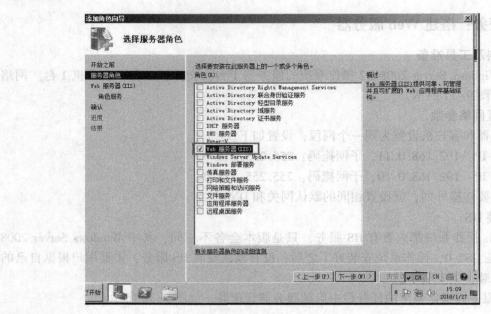

图 9-20　选择服务器角色

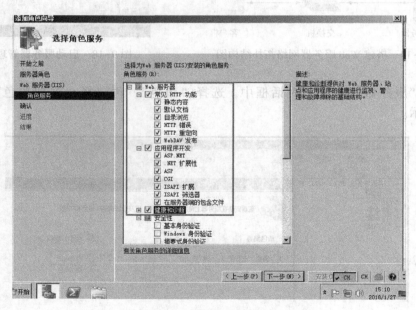

图 9-21　选择角色服务

4. 测试 IIS

在客户机或者服务器中打开浏览器，输入服务器的 IP 地址（http://192.168.0.11），
如果能够看到图 9-22 所示的页面，说明 IIS 服务安装成功。

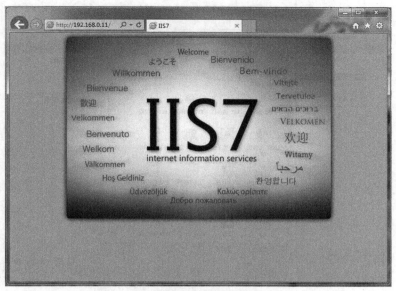

图 9-22　测试 IIS 的安装

5. 新建 Web 网站

1）将 IIS 服务安装好了之后，会默认安装好 IIS 管理器，并默认创建了一个站点"Default Web Site"；选择"开始"→"管理工具"→"Internet 信息服务（IIS）管理器"（见图 9-23），打开 IIS 管理器操作窗口，如图 9-24 所示。

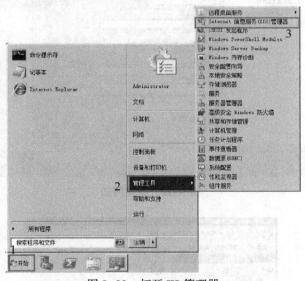

图 9-23　打开 IIS 管理器

2）右击任务窗格中的"网站"（图 9-25），在其下拉菜单中选择"添加网站"，弹出"添加网站"对话框。设置"网站名称"为"myweb"、"内容目录"为"物理路径"（此示例把网站放在 E 盘的 myweb 文件夹中，网站首页命名为 index. html）、网站的"IP 地址"为 192. 168. 0. 11、"端口号"（默认的端口号是 80，因此端口已被"Default Web Site"这个网站绑定）为"8080"，最后单击"确定"按钮，如图 9-25 所示。建好后的 myweb 网站如图 9-26 所示。

图 9-24 "Internet 信息服务（IIS）管理器"窗口

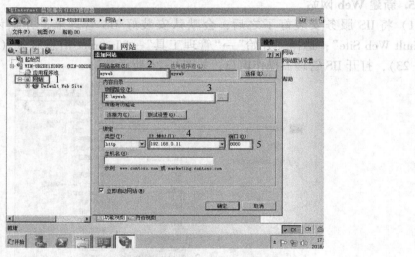

图 9-25 新建网站

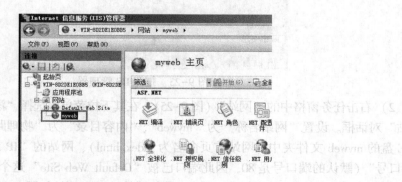

图 9-26 建好的 myweb 网站

6. 客户机测试 Web 网站

测试新建网站是否可以访问的步骤是：在客户机中打开浏览器，输入网址 http：∥ 192.168.0.11：8080/（即服务器的 IP 地址，因为此网站端口号不是默认的 80，所以需要在网址后面加上端口号 8080），测试结果如图 9-27 所示。

图 9-27　网站测试

如果无法打开新建的网站，需要检查网站的配置，通常需要查看此网页的名称是否在"默认文档"的列表中，如图 9-28 所示。单击"默认文档"图标，查看默认文档列表，根据网页类型把网站首页的名称改为"名称"列表中的某一个名称即可，图 9-29 所示为默认文档列表。

图 9-28　选择网站默认文档

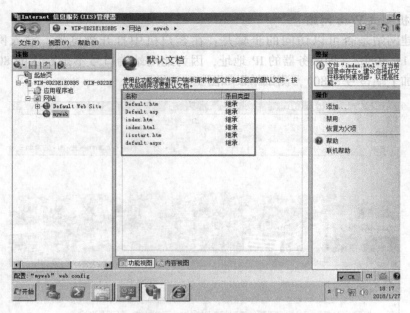

图 9-29　网站默认文档列表

【思考与讨论】如果要在服务器上运行多个网站,有哪些实现的方法?如何配置?

9.4.3　任务:搭建 FTP 服务器

1. 材料及工具准备

装有 Windows Server 2008 R2 操作系统的服务器 1 台,交换机 1 台,客户机 1 台。网络拓扑结构如图 9-30 所示。

192.168.0.11/24　　　　　　　　　　　192.168.0.10/24

FTP服务器　　　　交换机　　　　客户机

图 9-30　搭建 FTP 服务器网络拓扑结构图

2. 配置网络参数

把服务器和客户机设置为同一个网段,设置如下。

服务器 IP:192.168.0.11,子网掩码:255.255.255.0。

客户机 IP:192.168.0.10,子网掩码:255.255.255.0。

如果需要连接外网,就设置相同的默认网关和 DNS 地址。

3. 安装 FTP 服务

1)Windows Server 2008 R2 中的 IIS 服务有内置的 FTP 服务模块,由于 FTP 服务不是默认安装的组件,需要用户根据需要手动安装。在"服务器管理器"对话框中选择"角色"→"Web 服务器(IIS)"→"添加角色服务",如图 9-31 所示。

2)在弹出的"添加角色服务"对话框中,选中"FTP 服务器"及其下面的"FTP Service"和"FTP 扩展"复选框后单击"下一步"按钮即可,如图 9-32 所示。

图 9-31 "服务器管理器"对话框

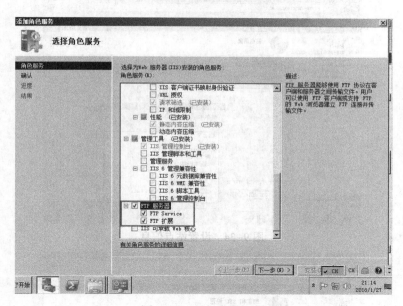

图 9-32 添加角色服务

4. 配置 FTP 服务

1）安装好了 FTP 服务器后，需要创建 FTP 站点。选择"开始"→"管理工具"→"Internet 信息服务（IIS）管理器"，在打开的"Internet 信息服务（IIS）管理器"对话框中右击"网站"，选择"添加 FTP 站点"，如图 9-33 所示。

2）设置 FTP 站点名称，并选择 FTP 站点的物理路径，即 FTP 服务器资源存放的文件夹位置，如图 9-34 所示。

3）设置 FTP 站点的 IP 地址和端口，一般都是绑定服务器的 IP，默认"端口"为"21"，"SSL"中选中"无"单选按钮，如图 9-35 所示。

图 9-33　选择"添加 FTP 站点"

图 9-34　设置站点信息

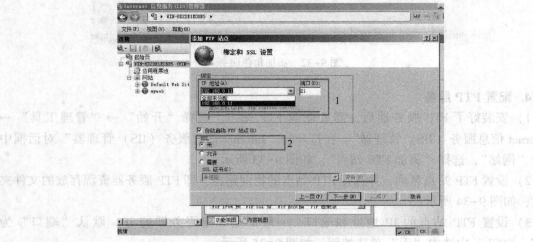

图 9-35　绑定和 SSL 设置

4. 配置 FTP 用

1）安装好 ....

Internet 信息服务...，..Internet 信息服务（IIS）管理器"，..... 中

右击"网站"，....

2）添加 FTP .... 的 FTP 服务器，....... 文件夹

位置，如图 9-34 .....

3）设置 FTP .... 入"端口"为

"21"，"SSL"....

4）设置身份验证和授权信息。选择"身份验证"为"匿名"或者是"基本"。如果选择"匿名"则允许任何的用户访问 FTP 服务器，若使用"基本"身份验证，则需要输入有效的用户名和密码并且通过服务器验证后才有权限访问 FTP 服务器。本任务选择"基本"身份验证，"指定用户 user"才能访问 FTP 站点，并具有"读取"和"写入"的权限（即可以下载和上传资源），单击"完成"按钮即可，如图 9-36 所示。

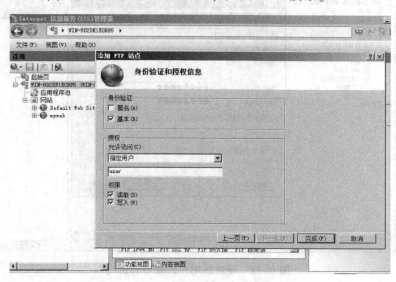

图 9-36　设置身份验证和授权信息

5）添加用户。FTP 服务器中设置了"基本"身份验证，只允许用户 user 访问，因此需要在服务器中添加用户。在"服务器管理器"窗口中，选择"配置"→"本地用户和组"，右击"用户"并选择"新用户"命令，如图 9-37 所示。

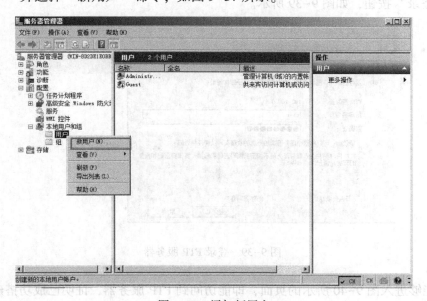

图 9-37　添加新用户

在弹出的"新用户"的对话框中，输入用户名和密码，并确认密码，单击"创建"按钮即可，如图 9-38 所示。

图 9-38　设置新用户的账号和密码

5. 测试 FTP 服务

添加了 FTP 站点和创建了新的用户之后，在客户机的资源管理器地址栏中输入 ftp://192.168.0.11 以访问 FTP 站点，在弹出的"登录身份"对话框中，输入用户名和密码，然后单击"登录"按钮，如图 9-39 所示。

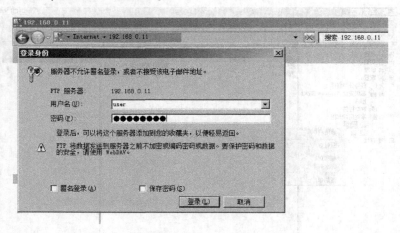

图 9-39　登录 FTP 服务器

如果能够进入图 9-40 所示的页面，即能访问到 FTP 服务器，证明已成功搭建了 FTP 服务器。

图 9-40　FTP 服务器登录成功

【思考与讨论】如果无法启动 FTP 服务，可能的原因有哪些？如何处理？

9.4.4　任务：搭建 DHCP 服务器

1. 材料及工具准备

装有 Windows Server 2008 R2 操作系统的服务器 1 台，交换机 1 台，客户机 1 台。网络拓扑结构如图 9-41 所示。

图 9-41　搭建 DHCP 服务器网络拓扑结构图

2. 配置网络参数

DHCP 服务器：IP 地址为 192.168.0.11，子网掩码为 255.255.255.0，不用设置网关。

DHCP 客户机：设置为"自动获取 IP 地址"和"自动获取 DNS 服务器地址"，如图 9-42 所示。

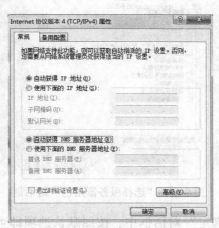

图 9-42　客户机设置自动获取网络参数

3. 在服务器中安装 DHCP 服务

1）Windows Server 2008 R2 系统中，默认是没有安装 DHCP 服务的，用户需要手动安装。打开"服务器管理器"对话框，选择"角色"→"添加角色"，如图 9-43 所示。

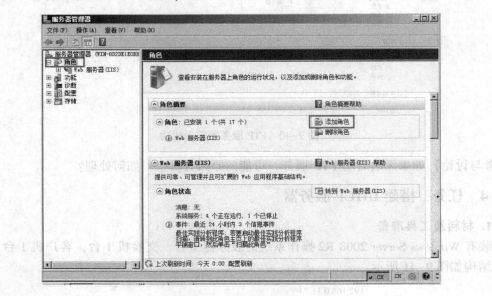

图 9-43　添加角色

2）在弹出的"选择服务器角色"对话框中选择"DHCP 服务器"选项，如图 9-44 所示。

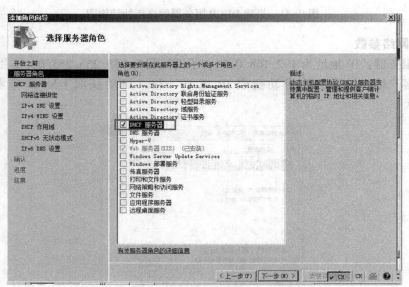

图 9-44　"选择服务器角色"对话框

3）在"选择网络连接绑定"对话框中，按照默认选项即可，选择的 IP 地址即为服务器设置的 IP 地址，如图 9-45 所示。

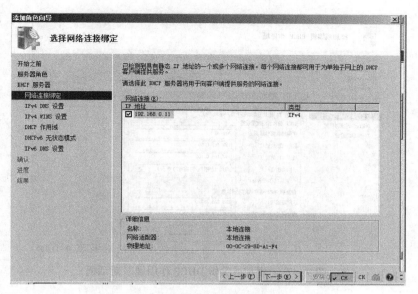

图 9-45 "选择网络连接绑定"对话框

4）在"指定 IPv4 DNS 服务器设置"对话框中，设置父域的名称、首选 DNS 服务器的 IPv4 地址和备用 DNS 服务器 IPv4 地址，如图 9-46 所示。

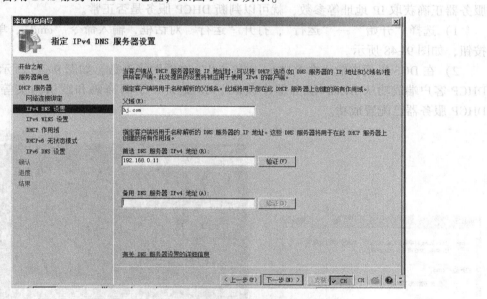

图 9-46 "指定 IPv4 DNS 服务器设置"对话框

5）在"添加或编辑 DHCP 作用域"对话框中，先单击"添加"按钮，弹出"添加作用域"对话框，此对话框主要是在 DHCP 服务器中创建一个作用域，存放一定范围的 IP 地址；当 DHCP 客户端请求时，就从此范围指定一个未租用的 IP 地址，加上子网掩码和默认网关等一起分配给客户端。最后依次单击"确定"和"下一步"按钮，即可完成 DHCP 服务的安装，如图 9-47 所示。

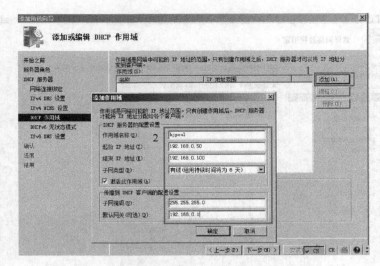

图 9-47 "添加或编辑 DHCP 作用域"对话框

4. 在客户端中测试 DHCP 服务

在网络参数配置的时候，已把 DHCP 客户端（即物理主机）的 TCP/IP 参数设置为"自动获取 IP 地址"和"自动获取 DNS 服务器地址"，因此只需要查看客户端是否能从 DHCP 服务器正确获取 IP 地址等参数，就可以判断 DHCP 服务是否正常。

1）选择"开始"→"运行"，打开"运行"对话框，输入命令"cmd"，单击"确定"按钮，如图 9-48 所示。

2）在 DOS 界面中输入命令"ipconfig /all"查看网络参数，如图 9-49 所示。结果显示 DHCP 客户端成功从 DHCP 服务器中获取了 IP 地址、子网掩码和默认网关等参数，说明 DHCP 服务器已配置成功。

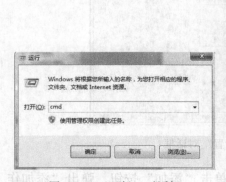

图 9-48 "运行"对话框

图 9-49 验证 DHCP 服务

【思考与讨论】DHCP 服务器如果要为某台客户机保留 IP 地址，如何配置实现？保留 IP 地址在网络地址管理中有什么好处？

190

9.4.5 任务 搭建 DNS 服务器

1. 材料及工具准备

装有 Windows Server 2008 R2 操作系统的服务器 1 台，交换机 1 台，客户机 1 台。网络拓扑结构如图 9-50 所示。

图 9-50 搭建 DNS 服务器网络拓扑结构图

2. 配置网络参数

把服务器和客户机设置为同一个网段，设置如下。

服务器 IP：192.168.0.11，子网掩码：255.255.255.0。

客户机 IP：192.168.0.10，子网掩码：255.255.255.0。

3. 安装 DNS 服务器

Windows Server 2008 R2 系统中，默认是没有安装 DNS 服务的，需要用户手动安装，具体的安装步骤如下。

1）选择"开始"→"管理工具"→"服务器管理器"，在弹出的"服务器管理器"对话框中，单击"角色"→"添加角色"，打开"添加角色向导"对话框，如图 9-51 所示。

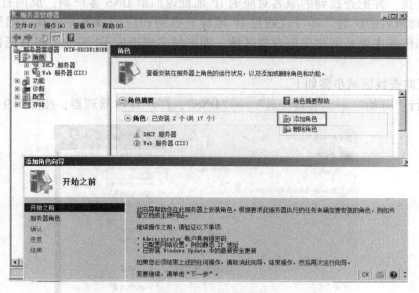

图 9-51 添加角色

2）单击"下一步"按钮，然后在"选择服务器角色"对话框中，选择"DNS 服务器"选项，如图 9-52 所示。

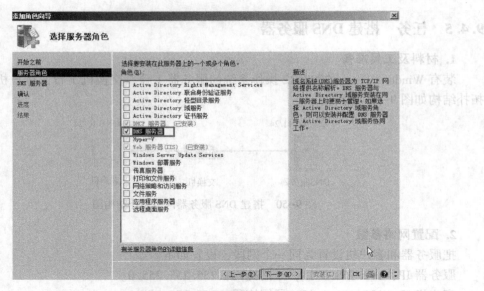

图 9-52 "选择服务器角色" 对话框

3）继续按照默认的选项进行操作，即可完成"DNS 服务器"的安装。

4. 创建区域

DNS 区域分为两类：正向查找区域和反向查找区域，其中正向查找区域用于从域名到 IP 地址的映射，当 DNS 服务器收到 DNS 客户端请求以解析某个域名时，就会在正向查询区域中查找，并把查找到的域名对应的 IP 地址返回给 DNS 客户端；反向查找区域用于从 IP 地址到域名的映射，即可以通过 IP 地址查找到相应的域名并将其返回给 DNS 客户端。本实训任务主要是创建正向查找区域，即把域名解析成 IP 地址后将其返回给 DNS 客户端。

创建正向查找区域步骤如下。

1）执行"开始"→"管理工具"→"DNS"，打开 DNS 管理器，按照图 9-53 所示。

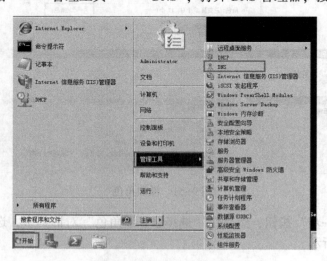

图 9-53 打开 DNS 管理器

2）在"DNS 管理器"对话框中，右击"正向查找区域"，选择"新建区域"命令，如图 9-54 所示。

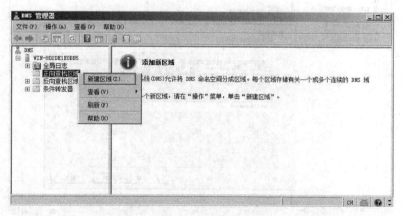

图 9-54　新建区域

3）在弹出的"新建区域向导"对话框中，选择区域类型为"主要区域"，单击"下一步"按钮，如图 9-55 所示。

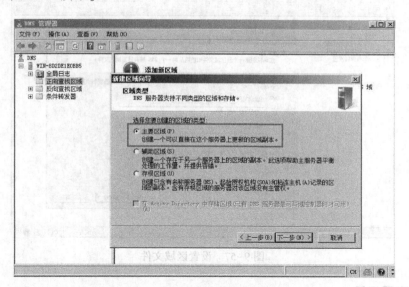

图 9-55　设置区域类型

4）设置区域名称，在"区域名称"中输入"hzcollege.com"，如图 9-56 所示。

5）设置区域文件。本任务创建一个新文件，文件名为"hzcollege.com.dns"。如果需要从其他的 DNS 服务器中复制信息到本服务器，则选择"使用此现存文件"单选按钮，单击"下一步"按钮，如图 9-57 所示。

6）设置"动态更新"。本任务选中"不允许动态更新"单选按钮（见图 9-58），单击"下一步"按钮，完成正向查找区域的创建。

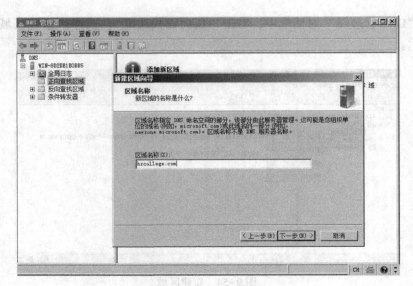

图 9-56　设置区域名称

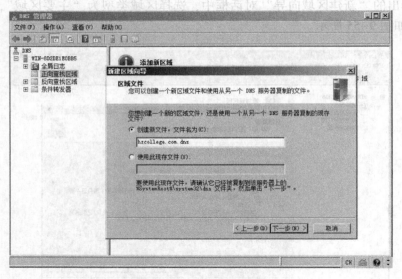

图 9-57　设置区域文件

5. 添加资源记录

成功创建区域之后，在正向查找区域中就有一个"hzcollege.com"的区域，但是此区域中还没有资源记录，可以添加资源记录。

1）右击"hzcollege.com"，选择"新建主机（A 或 AAAA）"命令，如图 9-59 所示。

2）在新建主机的对话框中，输入一个主机名称（此主机名称与创建的区域名称组成一个域名，即一个完整的网址），再输入这个域名所映射的 IP 地址，单击"添加主机"按钮，如图 9-60 所示。即可在 DNS 服务器的正向查找区域中添加一条域名与 IP 地址的映射资源的记录。

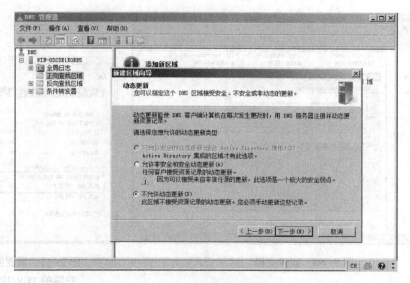

图 9-58　设置动态更新

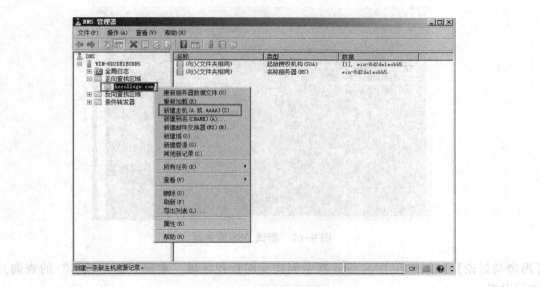

图 9-59　选择新建主机

6. 配置 DNS 客户端并测试 DNS 服务

DNS 服务器创建和配置好了之后，需要在 DNS 客户端进行测试。

1）在客户端中打开"Internet 协议版本（TCP/IPv4）属性"对话框，将"首选 DNS 服务器"设置为刚才配置的 DNS 服务器的 IP 地址：192.168.0.11，如图 9-61 所示。DNS 客户端每次需要把域名解析成 IP 地址的时候，就会把域名发给该首选 DNS 服务器。

2）在客户端对 DNS 服务器进行测试。在 DOS 窗口中输入：nslookup www.hzcollege.com，如果返回的结果能够正确地把域名解析成 IP 地址，证明 DNS 服务器已架设成功，如图 9-62所示。

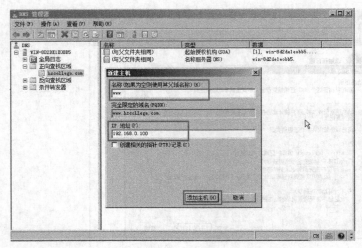

图 9-60　新建主机

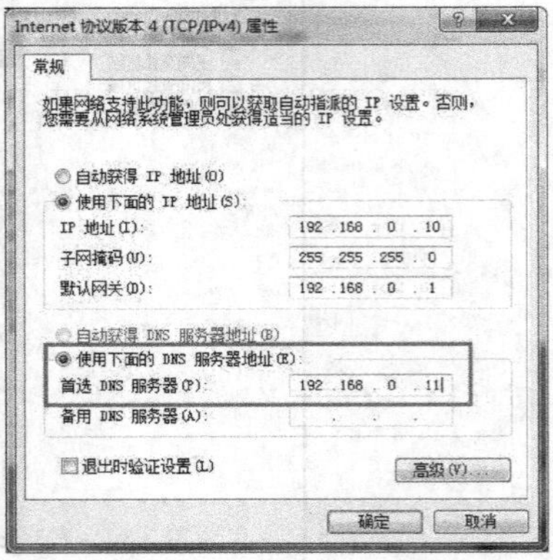

图 9-61　设置测试客
户端的 TCP/IP 属性

图 9-62　测试 DNS 服务器

【思考与讨论】如果想在 DNS 服务器中创建反向查找区域，实现"IP→域名"的查询，该如何设置？

9.5　项目拓展：搭建 Active Directory 域服务

　　对于很多公司，在局域网中都会架设多台服务器，以提供不同的服务，但一般服务器都会根据需求设置访问权限。如果资源分布在多台服务器上，那就要在每台服务器上分别为每一员工建立一个用户，让员工可以在每台服务器上登录。这样不但网络管理员难以管理，用户也觉得使用不方便。因此，就需要在局域网中配置域，有了域，员工只需要在域中拥有一个域用户，管理员也只需为员工创建一个域用户，并把局域网中的服务器都加入到域中；这样员工只需要在域中登录一次就可以访问域中的所有服务器资源，实现单一登录。从而降低管理难度，也简化用户登录。

Active Directory 域服务的作用是存储数据并管理域之间通信，下面介绍如何在 Windows Server 2008 R2 系统中安装和配置域服务。

1. 材料及工具准备

装有 Windows Server 2008 R2 操作系统的服务器 1 台。

2. 网络参数配置

确定服务器的 TCP/IP 属性中首选 DNS 服务器是不是自己的 IP 地址，如果不是则需要修改。本任务中服务器的"IP 地址"和"首选 DNS 服务器"都设置为 192.168.0.11。

3. 安装 Active Directory 域服务

1）进入"服务器管理器"对话框，选择"角色"，单击"添加角色"命令，如图 9-63 所示。

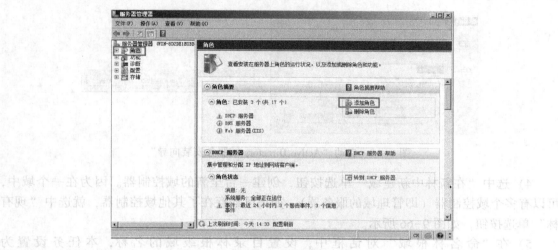

图 9-63　添加角色

2）在"选择服务器角色"对话框，选择"Active Directory 域服务"，如图 9-64 所示。如果弹出需要先安装".NET Framework 3.5"的对话框，就单击"安装"按钮，继续单击"下一步"按钮即可。

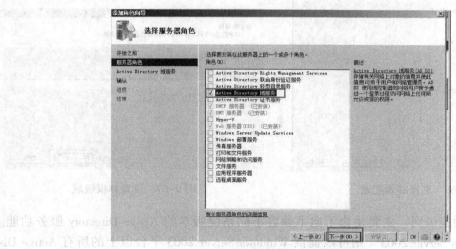

图 9-64　选择服务器角色

3）此时还没有完全安装好"Active Directory 域服务"，还需要在"运行"对话框中输入"dcpromo"命令，启动"Active Directory 域服务安装向导"，如图 9-65 所示。

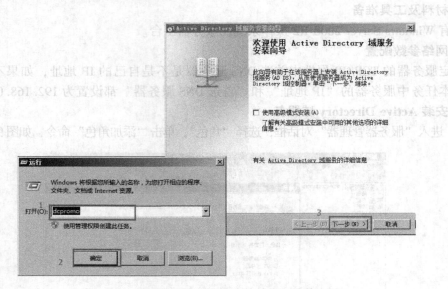

图 9-65　启动"Active Directory 域服务安装向导"

4）选中"在新林中新建域"单选按钮，创建一台全新的域控制器。因为在一个域中，可以有多个域控制器（即管理域的服务器），如果已经存在了其他域控制器，就选中"现有林"单选按钮，如图 9-66 所示。

5）在"命名林根域"对话框中，设置目录林根级域的名称，本任务设置为"hjcollege. com"，单击"下一步"按钮，如图 9-67 所示。

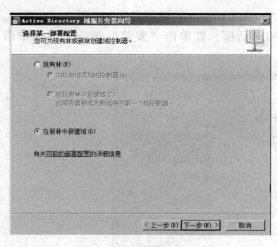

图 9-66　选择部署配置

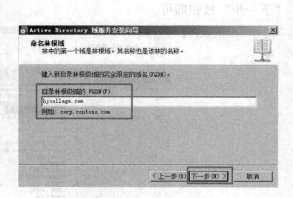

图 9-67　设置林根级域

6）设置林功能级别，主要是为了向下兼容不同系统版本的 Active Directory 服务功能。如选择"Windows Server 2003"则可以提供 Windows Server 2003 平台以上的所有 Active Directory 功能。如图 9-68 所示，单击"下一步"按钮。

198

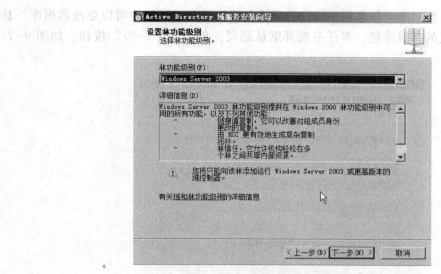

图 9-68 "设置林功能级别"对话框

7）在"其他域控制器选项"对话框中，如果"DNS 服务器"复选框没有被选中，则建议勾选，系统就会在域控制器中同时安装 DNS 服务，如图 9-69 所示。

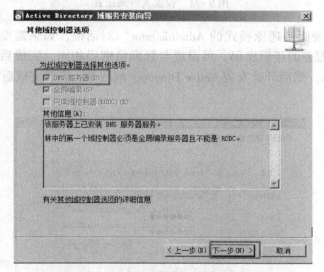

图 9-69 "其他域控制器选项"对话框

8）单击"下一步"按钮后，会弹出图 9-70 所示的警告框，单击"是"按钮。

图 9-70 "无法创建 DNS 服务器的委派"对话框

9）在弹出的"数据库、日志和 SYSVOL 文件夹的位置"对话框中可以更改数据库、日志、SYSVOL 文件夹的存放路径，本任务选择默认路径，单击"下一步"按钮，如图 9-71 所示。

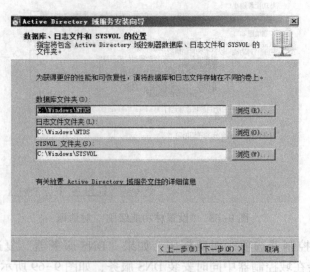

图 9-71　设置文件夹位置

10）弹出"目录服务还原模式的 Administrator"对话框，如果需要备份及还原目录服务，需要设置目录服务的还原密码，可设成与管理员密码相同，完成后单击"下一步"按钮，如图 9-72 所示。然后开始安装 Active Directory 域服务，安装完成后会显示图 9-73 所示对话框。

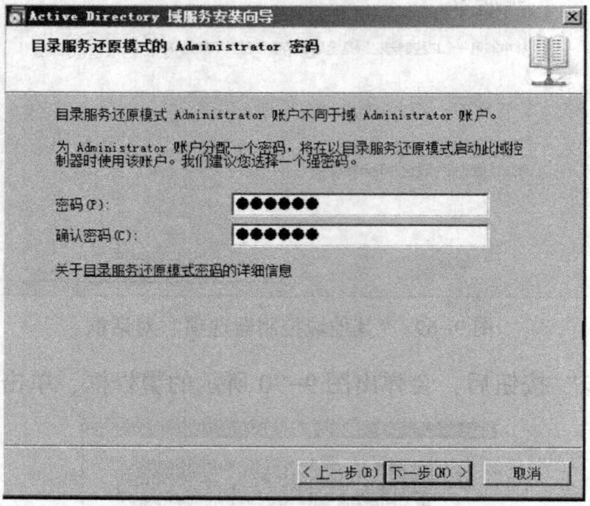

图 9-72　设置目录服务还原密码

11）安装 Active Directory 域服务后，会对服务器进行重启，重启后可以选择使用域用户登录或使用本地账户登录，如图 9-74 所示。

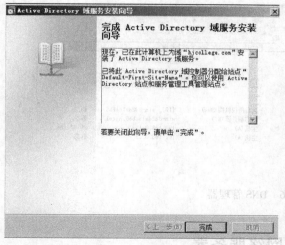

| 图 9-73 完成 Active Directory 域服务安装 | 图 9-74 使用域用户和密码登录 |

4. 验证 Active Directory 域服务

Active Directory 域服务安装完成后，可以通过多个方面进行验证。

（1）查看计算机名

选择"开始"→"控制面板"→"系统和安全"→"系统"→"高级系统设置"→"计算机"，可以查看到计算机已经加入了域 hjcollege.com 中，变成了域控制器，如图 9-75 所示。

图 9-75 查看计算机名

（2）查看管理工具

单击"开始"图标，在左边一列的"管理工具"中会添加包括"Active Directory 用户和计算机""Active Directory 站点和服务"和"Active Directory 域和信任关系"等管理工具。

（3）查看 DNS 记录

目录服务安装成功后，会在 DNS 服务器中有此域的记录，如图 9-76 所示。

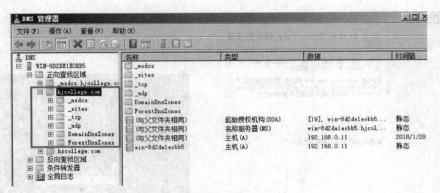

图 9-76　DNS 管理器

9.6　项目实训：搭建 Windows 网络服务器

利用前面所学的知识和技巧，自己动手搭建和应用各种 Windows Server 2008 R2 网络服务器，并完成实训报告。实训报告主要包括以下内容。

1. 实训概况

实训概况主要包括：实训目的、实训内容、实训地点、实训时间和实训环境等。

2. 实训过程

1）搭建一台 Web 服务器，并新建一个站点，将自己制作的简单网站进行发布。

2）在 Web 服务器中搭建 FTP 服务器，使用户可以远程更新 Web 站点的内容。

3）搭建一台 DNS 服务器，设置基本网络参数，添加一条资源记录，使内网中的计算机用户可以通过 http://www.hj.com/域名访问 Web 服务器中的网页。

4）搭建一台 DHCP 服务器，使网络中的计算机可以自动获得网络参数（包括 IP 地址、子网掩码、默认网关和首选 DNS 服务器）。

3. 实训思考

1）Web 服务、FTP 服务、DHCP 服务和 DNS 服务的工作原理分别是什么？

2）在安装和配置 Windows 网络服务器的过程中遇到哪些问题？如何解决的？

4. 实训心得

请阐述完成该实训后的心得和体会。

项目 10　网络安全及管理

【学习目标】

1. 知识目标

- 了解网络安全的定义及重要性。
- 了解计算机病毒的概念。
- 掌握计算机病毒的检测与防治。
- 掌握防火墙的功能以及分类。
- 掌握数据加密和解密的方法。
- 了解数字签名和数字证书。

2. 能力目标

- 能够根据工作需要完成防火墙的配置。
- 能够完成基本的计算机网络病毒检测及预防。
- 能够根据任务需求完成数据的加密和解密。

3. 素质目标

- 培养较强的学习能力、分析与解决问题的能力。
- 培养良好的网络安全意识。

10.1　项目描述

假如你是 ABC 公司的网络管理员，最近公司的个别办公计算机遭受病毒、木马和网络攻击等骚扰，存在很多安全隐患，如系统崩溃、账号被盗、机密数据被利用和网络堵塞等。为了进一步提高公司计算机及网络的安全性，需要你为公司的办公计算机配置防火墙安全规则，拦截一些非法访问或攻击行为，降低安全隐患，并安装功能强大的杀毒软件进行病毒查杀，确保公司计算机及网络系统的安全运行。

10.2　项目分析

公司或企业用户在享受网络带来的巨大便利和快捷的同时，网络安全问题也随之而来。诸如系统破坏、黑客侵扰、信息泄露、计算机病毒导致的直接、间接的经济损失等，对企业的信息安全构成严重的威胁。根据公司目前存在的网络安全问题及安全隐患，需要采取防火墙技术、杀毒软件、数据加密、访问控制和入侵检测等多种措施来保障公司的办公计算机和办公网络正常运行。

为了顺利完成这项工作，需要具备的相关知识包括：网络安全的基本概念、防火墙技术、数据加密技术、数字签名、数字证书、入侵检测技术和网络防病毒技术等。

10.3   知识准备

10.3.1   网络安全概述

网络安全是指网络系统的硬件、软件及其系统中的数据受到保护，不因偶然的或者恶意的原因而遭受到破坏、更改和泄露，系统可以连续、可靠、正常地运行，网络服务不中断。从广义上来讲，网络安全可以总结为：是防止对知识、事实、数据或者能力被非授权使用、误用、篡改或被拒绝使用所采取的安全措施。

网络安全的基本要素主要包括 5 个方面。

（1）保密性

信息不泄露给非授权用户、实体或过程，或不供其利用的特性。

（2）完整性

数据未经授权不能进行改变的特性。即信息在存储或传输过程中保持不被修改、不被破坏和丢失的特性，而且还需要配置相关端口的保护。

（3）可用性

被授权实体可以访问并按需求使用的特性。例如网络环境下拒绝服务，及破坏网络和有关系统的正常运行等都属于对可用性的攻击。

（4）可控性

对信息的传播及内容具有控制、稳定、保护和修改的能力。

（5）可审查性

出现安全问题时提供依据与手段。

10.3.2   防火墙技术

Internet 的迅速发展为信息的发布和检索提供了场所，但同时也带来了信息被污染和破坏的危险，人们为了保护数据和资源的安全，部署了防火墙。防火墙就像一个公司的大门，当有客人来拜访，此时需要登录自己的个人信息等。虽然看上去有些繁琐，但却是必不可少的，同样，防火墙也是保证企业内部网络安全的一道关卡。

1. 防火墙的定义

防火墙是指设置在不同网络（如可信任的企业内部网和不可信的公共网）或网络安全域之间的一系列部件的组合。它可通过监测、限制和更改跨越防火墙的数据流，尽可能地对外部屏蔽网络内部的信息、结构和运行状况，以此来实现对网络的安全保护。

在网络中，"防火墙"是指一种将内部网和公众访问网（如 Internet）分开的方法，它实际上是一种隔离技术。防火墙是在两个网络通信时执行的一种访问控制尺度，它能允许用户"同意"的人和数据进入网络，同时将用户"不同意"的人和数据拒之门外，最大限度地阻止网络中黑客来访问你的网络。换句话说，如果不通过防火墙，公司内部的人就无法访问 Internet，Internet 上的人也无法和公司内部的人进行通信。典型的防护墙体系结构如图 10-1 所示。

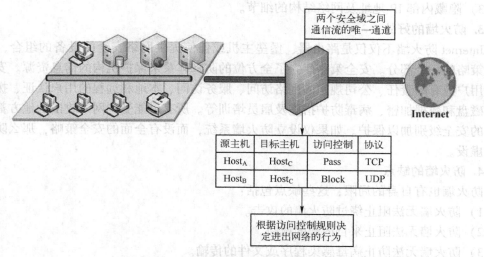

图 10-1　典型的防护墙体系结构

2. 防火墙的功能

在逻辑上，防火墙既是一个分离器，一个限制器，也是一个分析器，它有效地监控了内部网和 Internet 之间的任何活动，保证了内部网络的安全。

（1）内、外网络数据的交流都必须经过防火墙

这是防火墙所处网络位置特性，同时也是一个前提。因为只有当防火墙是内、外部网络之间通信的唯一通道时，才可以全面、有效地保护企业网内部网络不受侵害。

根据美国国家安全局制定的《信息保障技术框架》，防火墙适用于用户网络系统的边界，实现用户网络边界的安全保护。所谓网络边界即是采用不同安全策略的两个网络连接处，比如用户网络和互联网之间的连接、和其他业务往来单位之间的网络连接，以及用户内部网络不同部门之间的连接等。防火墙的目的就是在网络连接之间建立一个安全控制点，通过允许、拒绝或重新定向经过防火墙的数据流，实现对进、出内部网络的服务和访问的审计和控制。

（2）只有符合安全策略的数据才能通过防火墙

防火墙最基本的功能是确保网络流量的合法性，并在此前提下将网络的流量快速从一条链路转发到另外的链路上去。

（3）防火墙自身具有很强大的抗击入侵能力

这是防火墙之所以能担当企业内部网络安全防护重任的先决条件。防火墙处于网络边缘，它就像一个边界卫士一样，每时每刻都要面对黑客的入侵，这样就要求防火墙自身要具有非常强的抗击入侵本领。它之所以具有这么强的本领是因为防火墙操作系统本身是关键，只有自身具有完整信任关系的操作系统才可以谈论系统的安全性；其次就是防火墙自身具有非常低的服务功能，除了专门的防火墙嵌入系统外，再没有其他应用程序在防火墙上运行。当然这些安全性也只能说是相对的。

除了上述的功能外，还有以下功能：

1）提供使用和流量的日志和审计。

2）提供 VPN（虚拟专用网）功能。

3）隐藏内部 IP 地址及网络结构的细节。

3. 防火墙的好处

Internet 防火墙不仅仅是路由器、堡垒主机或任何提供网络安全的设备的组合，它还是安全策略的一个部分。安全策略建立了全方位的防御体系来保护机构的信息资源。安全策略包括用户应有的责任、公司规定的网络访问、服务访问、本地和远程的用户认证、拨入和拨出、磁盘和数据加密、病毒防护措施及雇员培训等。所有可能受到网络攻击的地方都必须以同样的安全级别加以保护。如果仅设立防火墙系统，而没有全面的安全策略，那么防火墙就形同虚设。

4. 防火墙的缺点

防火墙也有自身的局限，这些缺点包括：

1）防火墙无法阻止绕过防火墙的攻击。

2）防火墙无法阻止来自内部的威胁。

3）防火墙无法防止病毒感染程序或文件的传输。

5. 防火墙的分类

（1）从形式上划分

按形式上划分，主要分为软件防火墙和硬件防火墙。

1）软件防火墙

软件防火墙是运行在特定的计算机上，需要预先安装好的计算机操作系统对其支持。一般来说，该计算机就是整个网络的网关。防火墙像其他软件一样，需要在计算机上安装好才能使用。一般使用软件防火墙，需要网络管理人员对防火墙所工作的操作系统非常熟悉。

2）硬件防火墙

硬件防火墙是一种以硬件方式存在的专用设备，通常架设于两个网络的连接处，直接从网络设备上检查并过滤有害的数据报文，因此位于防火墙设备后端的网络或者服务器接收到的是经过防火墙处理过的相对安全的数据，不必另外分出 CPU 资源去进行基于软件架构的网络驱动程序端口的数据检测，可以大大提高工作效率。

硬件防火墙一般是通过网线连接于外部网络端口与内部服务器或企业网络之间的设备。这里的硬件防火墙还可以划分为两种结构，一种是普通硬件防火墙，它是基于 PC 架构，与家庭使用的 PC 没有太大区别。此类防火墙相当于一台计算机安装了软件防火墙，存在一定的漏洞，安全性能较差。另一种是芯片级硬件防火墙，它是采用专门设计的硬件平台，在上面搭建的软件也是专门的，因此可以达到较好的安全性能。

（2）从技术上划分

按技术上划分，可分为包过滤防火墙、应用代理型防火墙、状态检测防火墙、复合型防火墙和下一代防火墙。

1）包过滤防火墙

从防火墙的发展历史上看，第一代防火墙几乎与路由器同时出现，采用了包过滤技术。因为多数路由器中本身就包含有分组过滤功能，所以网络访问控制可以通过路由器控制来实现，从而使具有分组过滤功能的路由器成为第一代防火墙产品。

包过滤防火墙将对每一个接收到的包做出允许或拒绝的决定。具体地讲，它针对每一个数据包的包头，按照包过滤规则进行判定，与规则相匹配的包依据路由信息继续转发，否则就丢弃。包过滤是在 IP 层实现的，包过滤根据数据包的源 IP 地址、目的 IP 地址、协议类型（TCP、UDP、ICMP）、源端口和目的端口等包头信息及数据包传输方向等信息来判断是否允许数据包通过。包过滤也包括与服务相关的过滤，这是指基于特定的服务进行包过滤，由于绝大多数服务的监听都驻留在特定 TCP/UDP 端口，因此为阻断所有进入特定服务的链接，防火墙只需将所有包含特定 TCP/UDP 目的端口的包丢弃即可。

2）应用代理型防火墙

第二代防火墙工作在应用层，能够根据具体的应用对数据进行过滤和转发，也就是我们常说的应用网关或代理服务器。这样的防火墙彻底隔断内部网络与外部网络的直接通信。内部网络需要访问外部网络时，需要先访问防火墙，然后通过防火墙把访问的结果传递给内部网络。

代理型防火墙通过一种代理（Proxy）技术参与到一个 TCP 连接的全过程。从内部发出的数据包经过这样的防火墙处理后，就好像是源于防火墙外部网卡一样，从而可以达到隐藏内部网结构的作用。这种类型的防火墙被认为是最安全的防火墙。

代理型防火墙增加安全性也是要付出代价的。额外的代价是为每个会话建立两个连接应用、应用层验证请求所需的时间。所以，应用代理型防火墙会发生数据迟滞现象。

3）状态检测防火墙

状态检测防火墙是在网络层有一个检查引擎以截获数据包并抽取出与应用层状态有关的信息，并以此为依据决定对该连接是接受还是拒绝。这种技术提供了高度安全的解决方案，同时具有较好的适应性和扩展性。状态检测防火墙一般也包括一些代理级的服务，它们提供附加的对特定应用程序数据内容的支持。状态检测技术最适合提供对 UDP 的有限支持。它将所有通过防火墙的 UDP 分组均视为一个虚连接，当反向应答被分组送达时，就认为一个虚拟连接已经建立。状态检测防火墙克服了包过滤防火墙和应用代理型防火墙的局限性，不仅仅检测"to"和"from"的地址，而且不要求每个访问的应用都有代理。

这是第三代防火墙技术，能对网络通信的各层实行检测。同包过滤技术一样，它能够检测通过 IP 地址、端口号以及 TCP 标记，过滤进出的数据包。它允许受信任的客户机与不受信任的主机建立直接连接，不依靠与应用层有关的代理，而是依靠某种算法来识别进出的应用层数据，这些算法通过已知合法数据包的模式来比较进出的数据包，这样从理论上就能比应用级代理在过滤数据包上更有效。状态监视器的监视模块支持多种协议和应用程序，可方便地实现应用和服务的扩充。此外，它还可监测 RPC（远程过程调用）和 UDP 端口信息，而包过滤防火墙和代理型防火墙都不支持此类端口。这样，通过对各层进行监测，状态监视器可以实现维护网络安全的目的。目前，多使用状态监测防火墙，它对用户透明，在 OSI 最高层上加密数据，而不需要修改客户端程序，也不需要对每个在防火墙上运行的服务额外增加一个代理。

状态检测防火墙基本保持了简单包过滤防火墙的优点，性能比较好，同时对应用是透明的，在此基础上，对于安全性有了大幅提升。这种防火墙摒弃了简单包过滤防火墙仅仅检查进出网络的数据包而不关心数据包状态的缺点，其在防火墙的核心部分建立状态连接表，维护了连接，将进出网络的数据当成一个个的事件来处理。可以这样说，状态检测包过滤防火墙规范了网络层和传输层行为，而应用代理型防火墙则是规范了特定的应用协议上的行为。

4）复合型防火墙

复合型防火墙，基于自主研发的智能 IP 识别技术，在防火墙内核对应用和协议进行高效分组识别，实现对应用的访问控制。智能 IP 识别技术创新地采用零拷贝流分析、特有快速搜索算法等技术加快会话组织和规则定位的速度，解决了防火墙普遍存在的效率瓶颈问题。

复合型防火墙实现了防火墙、入侵检测、安全评估和虚拟专用网 4 大功能模块。以防火墙功能为基础平台，以其他的安全模块为多层次应用环境，构筑了一套完整的立体的网络安全解决方案。

5）下一代防火墙

下一代防火墙（Next Generation Firewall，NGFW），是一款可以全面应对应用层不安全隐患的高性能防火墙。通过深入洞察网络流量中的用户、应用和内容，并借助全新的高性能单路径异构并行处理引擎，NG FW 能够为用户提供有效的应用层一体化安全防护，帮助用户安全地开展业务并简化用户的网络安全架构。

下一代防火墙需具有下列属性：

① 支持在线 BITW（Bump-in-the-wire，线缆中的块）配置，同时不会干扰网络运行。
② 可作为网络流量检测与网络安全策略执行的平台，并具有下列特性：
- 标准的第一代防火墙功能：包过滤、NAT（网络地址转换）、状态性协议检测、VPN（虚拟专用网络）等。
- 集成式而非托管式网络入侵防御：支持基于漏洞的签名与基于威胁的签名。
- 业务识别与全栈可视性：采用非端口与协议的方式，识别应用程序并在应用层执行网络安全策略。
- 超级智能的防火墙：可收集防火墙外的各类信息，用于改进阻止决策，或作为优化阻止规则的基础。
③ 支持新信息流与新技术的集成路径升级，以应对未来出现的各种威胁。

10.3.3　数据加密技术

1. 数据加密技术基本概念

数据加解密又称密码学，它以伪装信息为基本思路，通过对数据施加可逆数学变换进行信息隐藏和混淆。数据变换前的信息称为明文，数据变化后的信息称为密文。数据变换既包括加密技术又包括解密技术。密钥作为因子参与加解密运算。加解密的目的是将数据以密文的方式存储在计算机的文件中或者通过网络设备进行传输，只有合理分配密钥的用户才能访问资源。这样一来，经非法密钥不能逆向构造出正确的明文，从而达到确保数据真实性的目的。加解密技术分为对称加解密和非对称加解密。对称加解密包括像 DES 和 AES 等传统的加解密技术，而非对称加解密包括像 RSA 和 SMS4 等算法。DES 是一种分组密码，包含了代数、置换和代替等多种密码技术，密钥长度为 64 bit。其中明文和密文分组长度也是 64 bit。DES 是面向二进制的密码算法，因而能够加/解密任何形式的计算机数据。DES 是对称算法，因而加密和解密共用一套算法。RSA 算法是 1978 年美国麻省理工学院的 3 名学者 R. L. Rivest、A. Shamir 和 L. Adleman 提出的一种基于大合数因子分解困难性的公开密钥算法，简称 RSA 算法。RSA 算法既可以做加密处理，又可以用于数字签名，使用范围更加广泛。

密码学的基本思想是伪装信息，使未授权的人无法理解其含义。所谓伪装，就是将计算机中的信息进行一组可逆的数字变换的过程，其中包含以下几个相关的概念。

1）加密。将计算机中的信息进行一组可逆的数学变换的过程中用于加密的这一组数学变换称为加密算法。

2）明文。信息的原始形式，即加密前的原始信息。

3）密文。明文经过加密后就变成了密文。

4）解密。授权的接收者接收到密文之后，进行与加密互逆的数学变换，去掉密文的伪装，恢复明文的过程，就称为解密。

数据加密和解密的数据模型如图 10-2 所示。

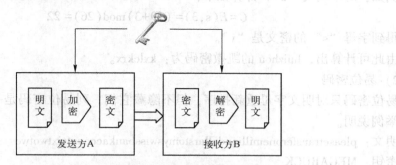

图 10-2   数据加密和解密的数据模型

2. 密码系统的分类

密码系统通常从 2 个独立的方面进行分类。

（1）按将明文转换成密文的操作类型划分

按将明文转换成密文的操作类型可分为置换密码（Substation Cipher）和易位密码（Transposition Cipher）。

1）置换密码

在置换密码中，每个或每组字母由另一个或另一组伪装字母所替换。最典型的置换密码技术是"凯撒密码"。这种密码技术将字母按字母表的顺序排列，并将最后一个字母和第一个字母相连起来构成一个字母表序列，明文中的每个字母用该序列中在其后面的第 3 个字母来代替，构成密文，也就是说，密文字母相对明文字母循环右移 3 位，所以，这种密码也称为"循环移位密码"。根据这个映射规则写出来的凯撒密码映射表如表 10-1 所示。

表 10-1   凯撒密码字母映射表

明文字母	a	b	c	d	e	f	g	h	i	j	k	l	m
位置顺序	1	2	3	4	5	6	7	8	9	10	11	12	13
密文字母	d	e	f	g	h	i	j	k	l	m	n	o	p
位置顺序	4	5	6	7	8	9	10	11	12	13	14	15	16

明文字母	n	o	p	q	r	s	t	u	v	w	x	y	z
位置顺序	14	15	16	17	18	19	20	21	22	23	24	25	26
密文字母	q	r	s	t	u	v	w	x	y	z	a	b	c
位置顺序	17	18	19	20	21	22	23	24	25	26	1	2	3

这种映射关系可以用函数表达式如下：

$$C = E(a,k) = (a+k) \bmod (n)$$

式中，a 为要加密的明文字母的位置序号；k 为密钥，这里为 3；n 为字母表中的字符数，这里为 26。

例如，对于明文"s"，计算如下：

$$C = E(s,3) = (19+3) \bmod (26) = 22$$

可以得到字母"s"的密文是"v"。

由此可计算出，huizhou 的凯撒密码为：kxlckrx。

2）易位密码

易位密码只对明文字母重新排序，但不隐藏它们。列易位密码是一种常用的易位密码，下面举例说明。

明文：pleasetransferonemilliondollarstomyswissbankaccountsixtwotwo

密钥：MEGABUCK

用列易位方法求该明文加密后得到密文的过程如下：

密钥：	M	E	G	A	B	U	C	K
列序号：	7	4	5	1	2	8	3	6
明文：	p	l	e	a	s	e	t	r
	a	n	s	f	e	r	o	n
	e	m	i	l	l	i	o	n
	d	o	l	l	a	r	s	t
	o	m	y	s	w	i	s	s
	b	a	n	k	a	c	c	o
	u	n	t	s	i	x	t	w
	o	t	w	o	a	b	c	d

首先，将明文填入 8 行 8 列表（事先约定填充的行列数，如果明文不能填充完表格可以约定使用某个字母进行填充，例如此例用 abcd 填充完表格）。

其次，按密钥 MEGABUCK 在字母表中出现的先后顺序进行编号，A 为 1，B 为 2，C 为 3，E 为 4，G 为 5，K 为 6，M 为 7，U 为 8，得到密钥 MEGABUCK 的列序号为：74512836。

最后，按列序号顺序，先写出 A 列，其次 B 列，依此类推写出的结果便是密文，得到的密文为：AFLLSKSOSELAWAIATOOSSCTCLNMOMANTESILYNTWRNNTSOWDPAEDOBUOE-RIRICXB。

（2）按密钥的使用个数划分

按密钥的使用个数可分为对称加密算法和非对称加密算法。

1）对称加密算法

如果在一个密码体系中，加密密钥和解密密钥相同，就称之为对称加密算法。这种算法中，加密和解密的具体算法是公开的，要求信息的发送者和接收者在安全通信之前要商定一个密钥。因此，对称加密算法的安全性完全依赖于密钥的安全性，如果密钥丢失，就意味着任何人都能够对加密信息进行解密了。

对称加密算法根据其工作方式，可以分为两类。一类是一次只对明文中的一个位（有时是对一个字节）进行运算的算法，称为序列加密算法。另一类是每次对明文中的一组位进行加密的算法，称为分组加密算法。典型的分组加密算法的分组长度是 64 bit。

2）非对称加密算法

非对称加密算法又叫做公开加密密钥。

公开密钥算法是因为加密密钥是公开的，任何人都能通过查找相应的公开文档得到，而解密密钥是保密的，只有得到相应的解密密钥才能解密信息。在这个系统中，加密密钥也称为公开密钥（公钥），解密密钥也称为私人密钥（私钥）。

非对称加密算法的通信模型如图 10-3 所示。

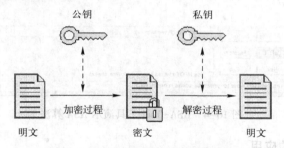

图 10-3　非对称加密算法的通信模型

RSA 公钥体制是 1978 年由 Rivest、Shamir 和 Adleman 提出的一个公开密钥密码体制，RSA 就是以其发明者的首字母命名的。RSA 体制被认为是迄今为止理论上最为成熟完善的一种公钥密码体制。

与对称密码体制相比，RSA 的缺点是加密、解密的速度太慢。因此，RSA 体制很少用于数据加密，而多用在数字签名、密钥管理和认证等方面。

RSA 的安全性是基于大数分解的难度。其公开密钥和私人密钥是一对大素数的函数。从一个公开密钥和密文中恢复出明文的难度等价于两个大素数的乘积。

RSA 算法是第一个较完善的公开密钥算法，它既能用于加密也能用于数字签名。

下面通过具体例子来说明 RSA 算法的基本思想。

首先，用户秘密地选择两个大素数，这里为了方便计算，假设这两个素数是 $p=7$，$q=17$。计算出 $n=p \times q=7 \times 17=119$，将 n 公开。

用户使用欧拉函数计算出 n。

$$\phi(n)=(p-1) \times (q-1)=6 \times 16=96$$

从 1~96 之间选择一个和 96 互素的数 e 作为公开的加密密钥（公钥），这里选择 5，计

算解密密钥 d，使得 $(d \times e) \bmod \phi(n) = 1$，这里可以得到 d 为77。

将 $p=7$ 和 $q=17$ 丢弃，将 $n=119$ 和 $e=5$ 公开，作为公钥；将 $d=77$ 保密，作为私钥。这样就可以使用公钥对发送的信息进行加密，接收者如果拥有私钥，就可以对信息进行解密了。

下面可以通过一个小工具 RSA-Tool 演示上面所说的过程。

如图10-4所示，选择好密钥长度和进制，并确定 P、Q 和公钥 E 的值后，单击 Calc. D 按钮，则可算出私钥 D 的值。

图10-4　RSA-Tool 工具演示 RSA 算法

3. 数据加密技术的应用

（1）链路加密技术

关于网络安全建设的关键就是路由管理，通过拓扑发现和掌握网络设备之间的连接状况，及时发现网络信息之前的数据交流路径。这些网络连接状况能够很好地帮助管理人员确定网络拓扑结构，当出现网络状况或者安全问题的时候，能够及时准确地发现子网网络，进行管理。清晰地对各个区段的计算机采用信息加密技术，以保证资源不被越界。数据在不同链路传输的路径中都是以不同的密钥进行传输，确保信息不被获取和篡改。

（2）身份认证技术

通过判断计算机网络使用者的身份信息，保证合理使用资源。只有通过了网络安全身份认证系统的判断，合法用户才能进入当前的网络环境。锐捷软件就是对网络进行管理的身份认证系统，它确保安全访问网络资源的关键节点，避免网络被恶意进入。另外通过密码技术进行非对称加密，对用户的身份进行证书管理，只有数字证书验证通过才能访问当前的网络资源。

（3）数据库管理技术

通过对当前网络登录的账号信息进行管理，内部计算机网络的所有网络行为仅通过账号登录在当前的网络环境中进行，保证账号信息不被外部获取。安全管理人员通过分发账号，管理网络运行状况以及信息的传输流向，并通过监控技术，定位网络入侵或者恶意操作的非法人员，解决相应的安全隐患。利用这些技术，在硬件建设方面，也需要做出相应的措施。网络防护方面，可以对计算机机房的关键信息进行数据备份，并保证这些数据的恢复操作是在合理的操作下进行，备份数据要加密存储后在数据库中进行统一管理，当确认是恢复的信息后，通过密文传输到目的主机后对数据进行解密并做恢复处理。另外，传统的防火墙和网络数据加密等方式，能对数据的传输和访问做出管理和限制。加密技术能够使黑客无法通过中间人攻击、篡改网络访问信息和资源。比如高校网络机房的建设是一项复杂的系统工程，一方面需要结合计算机网路的特点，保障功能的完善性，另一方面需要结合当前的网络资源环境，建立合理安全的防护体系。传统的网络安全防护由于是静态的和被动的，所以防护手段已经无法适应今天的网络环境。因此建立一套动态的且主动的安全防护体系非常重要，它不仅需要保障网络环境的流畅、合理，还要保障数据传输安全可靠。数据加密技术是加强网络安全的一种有效形式。

10.3.4 数字签名和数字证书

1. 数字签名

（1）数字签名的定义

数字签名（又称公钥数字签名、电子签章）是一种类似于写在纸上的普通的物理签名，但是使用了公钥加密技术实现，用于鉴别数字信息的方法。一套数字签名通常定义两种互补的运算，一个用于签名，另一个用于验证。

在计算机网络上进行通信时，不像书信或者文件传送那样，可以通过亲笔签名或者印章来确认身份。经常会发生这样的情况：发送方不承认自己发送过某一文件；接收方伪造一份文件，声称是对方发送的；接收方对接收到的文件进行篡改等；那么，如何对网络上传送的文件进行身份验证？这就是数字签名所要解决的问题。

一个完善的数字签名要解决好以下 3 个问题。

1）接收方能够核实发送方对报文的签名，如果当双方对签名有发生争议之时，应该能够利用第三方验证签名并确认真伪。

2）发送方事后不能否认自己对报文的签名。

3）除了发送方的其他任何人不能伪造签名，也不能对接收或者发送的信息进行篡改和伪造。

只要满足上述 3 个条件的数字签名技术就可以解决对网络上传输的报文进行身份验证的问题了。

（2）数字签名的工作原理

数字签名的工作原理如图 10-5 所示。

发送方先用 Hash 函数对原文产生一个数字摘要，再用发送方的私钥加密，与原文一起发送给接收方。接收方用 Hash 函数将收到的原文产生一个数字摘要 1，再用发送方的公钥对被加密的数字摘要解密，得到数字摘要 2。将这两个数字摘要进行对比，如果相同，则说明收到的信息是完整的，在传输过程中没有被修改，否则说明信息被修改过，因此数字签名能够验证信息的完整性。

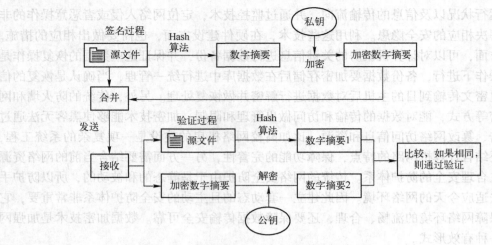

图 10-5　数字签名工作原理

2. 数字证书

（1）数字证书的定义

数字证书就是互联网通信中标识通信各方身份信息的一系列数据，提供了一种在 Internet 上验证身份的方式，其作用类似于司机的驾驶执照或日常生活中的身份证。它是由一个由权威机构——CA 机构，又称为证书授权（Certificate Authority）中心发行的，人们可以在网上用它来识别对方的身份。

数字证书的使用保证了互联网上电子信息的安全性和保密性等，对电子交易及支付过程中的欺诈行为起到防范作用。例如工行网上银行使用的 U 盾和证券公司提供的网上交易证书。

（2）数字证书的颁发过程

数字证书颁发过程一般为：用户首先产生自己的密钥对，并将公共密钥及部分个人身份信息传送给认证中心。认证中心在核实身份后，将执行一些必要的步骤，以确信请求确实由用户发送而来，然后认证中心将发给用户一个数字证书，该证书内包含用户的个人信息和他的公钥信息，同时还附有认证中心的签名信息。用户就可以使用自己的数字证书进行相关的各种活动。数字证书由独立的证书发行机构发布。数字证书各不相同，每种证书可提供不同级别的可信度。可以从证书发行机构获得个人的数字证书。

（3）数字证书的工作原理

数字证书采用公钥体制，即利用一对互相匹配的密钥进行加密与解密。每个用户自己设定一把特定的仅为本人所知的私有密钥（私钥），用它进行解密和签名；同时设定一把公共密钥（公钥）并由本人公开，为一组用户所共享，用于加密和验证签名。当发送一份保密文件时，发送方使用接收方的公钥对数据加密，而接收方则使用自己的私钥解密，这样信息就可以安全无误地到达目的地了。通过数字的手段保证加密过程是一个不可逆过程，即只有用私有密钥才能解密。在公开密钥密码体制中，常用的是 RSA 体制。其数学原理是将一个大数分解成两个素数的乘积，加密和解密用的是两个不同的密钥。即使已知明文、密文和加密密钥（公开密钥），想要推导出解密密钥（私密密钥），在计算上是不可能的。按当下计算机技术水平，要破解 1024 位 RSA 密钥，需要上千年的计算时间。公开密钥技术解决了密钥发

214

布的管理问题，商户可以公开其公开密钥，而保留其私有密钥。购物者可以用人人皆知的公开密钥对发送的信息进行加密，安全地传送给商户，然后由商户用自己的私有密钥进行解密。

10.3.5 入侵检测技术

1. 入侵检测概述

入侵检测是指"通过对行为、安全日志、审计数据或其他网络上可以获得的信息进行操作，检测到对系统的闯入或闯入的企图"。入侵检测是检测和响应计算机误用的技术，其作用包括威慑、检测、响应、损失情况评估、攻击的预测。

入侵检测技术是为保证计算机系统的安全而设计与配置的一种能够及时发现并报告系统中未授权或异常现象的技术，是一种用于检测计算机网络中违反安全策略行为的技术。进行入侵检测的软件与硬件的组合便是入侵检测系统（Intrusion Detection System，IDS）。

入侵检测方法有很多，如基于专家系统入侵检测方法和基于神经网络的入侵检测方法等。目前一些入侵检测系统在应用层入侵检测中已有实现。入侵检测主要通过执行以下任务来实现：

1）监视并分析用户及系统活动。

2）系统构造和弱点的审计。

3）识别反映已知进攻的活动模式并向相关人士报警。

4）异常行为模式的统计分析。

5）评估重要系统和数据文件的完整性。

6）操作系统的审计跟踪管理，并识别用户违反安全策略的行为。

2. 入侵检测分类

（1）技术划分

1）异常检测模型（Anomaly Detection）：检测与可接受行为之间的偏差。如果可以定义每项可接受的行为，那么每项不可接受的行为就应该是入侵。首先总结正常操作应该具有的特征（用户轮廓），当用户活动与正常行为有重大偏离时即被认为是入侵。这种检测模型漏报率低，误报率高。因为不需要对每种入侵行为进行定义，所以能有效检测未知的入侵。

2）误用检测模型（Misuse Detection）：检测与已知的不可接受行为之间的匹配程度。如果可以定义所有的不可接受行为，那么每种能够与之匹配的行为都会引起告警。收集非正常操作的行为特征，建立相关的特征库，当监测的用户或系统行为与库中的记录相匹配时，系统就认为这种行为是入侵。这种检测模型误报率低、漏报率高。对于已知的攻击，它可以详细且准确地报告出攻击类型，但是对未知攻击却效果有限，而且特征库必须不断更新。

（2）对象划分

1）基于主机：系统分析的数据是计算机操作系统的事件日志、应用程序的事件日志、系统调用、端口调用和安全审计记录。主机型入侵检测系统保护的一般是所在的主机系统。是由代理（Agent）来实现的，代理是运行在目标主机上的小的可执行程序，它们与命令控制台（Console）通信。

2）基于网络：系统分析的数据是网络上的数据包。网络型入侵检测系统担负着保护整个网段的任务，基于网络的入侵检测系统由遍及网络的传感器（Sensor）组成，传感器是一台将以太网卡置于混杂模式的计算机，用于嗅探网络上的数据包。

3）混合型：基于网络和基于主机的入侵检测系统都有不足之处，会造成防御体系的不全面，综合了基于网络和基于主机的混合型入侵检测系统既可以发现网络中的攻击信息，也可以从系统日志中发现异常情况。

3. 入侵检测的工作过程

入侵检测的工作过程分为 3 部分：信息收集、信息分析和结果处理。

1）信息收集：入侵检测的第一步是信息收集，收集内容包括系统、网络、数据及用户活动的状态和行为。由放置在不同网段的传感器或不同主机的代理来收集信息，包括系统和网络日志文件、网络流量、非正常的目录和文件改变、非正常的程序执行。

2）信息分析：收集到的有关系统、网络、数据及用户活动的状态和行为等信息，被送到检测引擎，检测引擎驻留在传感器中，一般通过模式匹配、统计分析和完整性分析 3 种技术手段进行分析。当检测到某种误用模式时，产生一个告警并发送给控制台。

3）结果处理：控制台按照告警产生预先定义的响应来采取相应措施，可以是重新配置路由器或防火墙、终止进程、切断连接和改变文件属性，也可以只是简单的告警。

10.3.6 网络防病毒技术

防病毒技术是网络安全维护日常中最基本的工作，也是工作量最大的，所以掌握计算机病毒相关知识是非常重要的。

1. 计算机病毒的定义

1994 年 2 月 18 日，我国正式颁布实施了《中华人民共和国计算机信息系统安全保护条例》，在《条例》第 28 条中明确指出："计算机病毒，指编制或者在计算机程序中插入的破坏计算机功能或者破坏数据，影响计算机使用并且能够自我复制的一组计算机指令或者程序代码"。它通常潜伏在计算机存储介质里，当被激活时，它用修改其他程序的方法将自己复制或者变种的形式放入其他程序中，从而感染它们，对计算机软硬件资源进行破坏。

2. 计算机病毒的分类

计算机网络的病毒类型有多样性，既有计算机上常见的某些病毒，如感染系统磁盘的病毒和感染文件的病毒，也有专门攻击计算机网络的网络型病毒，如木马病毒和蠕虫病毒。

（1）系统病毒

系统病毒的前缀为 win32、win95、w32 或 w95 等。这些病毒的共同特征就是感染 Windows 操作系统的 .exe 和 .dll 文件，如 CIH 病毒。

（2）蠕虫病毒

蠕虫病毒是一种常见的计算机病毒，它的前缀是 worm。通过网络复制和传播，具有病毒的一些特征，如传播性、隐蔽性和破坏性等。

（3）木马和黑客病毒

木马病毒其前缀是：Trojan，黑客病毒前缀名一般为 Hack。共有特性是通过网络或者系统漏洞进入用户的系统并隐藏，然后向外界泄露用户信息，黑客病毒则有一个可视的界面，能对用户的电脑进行远程控制。木马、黑客病毒往往是成对出现的，木马病毒负责侵入用户的计算机，而黑客病毒则会通过该木马病毒来进行控制。一般的木马病毒如 QQ 消息尾巴木马病毒 Trojan. QQ3344 和 Trojan. LMir. PSW. 60。病毒名中有 PSW 或者 * * PWD 之类的一般表示这个病毒有盗取密码的功能。

（4）宏病毒

宏是 Microsoft 公司为其 Office 软件包设计的一个特殊功能。宏病毒主要以 Microsoft Office 的宏为宿主。宏病毒是一种寄存在文档或模板的宏中的计算机病毒，一旦打开这样的文档，其中的宏就会被执行，于是宏病毒就会被激活而转移到计算机上，并驻留在 Normal 模板上。从此以后，所有自动保存的文档都会"感染"上这种宏病毒，而且如果其他用户打开了感染病毒的文档，宏病毒又会转移到他的计算机上。

（5）脚本病毒

随着计算机系统软件技术的发展，新的病毒技术也应运而生，特别是结合脚本技术的病毒更让人防不胜防，脚本病毒是主要采用脚本语言设计的计算机病毒。现在流行的脚本病毒大都是利用 JavaScript 和 VBScript 脚本语言编写。由于脚本语言的易用性，并且脚本在现在的应用系统中特别是 Internet 应用中占据了重要地位，脚本病毒也成为互联网病毒中最为流行的网络病毒。

3. 网络病毒的特点及危害性

（1）破坏性强

网络病毒破坏性极强。以 Novel1 网为例，一旦文件服务器的硬盘被病毒感染，就可能造成 NetWare 网络操作系统分区中的某些区域上内容的损坏，使网络服务器无法启动，导致整个网络瘫痪，造成不可估量的损失。

（2）传播性强

网络病毒普遍具有较强的再生机制，一接触就可通过网络扩散与传染。一旦某个公用程序染了毒，那么病毒将很快在整个网络上传播，感染其他的程序。根据有关资料介绍，在网络上病毒传播的速度是单机的几十倍。例如，当 DECnet 病毒植入到 lnternet 网中，几小时内，就使该网的 60 多台计算机受到感染。约两个星期后，该病毒又攻击了 SPAN 网（美国国家航空航天管理局使用的空间物理分析网络），在其后的数小时内，又有 300 台 VAX（可支持机器语言和虚拟地址的 32 位小型计算机）机受到感染。

（3）具有潜伏性和可激发性

网络病毒与单机病毒一样，具有潜伏性和可激发性。在一定的环境下受到外界因素刺激，便能活跃起来，这就是病毒的激活。激活的本质是一种条件控制，此条件是多样化的，可以是内部时钟、系统日期和用户名称，也可以是在网络中进行的一次通信。一个病毒程序可以按照病毒设计者的预设要求，在某个服务器或客户机上激活并向各网络用户发起攻击。

（4）针对性强

网络病毒并非一定对网络上所有的计算机都进行感染与攻击，而是具有某种针对性。例如，有的网络病毒只能感染 IBM 计算机，有的却只能感染 Macintosh（苹果）计算机，有的病毒则专门感染使用 UNIX 操作系统的计算机。

（5）扩散面广

由于网络病毒能通过网络进行传播，所以其扩散面很大，一台 PC 的病毒可以通过网络感染与之相连的众多机器。由网络病毒造成网络瘫痪的损失是难以估计的。一旦网络服务器被感染，其解毒所需的时间将是单机的几十倍以上。

鉴于网络病毒的以上特点，采用有效的网络病毒防治方法与技术就显得尤其重要了。目前，网络大部采用 Client/Server 模式，这就需要从服务器和客户机两个方面采取防治网络病毒的措施。

4. 计算机病毒的检测与防治

（1）计算机病毒的检测

对于计算机系统，要想知道其有无病毒感染，首先需要检测，然后才是防治。通常情况下的检测分为人工检测和自动检测。

自动检测是用成熟的检测软件（杀毒软件）来自动检测，无须人工的干预，但不排除有一些新的病毒会同时需要人工检测。

1）进程查看法。

通过任务管理器查看 CPU 的使用率，如果使用率突然增高，超过正常值，一般就是系统出现了异常。

2）通信工具查看。

在网络通信过程中，网络病毒的出现，使得病毒程序会通过网络与网络上的其他计算机进行通信，通过通信查看程序，可以看到系统中存在的各种通信情况，一般使用 TCPView 工具就可以看到进程对应的文件信息。

3）蓝屏。

有时候网络病毒文件会让 Windows 内核模式的设备驱动程序发生异常，引起蓝屏现象。

4）浏览器出现异常。

浏览器在运行时，被莫名奇妙地关闭，主页被篡改，强行刷新或跳转网页，频繁弹出广告等。

5）应用程序被篡改。

程序快捷方式图标或程序目录的主 EXE 文件的图标被篡改或者为空白，都有可能是这个软件的 EXE 程序被木马感染。

（2）计算机病毒的防治

计算机病毒的防治主要包含两个方面：一是计算机病毒的预防，避免计算机系统被病毒感染；二是当计算机被病毒感染时，要立即采取措施，争取将损失降到最低。

主要的措施包括如下几个方面：

1）备份重要数据。

2）使用杀毒软件以及防火墙。

3）为计算机系统及时打补丁。

4）注意预防和查杀网页、邮件病毒。

10.4 项目实现

10.4.1 任务：Windows 防火墙的配置与管理

1. 材料及工具准备

装有 Windows 7、Windows 8 或者 Windows10 操作系统的计算机 1 台。

2. 打开和关闭 Windows 防火墙

1）选择"开始"→"控制面板"→"Windows 防火墙"，弹出图 10-6 所示的窗口。

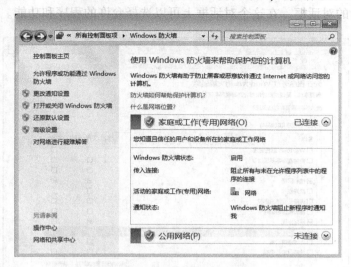

图 10-6　Windows 防火墙窗口

2）单击窗口左侧"打开或关闭 Windows 防火墙"命令，转到图 10-7 所示的对话框。私有网络和公用网络的配置是完全分开的，如果需要开启，则选择对应网络类型里的"启动 Windows 防火墙"单选按钮；如果需要关闭，只需要选择对应网络类型里的"关闭 Windows 防火墙（不推荐）"单选按钮，最后单击"确定"按钮即可。

图 10-7　启动或关闭 Windows 防火墙

3. 还原默认设置

如果不想保留自己的防火墙配置，可以选择图 10-6 所示窗口左侧的"还原默认设置"命令。还原时，Windows 7 会删除所有的网络防火墙配置项目，恢复到初始状态。比如，如果关闭了防火墙，则会自动开启；如果设置了允许程序列表，则会全部删除掉添加的规则。

4. 允许程序规则的配置

1）单击图 10-6 所示操作界面左侧的"允许程序或功能通过 Windows 防火墙"命令，转到图 10-8 所示的对话框，在这个对话框上可以选择允许的程序和功能。

图 10-8　允许程序规则的配置

2）如果需要了解某个功能的具体内容，可以在选择该项之后，单击下面的"详细信息"按钮即可查看。

3）如果是添加自己的允许程序规则，可以通过单击下面的"允许运行另一程序"按钮进行添加，单击后弹出图 10-9 所示的"添加程序"对话框。选择将要添加的程序名称（如果列表里没有就单击"浏览"按钮找到该应用程序，再单击"打开"按钮），添加后如图 10-10 所示。

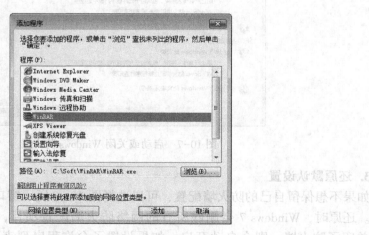

图 10-9　"添加程序"对话框

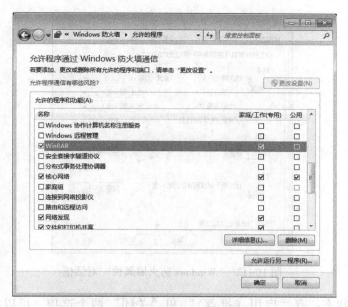

图 10-10 添加程序后的对话框

5. 高级安全 Windows 防火墙属性设置

1）选择"计算机"→"控制面板"→"Windows 防火墙"，单击控制窗口左侧的"高级设置"命令，即可看到图 10-11 所示的"高级安全 Windows 防火墙"，几乎所有的防火墙设置都可以在这个高级设置里完成。

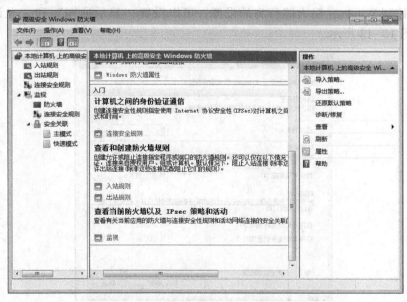

图 10-11 "高级安全 Windows 防火墙"窗口

2）单击窗口中间的"Windows 防火墙属性"命令，出现图 10-12 所示的对话框。

3）设置专用配置文件（域配置文件、公用配置文件与专用配置文件设置方法几乎完全相同）。主要的配置选项包括如下。

图 10-12 "Windows 防火墙属性" 对话框

① 防火墙的状态：有"启用（推荐）"和"关闭"两个选项，可以在这里进行设置，与在图 10-7 对话框中设置的防火墙开启和关闭效果相同。

② 入站连接：有"阻止（默认值）"、"阻止所有连接"和"允许"3 个选项，除了实验用的计算机最好不选择"允许"项，否则来者不拒会带来很大麻烦。

③ 出站连接：有"阻止"和"允许（默认值）"两个选项，对于个人计算机还是需要访问网络，因此选择默认值即可。

④ 指定控制 Windows 防火墙行为的设置：可以设置"显示通知"和"允许单播响应"等选项，如图 10-13 所示。

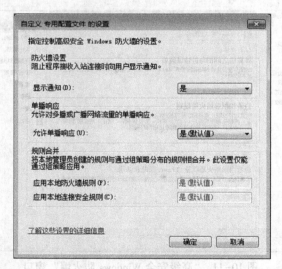

图 10-13 指定控制 Windows 防火墙行为的设置

4）IPSec 设置如图 10-14 所示。主要的配置选项包括如下。

① IPSec 默认值：单击"自定义"按钮可以显示"自定义 IPsec 设置"对话框，可以配

置 IPSec 用来帮助保护网络流量的密钥交换、数据保护和身份验证方法，如图 10-15 所示。

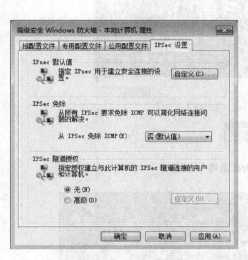

图 10-14　IPSec 设置

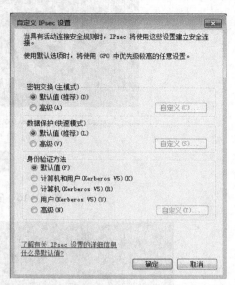

图 10-15　"自定义 IPsec 设置"对话框

② IPSec 免除：此选项用以确定包含 Internet 控制消息协议（ICMP）消息的流量包是否受到 IPsec 保护。此设置仅对高级安全 Windows 防火墙的 IPsec 部分进行免除 ICMP，若要确保允许 ICMP 数据包通过 Windows 防火墙，还必须创建并启用入站规则。另外，如果在"网络和共享中心"中启用了文件和打印机共享，则高级安全 Windows 防火墙会自动启用允许常用 ICMP 数据包类型的防火墙规则。

③ IPSec 隧道授权：可创建从远程计算机到本地计算机的 IPsec 隧道模式连接的安全规则，并希望指定用户和计算机，以允许或拒绝其通过隧道访问本地计算机。选择"高级"单选按钮，然后单击"自定义"按钮可以显示"自定义 IPsec 隧道授权"对话框，可以为需要授权的计算机或用户进行隧道规则授权。

【思考与讨论】如果想创建防火墙规则（包括入站规则、出站规则和安全规则），以便阻止或允许此计算机向程序、系统服务、计算机或用户发送流量，或是接收来自这些对象的流量，该如何设置？

10.4.2　任务：杀毒软件的设置与使用

（1）材料及工具准备

计算机和"360 杀毒"软件。（"360 杀毒"软件下载地址为 http://www.360.cn）。

（2）杀毒软件的安装

运行"360 杀毒"安装程序，使用"360 杀毒"安装向导，设置安装目录，选择"我已阅读并同意许可协议"复选按钮，并按照引导进行安全安装，如图 10-16 所示。

（3）病毒查杀

打开"360 杀毒"软件，如图 10-17 所示，选择查杀方式后就可以开始杀毒。

223

图 10-16 安装 "360 杀毒" 软件

图 10-17 360 杀毒软件主界面

病毒查杀方式主要有以下几种。

1) 全盘扫描: 扫描所有磁盘。

2) 快速扫描: 扫描 Windows 系统目录及 Program Files 目录。

3) 自定义扫描: 扫描指定的目录。

4) 宏病毒扫描: 全面查杀寄生在 Excel、Word 等文档中的 Office 宏病毒。

(4) 实时防护

打开 "360 杀毒" 软件, 单击 "设置" 按钮, 选择对话框左侧的 "实时防护设置" 命令, 对防护级别、监控的文件类型、发现病毒时的处理方式以及其他防护选项进行设置, 如图 10-18 所示。

(5) 升级

1) 打开 "360 杀毒" 软件, 单击 "设置" 按钮, 选择对话框左侧的 "升级设置" 命令, 可进行自动升级设置、其他升级设置以及代理服务器设置, 如图 10-19 所示。

224

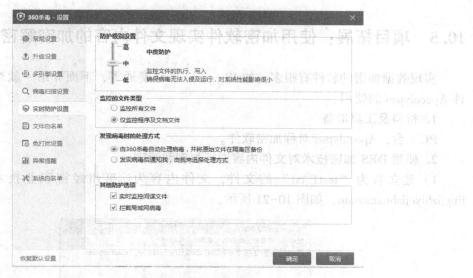

图 10-18　实时防护设置

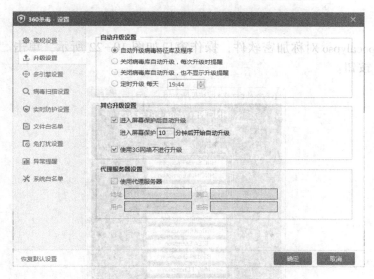

图 10-19　升级设置

2）如果想手动进行升级，在"360 杀毒"窗口点击"检查更新"标签，进入升级对话框，并单击"检查更新"按钮，升级程序会连接服务器检查是否有可用更新，如果有的话就会下载并安装升级文件，如图 10-20 所示。

【思考与讨论】如果想让某些文件或目录在病毒扫描和实时防护时被跳过，该如何设置？如果想查看病毒扫描或产品升级的历史记录及其详细信息，在哪里查看？

图 10-20　手动升级

10.5 项目拓展：使用加密软件实现文件内容的加密解密

实现数据加密的软件有很多，如 IP-guard 和亿赛通等，下面介绍一款对称加密解密软件 Apocalypso 的使用。

1. 材料及工具准备

PC 1 台，Apocalypso 对称加密软件。

2. 使用 DES 加密技术对文件内容进行加密和解密

1）建立名为"test1.txt"的文件，文件内容为：惠州经济职业技术学院 huizhou-jingjizhiyejishuxueyuan，如图 10-21 所示。

图 10-21　新建文件的原文内容

2）打开 Apocalypso 对称加密软件，操作窗口如图 10-22 所示，单击"DES Encryption（DES 加密）"按钮。

图 10-22　对称加密解密软件 Apocalypso 软件界面图

3）在弹出的"Apocalypso-DES Encryption"（"Apocalypso DES 加密"）对话框中，单击"Open File"（"打开文件"）按钮，打开前面创建的"test1.txt"文件的内容，输入加密的密码"123456"，如图 10-23 所示。

4）单击"Encrypt"（"加密"）按钮进行加密，加密后的文件内容如图 10-24 所示。

5）单击"Save File"（"保存文件"）按钮，将加密后的文件内容进行保存，保存后的文件内容（密文）如图 10-25 所示。

226

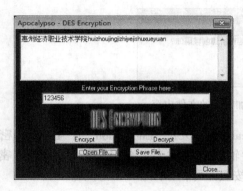

图 10-23 加密前的"Apocalypso-DES
Encryption"对话框

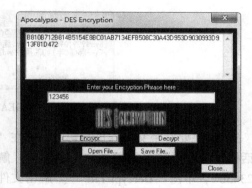

图 10-24 加密后的"Apocalypso-DES
Encryption"对话框

图 10-25 用 DES 算法加密后的文件内容

6）如果想将加密后的文件内容（密文）进行解密，先打开加密后的文件，再单击"Decrypt"（"解密"）按钮即可，解密结果如图 10-26 所示。单击"Save File"（"保存文件"）按钮，将解密后的文件内容进行保存。

3. 使用 IDEA 加密技术对文件内容进行加密解密

1）在图 10-22 所示的软件窗口单击"IDEA Encryption（"IDEA 加密"）"按钮，弹出"Apocalypso-IDEA Encryption"（"IDEA 加密"）对话框。在对话框中设置要加密的文件"test1. txt"、加密后输出的文件名"test3. txt"以及加密密码"123456"，如图 10-27 所示。

图 10-26 解密后的"Apocalypso-DES
Encryption"对话框

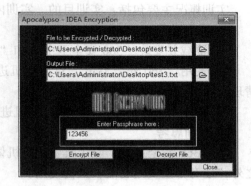

图 10-27 使用 IDEA 加密技术对文件
内容进行加密

2）单击"Encrypt File"（"加密文件"）按钮，得到加密后输出的文件"test3. txt"，文件内容（密文）如图 10-28 所示。

227

图 10-28　用 IDEA 算法加密后的文件内容

3）如果要对密文文件进行解密，则在"Apocalypso-IDEA　Encryption"（"IDEA 加密"）对话框中设置要解密的文件"test3. txt"、解密后输出的文件名"test4. txt"以及解密密码"123456"，单击"Decrypt File"（"解密文件"）按钮即可，如图 10-29 所示。

图 10-29　使用 IDEA 加密技术对文件内容进行解密

10.6　项目实训：维护计算机网络安全

使用"360 安全卫士"和"360 杀毒"软件，对计算机进行安全防范和查杀病毒，并完成实训报告。实训报告主要包括以下内容。

1. 实训概况

实训概况主要包括：实训目的、实训内容、实训地点、实训时间和实训环境等。

2. 实训过程

1）下载并安装"360 安全卫士"和"360 杀毒"软件。

2）使用"360 安全卫士"对计算机进行全面体验、查杀木马、清理插件、修复漏洞、清理垃圾和优化加速等操作。

3）使用"360 杀毒"软件对计算机进行病毒查杀，并配置好防范措施。

3. 实训思考

1）"360 安全卫士"除了具备计算机体验、查杀木马、清理插件、修复漏洞等常用功能之外，还有哪些实用功能？如何使用？

2）除了"360 安全卫士"和"360 杀毒"软件之外，还有哪些使用广泛的安全防护和杀毒软件？各有什么特点？

4. 实训心得

请阐述完成该实训后的心得和体会。

项目 11　掌握搜索引擎的使用技巧

【学习目标】

1. 知识目标

✦ 了解搜索引擎的含义。

✦ 认识常见的搜索引擎。

✦ 掌握中文和英文的搜索引擎技巧。

2. 能力目标

✦ 能够根据任务需求完成基本的搜索引擎操作。

✦ 能够高效利用网络搜索信息和筛选信息。

3. 素质目标

✦ 培养认真的学习态度和自主学习的积极性。

✦ 提升信息技术的应用能力。

11.1　项目描述

假如你是 ABC 公司的网络管理员，工作中常常会遇到各种难以解决的计算机软/硬件或网络故障问题，少不了要借助搜索引擎来查找相关的解决办法；此外，工作中也常常需要撰写各种技术文档或工作总结，同样也少不了需要借助搜索引擎来搜集所需的材料。那么，如何在庞大的信息海洋中，精准地找到自己想要的信息？这就要求掌握一些搜索引擎的使用技巧。

11.2　项目分析

随着信息技术的发展和网络的广泛应用，搜索引擎在网络用户的生活中起着举足轻重的作用。搜索引擎可以帮助使用者在 Internet 上找到特定的信息，但它们同时也会返回大量无关的信息。如果多使用一些搜索技巧，会发现利用搜索引擎可以使用尽可能少的时间而找到所需的有用信息。

为了能够在海量的互联网信息中更精准地找到所需的信息，提高工作的效率，了解主流搜索引擎的搜索特点及工作原理，掌握中/英文搜索技巧就显得尤为重要。

11.3　知识准备

11.3.1　什么是搜索引擎

搜索引擎是为网络用户提供信息查询服务的计算机系统，也可以说是一类提供信息

"检索"服务的网站。它根据一定的策略，运用特定的方法搜索互联网上的信息，并对信息进行组织和处理，将处理后的信息通过计算机网络显示给用户。

11.3.2 常见的搜索引擎

搜索引擎按其工作方式主要可分为 3 大类，分别是全文搜索引擎、目录索引类搜索引擎和元搜索引擎。除上述 3 大类引擎外，还有几种非主流类型：垂直搜索引擎、集合式搜索引擎、门户搜索引擎和免费链接列表。

1. 全文搜索引擎

全文搜索引擎（Full Text Search Engine）是名副其实的搜索引擎，国外具有代表性的有 Google 等，国内著名的有百度（Baidu）。它们都是通过从互联网上提取各个网站的信息（以网页文字为主）而建立的数据库，检索与用户查询条件匹配的相关记录，然后按一定的排列顺序将结果返回给用户，因此它们是真正的搜索引擎。

从搜索结果来源的角度，全文搜索引擎又可细分为两种，一种是拥有自己的检索程序（Indexer），俗称"蜘蛛"（Spider）程序或"机器人"（Robot）程序，并自建网页数据库，搜索结果直接从自身的数据库中调用，如百度搜索引擎；另一种则是租用其他引擎的数据库，并按自定的格式排列搜索结果，如 Lycos 搜索引擎。

2. 目录索引类搜索引擎

目录索引（Search Index/Directory）也称为分类检索，是因特网上最早提供 www 资源查询服务的搜索引擎，它主要通过搜集和整理因特网的资源，根据搜索到网页的内容，将其网址分配到相关分类主题目录的不同层次的类目之下，形成像图书馆目录一样的分类树形结构索引。目录索引无须输入任何文字，只要根据网站提供的主题分类目录，层层点击进入，便可查到所需的网络信息资源。

目录索引虽然有搜索功能，但在严格意义上算不上是真正的搜索引擎，仅仅是按目录分类的网站链接列表而已。用户可以不用关键词（Keywords）查询，仅靠分类目录也可找到需要的信息。目录索引中最具代表性的莫过于 Yahoo（雅虎），其他还有 Open Directory Project（DMOZ）、LookSmart 和 About 等。国内的搜狐、新浪和网易搜索也都属于这一类。

与全文搜索引擎相比，目录索引有如下 3 种不同之处：

首先，全文搜索引擎属于自动网站检索，而目录索引则完全依赖手动操作。用户提交网站后，目录编辑人员会浏览用户的网站，然后根据一套自定的评判标准甚至编辑人员的主观印象，决定是否接纳用户的网站。而且，全文搜索引擎收录网站时，只要网站本身没有违反有关的规则，一般都能登录成功；但目录索引对网站的要求却高得多，有时即使登录多次也不一定成功。尤其像 Yahoo 这样的目录索引，登录更是困难。

其次，在登录全文搜索引擎时，一般不用考虑网站的分类问题，但登录目录索引时却必须将网站放在一个最合适的目录（Directory）。

最后，全文搜索引擎中各网站的有关信息都是从用户网页中自动提取的，所以用户的角度看，用户拥有更多的自主权；但目录索引却要求必须手动填写网站信息，而且还有各种各样的限制。更有甚者，如果工作人员认为用户提交网站的目录和网站信息不合适，他可以随时对其进行调整，当然事先是不会与用户商量的。

全文搜索引擎与目录索引有相互融合渗透的趋势。一些纯粹的全文搜索引擎也提供目录搜索，如 Google 就借用 Open Directory 目录提供分类查询。而 Yahoo 目录索引则通过与 Google 等搜索引擎合作扩大搜索范围。在默认搜索模式下，一些目录类搜索引擎首先返回的是与自己目录中匹配的网站，如中国的搜狐、新浪和网易等；而另外一些则默认的是网页搜索，如 Yahoo。这种引擎的特点是查找的准确率比较高。

3. 元搜索引擎

元搜索引擎（META Search Engine）在接受用户查询请求时，同时可在其他多个引擎上进行搜索，并将结果返回给用户。元搜索引擎有 InfoSpace、Dogpile 和 Vivisimo 等，中文元搜索引擎中具代表性的有搜星搜索引擎。在搜索结果排列方面，有的直接按来源引擎来排列搜索结果，如 Dogpile，有的则按自定的规则将结果重新排列组合，如 Vivisimo。

4. 垂直搜索引擎

垂直搜索引擎（Vertical Search Engine）是 2006 年后逐步兴起的一类搜索引擎。不同于通用的网页搜索引擎，垂直搜索专注于特定的搜索领域和搜索需求（例如：机票搜索、旅游搜索、生活搜索、小说搜索、视频搜索和购物搜索等），在其特定的搜索领域有更好的用户体验。相比通用搜索时动辄数千台检索服务器的使用，垂直搜索需要的硬件成本低、用户需求特定且查询方式多样。

5. 集合式搜索引擎

集合式搜索引擎类似于元搜索引擎，但区别在于它不是同时调用多个引擎进行搜索，而是由用户从提供的若干个搜索引擎当中选择，如 HotBot 在 2002 年底推出的搜索引擎。

6. 门户搜索引擎

门户搜索引擎，如 AOL Search 和 MSN Search 等虽然提供搜索服务，但自身既没有分类目录也没有网页数据库，其搜索结果完全来自其他引擎。

7. 免费链接列表

免费链接列表（Free For All Links，FFA）一般只简单地滚动显示排列链接条目，少部分有简单的分类目录，不过规模比 Yahoo 等目录索引要小得多。

11.3.3 中文搜索技巧

1. 完全匹配式搜索（" "）

用法：在查询词外加上双引号" "。

意义：表示查询词不能被拆分，在搜索结果中必须完整出现。

示例：想要搜索带有"惠州西湖"，而不是分别带有"惠州"和"西湖"的网页，可以给该词用双引号。

2. 搜索范围限定在标题（intitle 和 allintitle）

用法：在查询词前加"intitle:"，后面不加空格，紧接查询词；如果有两个以上的查询词，可以在所有词前加"allintitle:"，格式与前面相同。

意义：搜索结果的标题中都必须含"intitle:"后的查询词，帮助排除无关网页，提高准确度。

示例：搜索"intitle:计算机网络基础"，得到的网页标题都会含有"计算机网络基础"，如果只是内容含有该词的网页是不会出现的，如图 11-1 所示。

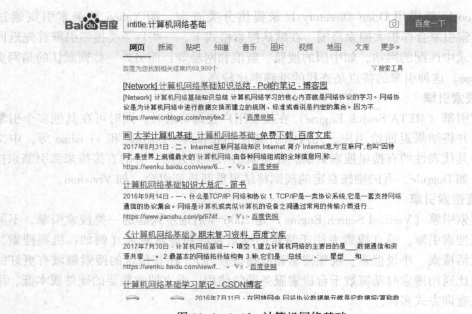

图 11-1　intitle：计算机网络基础

3. 搜索范围限定在指定网站（site）

用法：在查询词后输入"site："+"网站名"，冒号"："用英文半角，后不加空格，紧接网站名。

意义：如知道某个网站有自己需要的资料，使用此格式，搜索结果一定都来自用户所输入的网站。

示例：搜索"西湖 site：www. huizhou. gov. cn"，得到的网页一定都来自"惠州市人民政府的网站"（网址为：www. huizhou. gov. cn），如图 11-2 所示。

图 11-2　西湖 site：www. huizhou. gov. cn

4. 搜索范围限定在 URL（统一资源定位符）中（inurl 和 allinurl）

用法：在查询词前加上"inurl:"，冒号":"用英文半角，后不加空格；两个以上的查询词，可在所有词前加"allinurl:"格式与前面相同。

意义：表示搜索结果中，查询词需要出现在网页的 URL 中。

示例：搜索"人民日报 inurl:video"，那么网页的 URL 中一定含有"video"一词，因此得到的结果都是与人民日报有关的视频内容。

5. 搜索范围限定在制定格式（filetype）

用法：在查询词后面加上"filetype:" +"文件格式（如 doc/pdf/xls/…）"，冒号":"用英文半角，紧接文件格式。

意义：搜索特定的文件格式，即搜索结果都是用户所需要的既定格式。

示例：搜索"计算机网络基础 filetype:pdf"，搜索结果都是含有"计算机网络基础"一词的 pdf 文档，如图 11-3 所示；搜索"计算机网络基础 filetype:xls"，则搜索结果都是 Excel 表格。

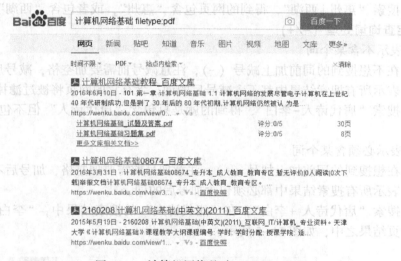

图 11-3　计算机网络基础 filetype:pdf

6. 搜索政府网页（inurl:gov）

用法：在查询词前加上"inurl:gov"，冒号":"用英文半角，后不加空格。

意义：确保得到的网页都是 URL（统一资源定位符）中带有"gov"的，即一般都是政府网站，可使搜索结果相对权威。

示例：搜索"inurl:gov 西湖"，那么搜索结果都是来自政府的网页。

7. 搜索特定书名（《》）

用法：给查询词加上《》。

意义：书名号会出现在搜索结果中，书名号中的内容不会被拆分。除此之外，如查询词为贝多芬，如不加书名号，则搜到的很多是贝多芬本人的资料，如加上书名号，则搜到的都是与书籍相关的资料。

示例：搜索《贝多芬》，那么搜索结果均为含"《贝多芬》"的信息，如图 11-4 所示。

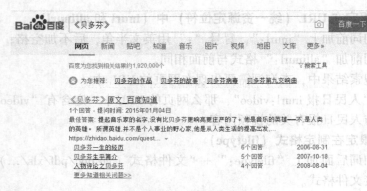

图 11-4 《贝多芬》

8. 并行搜索查询词 (｜)

用法：在两个查询词 A 和 B 中间加入 "｜"，注意 "｜" 前后均需空一格。

意义：搜索结果会包含词语 A 和 B 中的任意一个，即包含 A 的信息或者包含 B 的信息。

示例：搜索 "惠州｜西湖"，得到的网页包含 "惠州"，或者包含 "西湖"。

9. 特定查询词处理 (－/＋)

（1） －表示不含某个词

用法：在不想搜到的词前加上减号 （－），注意减号前需要加空格，减号后不加空格。

意义：表示所有搜索结果中都不含减号后的词，含有它的网页将被过滤掉。

示例：搜索 "唐代诗人－李白"，得到的就是只包含 "唐代诗人" 但不包含 "李白" 的网页结果。

（2） ＋表示必须含某个词

用法：在想搜到的词前加上加号 （＋），注意加号前需要加空格，加号后不加空格。

意义：表示所有搜索结果中都必须包含加号后的词。

示例：搜索 "唐代诗人 ＋李白"，在 "唐代诗人" 的搜索结果中，"李白" 必须被包含在搜索的网页结果之中，如图 11-5 所示。

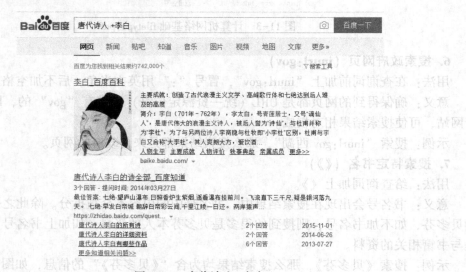

图 11-5　唐代诗人+李白

11.3.4 英文搜索技巧

以下是用搜索引擎搜英文网站或文章的技巧和方法。

1. "或者"搜索

如果不确定是否正确地记住了需要搜索的信息或者名称，可以键入几个相似词组，并通过键入"｜"符号来分割它们，也可以使用"OR"，然后再进行搜索结果。

2. 搜索特定领域网站避免同义词混淆

我们的语言涵盖很多同义词，这使得在网上进行研究非常方便。如果需要找到给定主题的网站，而不是包含特定短语的网站，就在搜索中添加"~"符号。

例如：如果需要搜索healthy~food，那么将获得关于健康饮食原则、烹饪食谱以及健康饮食选项的结果，如图11-6所示。

Healthy food ~ 下厨房
1年前 32 0 Shananana (江苏,无锡) 全麦消化饼 Yum~ #Healthy food
~# 1年前 7 1 Shananana (江苏,无锡) 上一页12下一页 ...
www.xiachufang.com/eve... ▼ - 百度快照

Healthy Food ~ Illustrations ~ Creative Market
2015年3月3日 - Healthy Food by Decorwith.me Shop in Graphics Illustrations Illustration of
vector flat design fruits and vegetables icons composition ZIP...
https://creativemarket.com/Dec... ▼ - 百度快照 - 翻译此页

Healthy food delivery in Bangkok ~ Order online | foodpanda
Healthy food delivery from local favourites in Bangkok ✓ Check Restaurant's menu online ✓
Foodpanda will deliver it to your home or office ✓
https://www.foodpanda.co.th/cu... ▼ - 百度快照 - 翻译此页

Healthy food-生活-高清视频-爱奇艺
Healthy food是生活类高清视频,画面清晰,播放流畅,发布时间:2017-02-27。视频简介:食物清单
写了没保存就找不到了,下次再列清单吧,不好意思哦。
www.iqiyi.com/w_19rubs... ▼ - 百度快照

图 11-6　healthy~food

3. 在特定网站内搜索相关内容

有时在某网站上阅读了一篇有趣的文章，随后想和朋友分享，或者只是想再读一次，那么再次找到所需信息的最简单的方法是在该网站内搜索。为此，键入该网站的地址，然后输入文章中的关键词或整个短语，就可以显示出来所要搜索的信息。

4. 星号（*）的作用

有时想不起所需要的关键词、短语或者数字，为了找到要找的内容，可以求助于强大的"*"符号。使用这个符号替代不记得的单词或短语，就能够找到需要查询的结果。

5. 当忘记了关键句中很多单词时

如果想搜索较长的语句，而记不清语句中的几个单词，尝试写出第一个和最后一个单词，在它们之间加上"AROUND+(x)"x表示大概数字。

例如："I wandered AROUND (4) cloud"，如图11-7所示。

6. 使用时间框架

如果迫切需要了解在一段时间内发生的事件，可以在首尾两个日期之间加三个点的符号"..."，表示查询结果所限制的时间段。

例如：如果想搜索在19—20世纪的科学发现，可以使用：scientific discoveries 1900...2000。

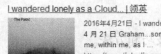

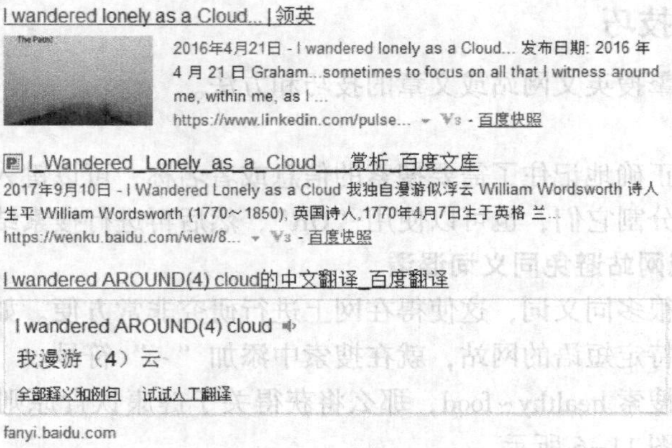

I wandered lonely as a Cloud... | 领英
2016年4月21日 - I wandered lonely as a Cloud... 发布日期: 2016 年 4 月 21 日 Graham...sometimes to focus on all that I witness around me, within me, as I ...
https://www.linkedin.com/pulse... - 百度快照
I_Wandered_Lonely_as_a_Cloud_ 赏析_百度文库
2017年9月10日 - I Wandered Lonely as a Cloud 我独自漫游似浮云 William Wordsworth 诗人生平 William Wordsworth (1770～1850), 英国诗人,1770年4月7日生于英格 兰...
https://wenku.baidu.com/view/8... - 百度快照
I wandered AROUND(4) cloud的中文翻译_百度翻译
I wandered AROUND(4) cloud
我漫游（4）云
全部释义和例句 试试人工翻译
fanyi.baidu.com

图 11-7 I wandered AROUND（4） cloud

7. 搜索含关键词的标题或者 URL 地址

要搜索含有关键词的标题，请在搜索的关键词之前输入“intitle:”，并且冒号后面不加空格。要搜含有关键词的长串 URL 地址，请在搜索关键词前加“inurl:”并且冒号后面不加空格。

例如，搜含有关键词的标题：intitle:husky，搜索结果如图 11-8 所示。

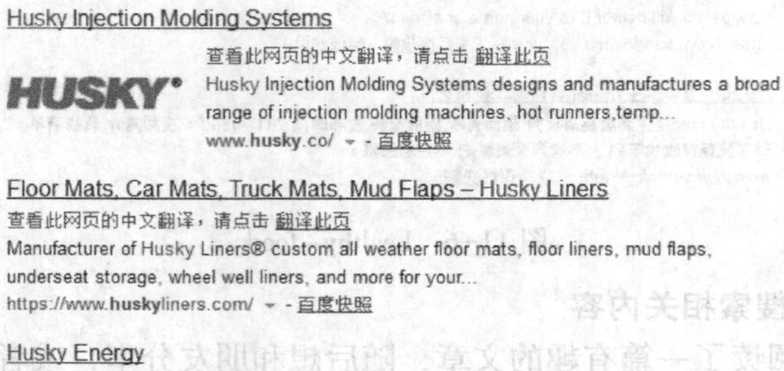

Husky Injection Molding Systems
查看此网页的中文翻译，请点击 翻译此页
Husky Injection Molding Systems designs and manufactures a broad range of injection molding machines, hot runners,temp...
www.husky.co/ - 百度快照
Floor Mats, Car Mats, Truck Mats, Mud Flaps – Husky Liners
查看此网页的中文翻译，请点击 翻译此页
Manufacturer of Husky Liners® custom all weather floor mats, floor liners, mud flaps, underseat storage, wheel well liners, and more for your...
https://www.huskyliners.com/ - 百度快照
Husky Energy

图 11-8 intitle:husky

8. 找到类似的网站

如果在网上发现了一些真正喜欢的内容，并希望找到类似的网站，请输入“releated:”然后输入该网站的地址，冒号后面不加空格。

例如：releated:nike. com，如图 11-9 所示。

Baidu百度
releated:nike.com
百度一下
网页 新闻 贴吧 知道 音乐 图片 视频 地图 文库 更多»
百度为您找到相关结果约21个
搜索工具
耐克 – Nike.com (中国). Nike.com (CN)
访问耐克(Nike)官网,了解最新的运动训练理念及产品信息,成为耐克会员,自由畅快的购物体验,尽在Nike.com.
https://www.nike.com/cn/zh_... - 百度快照 - 230条评价

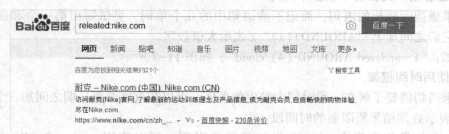

图 11-9 releated:nike. com

9. 整句搜索

如果想搜索一个具体精确的语句，用引号将其引用后键入，就可以找到与键入的句子单词排列顺序相同的句子，这是最简单和最有效的方式。

例如：如果输入：I'm picking up good vibrations，没有引号，搜索引擎就会显示这些单词在网站上以不同顺序排列出的语句的结果。

相反，如果输入："I'm picking up good vibrations"，有双引号，那么就只获得与键入单词相同排列顺序的语句结果。特别是当只知道一句歌词时，却想找到这首歌的时候，这就是一种很好的查找方式，如图11-10所示。

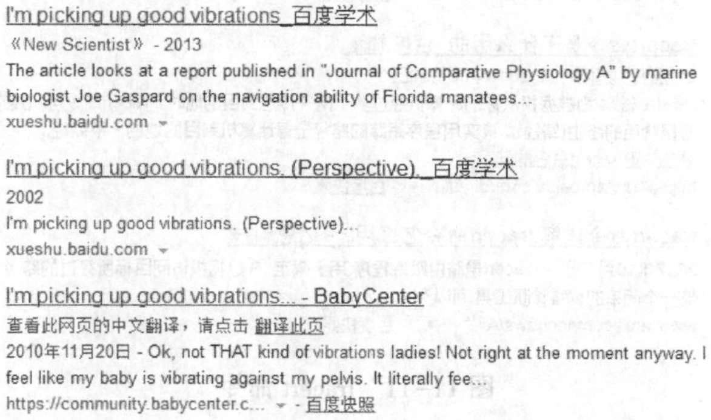

图 11-10　"I'm picking up good vibrations"

11.4　项目实现

11.4.1　任务：使用百度搜索引擎进行中文搜索

1. 基本搜索——确定类型

搜索内容：有关tracert命令的信息。

首先对要查询的信息进行准确定位，确定要找的信息是tracert命令，再选择对应查找类型（网页、图片或视频等），最后根据需要输入相关内容后进行查找，如图11-11所示。

2. 关键字的筛选与使用

搜索内容：有关路由器故障的信息。

此查询的关键字可以是"路由器故障"，或查找与"路由器"和"故障"同时有关的信息。需要使用多关键字进行搜索时，各个关键字之间需用空格分开，起到"并且"的意思，不需要使用符号"AND"或"+"。百度会提供符合全部查询条件的资料，并把相关的网页排在前列，如图11-12所示。

3. 并行搜索

搜索内容：有关"二层交换机"或"三层交换机"的信息。

使用"A | B"来搜索"或者包含词语A，或者包含词语B"的网页。无须分两次查询，只要输入"二层交换机 | 三层交换机"搜索即可。百度会提供与"|"前后任何字词相关的资料，并把相关的网页排在前列。如图11-13所示。

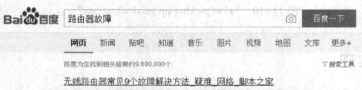

图 11-11　tracert 命令

图 11-12　路由器故障

4. 删除无关资料

搜索内容：关于"路由器故障"，但不含"硬件故障"的资料。

排除含有某些词语的资料有利于缩小查询范围。百度支持"-"功能，用于有目的地删除某些无关网页，但减号之前必须留一空格。可使用查询"路由器故障-硬件"，如图 11-14 所示。

5. 引号与书名号的使用

搜索内容一：关于神州数码集团的信息。

238

图 11-13　二层交换机 | 三层交换机

图 11-14　路由器故障 –硬件

搜索内容二：有关《路由器安全策略》图书的信息。

1）使用全文搜索中，当关键字较长时，搜索引擎会进行拆分查询，查询结果可能不理想，使用双引号可让搜索引擎对关键词不拆分查询。关键词"神州数码集团"如果不加双引号，搜索结果会被拆分，搜索效果不好，但加上双引号后，获得的结果就全是符合要求的了，如图 11-15 所示。

图 11-15　"神州数码集团"

2) 加上书名号的查询词，有两层特殊功能，一是书名号会出现在搜索结果中；二是被书名号括起来的内容，不会被拆分后查找，如图 11-16 所示。

图 11-16　《路由器安全策略》

【思考与讨论】如果不想用以上几种语法技巧来进行搜索，还有一种直观简单的精准搜索方法，就是百度的"高级搜索"功能。那么如何打开百度的"高级搜索"页面？在"高级搜索"页面里可以限定哪些搜索条件？

11.4.2　任务：使用百度搜索引擎进行英文搜索

1. 引号" "的使用

搜索内容：关于《Router Security Strategies》图书的资料。

用引号" "将多个关键词括起来，将把多个关键词作为一个整体。对" Router Security Strategies"的搜索结果如图 11-17 所示。

图 11-17　" Router Security Strategies"

如果想仅查看英文结果，可以单击返回结果页面上方的"您可以仅查看：英文结果"（见图 11-17），就能切换到"英文网页"的结果页面，如图 11-18 所示。

2. │或者 OR 的使用

搜索内容：关于 Router、Switch、Hub 的资料。

搜索关键词之间加上"│"或者"OR"，可以搜索多个关键词中的任意一个。Router│Switch│Hub 的搜索结果如图 11-19 所示。

3. 使用 filetype:搜索特定格式的文档

搜索内容：关于 Switch 的 PDF 格式的英文说明书。

英文的说明书和手册的常用表达有：manual、guidebook、handbook 和 brochure 等，"filetype："可用来指定文档的格式。Switch user manual filetype:pdf 的搜索结果如图 11-20 所示。

图 11-18 "Router Security Strategies" 英文网页

图 11-19 Router｜Switch｜Hub

同样地，如果想仅查看英文结果，可以单击返回结果页面上方的"您可以仅查看：英文结果"，切换到英文网页的结果页面。

4. 使用 site：在特定网站搜索

搜索内容：在维基百科 Wikipedia 上查找关于 Router 的资料。

"site："可指定搜索类型为网站，site：后面应去掉 http://。Router site：en. wikipedia. org 的搜索结果如图 11-21 所示。

图 11-20　Switch user manual filetype：pdf

图 11-21　Router site：en. wikipedia. org

【思考与讨论】目前常见的搜索引擎（如百度、谷歌、雅虎、搜狗、AOL 和 Dogpile 等）都可以进行英文搜索，请通过查阅相关资料或者亲自动手实践，比较不同搜索引擎的英文搜索结果有何差别？哪一个搜索引擎的英文搜索质量更高？

11.5 知识拓展：百度快照的使用

搜索结果中的某些网页打不开怎么办呢？当我们需要查看一个搜索结果但又无法打开该网页时，可以使用"百度快照"来帮忙。百度搜索引擎已提前预览过各网站，拍下了网页的快照，为用户贮存大量的应急网页。单击每条搜索结果后的"百度快照"，可查看该网页的快照内容。百度快照不仅下载速度极快，而且您搜索用的关键词均已用不同颜色在网页中标明。

例如，在百度上搜索"思科路由器故障"，系统返回图 11-22 所示的结果页面。

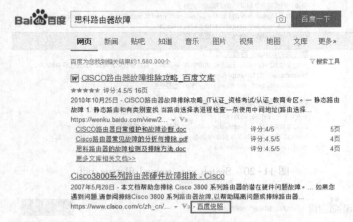

图 11-22 思科路由器故障

选择其中一条结果记录，单击该记录下面的"百度快照"（见图 11-22），可查看到该记录的网页快照内容，如图 11-23 所示。

图 11-23 百度快照内容页面

11.6 项目实训：搜索引擎的使用

利用前面所学的知识和技巧，使用不同的搜索引擎进行搜索，并完成实训报告。实训报告主要包括以下内容。

1. 实训概况

实训概况主要包括：实训目的、实训内容、实训地点、实训时间和实训环境等。

2. 实训过程

1）使用综合型搜索引擎进行搜索。

2）使用目录索引类搜索引擎进行搜索。

3）使用元搜索引擎进行搜索。

3. 实训思考

1）不同搜索引擎的使用窗口有何特点？

2）各种搜索引擎的搜索原理有何共性与区别？

4. 实训心得

请阐述完成该实训后的心得和体会。

参 考 文 献

[1] 黄林国. 计算机网络技术项目化教程 [M]. 北京：清华大学出版社，2011.

[2] 唐继勇，李腾. 计算机网络基础 [M]. 修订版. 北京：中国水利水电出版社，2015.

[3] 周鸿旋，李剑勇. 计机网络技术项目化教程 [M].2 版. 大连：大连理工大学出版社，2014.

[4] 卢晓丽. 计算机网络技术 [M]. 北京：机械工业出版社，2011.

[5] 柳青. 计算机网络技术基础任务驱动式教程 [M].2 版. 北京：人民邮电出版社，2014.

[6] 伍技祥，张庚. 交换机/路由器配置与管理实验教程 [M]. 北京：中国水利水电出版社，2013.

[7] 韩迪. 网络实训设计与实践 [M]. 北京：北京邮电大学出版社，2010.